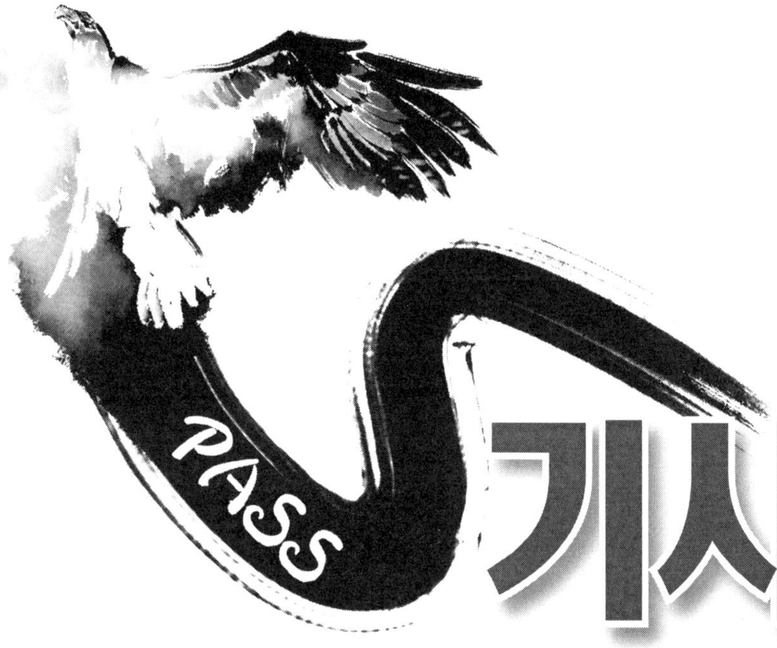

자동차정비 기사실기 필답형

Engineer Motor Vehicles Maintenance

◆ 변경된 **출제기준** 100% 반영
◆ 문제마다 **일러스트**를 첨부하여 이해도 상승
◆ 공학과 정비 실무관련 **지식**과 **정보**를 꼼꼼히 수록

★ 불법복사는 지적재산을 훔치는 범죄행위입니다.
저작권법 제97조의 5(권리의 침해죄)에 따라 위반자는 5년 이하의 징역 또는 5천만원 이하의 벌금에 처하거나 이를 병과할 수 있습니다.

머리말
PREFACE

PASS, 자동차정비기사 실기 교재를 출간하면서

우리는 자동차기술의 발달로 편의성을 제공받고 있습니다. 친환경자동차, 무인자동차 기술이 현실화되는 목전에서 자동차분야의 신기술 인력이 많이 필요한 시기에 기술 자격을 갖춘 젊은 인재들을 요구하는 현실입니다.

그동안 자동차정비기사 필답형 교재가 없어서, 많은 수검자들이 공부에 어려움을 겪었고, 자료도 구할 수 없어 자격증 취득 난관에 부딪혔습니다. 자동차분야 엔지니어나 자동차 관련학과 학생, 기계분야 공학도들에게 신정보를 제공함에 필자로서는 무한한 보람을 느낍니다.

오랫동안 지금까지 출제되었던 문제들을 어렵게 수집하였습니다. 여기에 문제마다 그림을 첨부하거나 이해도를 높였습니다. 아울러 기출문제와 새로 출제될만한 내용들을 총망라하여 자동차공학 분야 실무 내용을 다뤘고, 기사 자격증 대비 필답형 시험대비에 적합하게 자동차 공학과 정비 전반에 대한 폭넓은 지식과 정보를 담았습니다.

골든벨 대표님의 독려가 있었고, 편집부 조경미 팀장님의 노력과 최초의 기사 필답 교재를 만들게 되어 더욱 의미가 깊습니다.

자동차정비기사 수험생들이 실기 시험에 꼭 합격하시는 좋은 결과를 기다리겠습니다.

앞으로 내용을 계속 업데이트해 참신한 수험서가 되도록 노력하겠습니다.

저자 김 인 태

이 책의 특장점

01 최근까지 출제된 **기출문제**를 면밀히 **분석**하여 적용!

02 얇고 **간결**하게 **핵심**만 간추린 수험서!

03 **출제빈도가 높은 문제, 새롭게 출제**되고 있는 문제를 다양하게 수록!

04 빠른 이해를 위한 **그림**과 유용한 정리를 위한 꼼꼼한 **TIP**

▶ **실기검정방법** : 복합형

시험시간 : 7시간 30분 정도(필답형 1시간 30분, 작업형 6시간 정도)

과목명	주요항목	세부항목
자동차 정비 작업	1. 자동차 일반사항	1. 자동차 정비 안전 및 장비 관련사항 이해하기
	2. 자동차 실무에 관한 사항	1. 엔진 실무에 관한 사항 이해하기 2. 섀시 실무에 관한 사항 이해하기 3. 전기전자장치 실무에 관한 사항 이해하기
	3. 엔진 정비작업	1. 엔진 정비하기 2. 연료장치 정비하기 3. 배출가스장치 및 전자제어 장치 정비하기 4. 엔진 부수장치 정비하기 5. 진단 및 검사하기
	4. 섀시정비작업	1. 동력전달 장치 정비하기 2. 조향 및 현가장치 정비하기 3. 제동 및 주행 장치 정비하기 4. 진단 및 검사하기
	5. 전기장치정비작업	1. 엔진 관련 전기장치 정비하기 2. 차체 관련 전기장치 정비하기 3. 진단 및 검사하기 4. 친환경자동차 정비하기

이 책의 차례

이 책의 특장점 / 2
실기 출제기준 / 3
문제 빠르게 찾아보기 / 8

Chapter 01 엔진 Engine

- 01. 기초공학 및 기관일반 ———————— 26
- 02. 실린더·실린더 블록 ———————— 36
- 03. 연소실 ———————————————— 42
- 04. 피스톤 어셈블리 —————————— 50
- 05. 크랭크축 & 기관 베어링 ——————— 59
- 06. 밸브와 밸브 기구 —————————— 63
- 07. 윤활장치 ——————————————— 74
- 08. 냉각장치 ——————————————— 85
- 09. 연료장치 ——————————————— 93
- 10. 흡·배기장치 ————————————— 107
- 11. 연료 및 연소 ————————————— 118
- 12. 기관 튠업 —————————————— 127

Chapter 02 섀시 Chassis

- 01. 클러치 ———————————————— 136
- 02. 변속기 ———————————————— 148
- 03. 드라이브 라인 및 타이어 ——————— 165
- 04. 구동력 제어 장치 —————————— 177
- 05. 제동 장치 —————————————— 180

자동차정비기사실기 필답형

06. 조향 장치 ─────────── 197
07. 현가 장치 ─────────── 206
08. 선회 성능 ─────────── 217
09. 주행 성능 ─────────── 220
10. 휠 얼라인먼트 ───────── 221
11. 안전·검사 ─────────── 225

Chapter 03 전기 Electricity

01. 기초 전기 ─────────── 230
02. 반도체 ───────────── 236
03. 자동차 센서 ────────── 240
04. 축전지 ───────────── 242
05. 기동장치 ────────── 252
06. 점화장치 ────────── 261
07. 발전기 ───────────── 267
08. 등화장치 ────────── 273
09. 경음기 및 와이퍼 ────── 281
10. 냉방장치 ────────── 283
11. 에어백 ───────────── 287
12. 안전장치 ────────── 290
13. 예열장치 ────────── 293
14. 하이브리드 ────────── 295

문제 빠르게 찾아보기

01 기초공학 및 기관일반

1. 6기통 우수식 1-5-3-6-2-4에서 6번 실린더가 동력(폭발)중 일 때 3번 실린더는 무슨 행정 ········ 26
2. 기관의 구비조건 ········ 26
3. 마운팅 지지법의 기능 ········ 27
4. 기관 성능에 요구되는 사항 ········ 27
5. 기관 성능 곡선도 ········ 27
6. 4행정 사이클 기관의 장점 ········ 28
7. 4행정 사이클 기관의 단점 ········ 28
8. 2행정 사이클 기관의 단점 ········ 28
9. 2행정 사이클 기관의 장점 ········ 29
10. 2행정 사이클 디젤기관의 소기방식 ········ 29
11. 블로바이 현상 ········ 30
12. 블로바이가스 재순환시키는 밸브 ········ 30
13. 블로백 현상 ········ 31
14. 블로다운 현상 ········ 31
15. 디젤기관의 장점 ········ 31
16. 디젤기관의 단점 ········ 31
17. 공급 열량과 압축비가 일정할 때 열효율이 좋은 사이클의 순서 ········ 32
18. 기계효율을 증가시킬 수 있는 요인 ········ 32
19. 열해리 ········ 33
20. 각 기관 제동 열효율 비교 ········ 33
21. 임계 압축비(CCR) ········ 33
22. 고속 디젤기관의 열감정 ········ 33
23. 디젤기관이 역회전하게 되면 발생되는 현상 ········ 34
24. 디젤기관의 진동방지 대책 ········ 34
25. 디젤기관 출력을 증대시킬 수 있는 요건 ········ 34
26. 공급열량과 압력이 일정할 때 열효율이 좋은 사이클 순서 ········ 34
27. 점화시기 고려사항 ········ 35
28. 가솔린 기관의 3대 요건 ········ 35
29. 실린더의 연소속도에 영향을 주는 요소 ········ 35

02 실린더·실린더 블록

30. 실린더 헤드 볼트의 재조임 이유 ········ 36
31. 실린더 헤드 탈·부착 시 주의사항 ········ 36
32. 실린더 헤드의 변형 원인 ········ 36
33. 알루미늄 합금 실린더 헤드의 특징 ········ 37
34. 실린더 헤드 볼트를 규정대로 조이지 않았을 때 발생되는 현상 ········ 37
35. 실린더 헤드의 균열 검사 방법 ········ 37
36. 실린더 헤드의 변형 원인 ········ 37
37. 실린더 헤드 개스킷 사용 시 주의 사항 ········ 38
38. 실린더 헤드 볼트를 풀었는데 실린더 헤드가 분리되지 않을 때 조치방법 ········ 38
39. 실린더 헤드 개스킷 종류 ········ 38
40. 습식 라이너 설치 방법 ········ 39
41. 실린더 상부의 마모가 심한 이유 ········ 39
42. 실린더가 마멸되었을 때의 영향 ········ 40
43. 실린더 마멸 원인 ········ 40
44. 행정과 내경의 비에 따른 기관의 분류 ········ 40
45. 단행정 기관의 장점 ········ 41
46. 단행정 기관의 단점 ········ 41

03 연소실

47. 디젤 기관 연소실이 갖추어야 할 조건 · 42
48. 예연소실식의 장점 · 42
49. 예 연소실식의 단점 · 43
50. 직접 분사실식의 장점 · 43
51. 직접 분사실식의 단점 · 43
52. 직접 분사실식 연소실의 종류 · 44
53. 와류실식의 장점 · 44
54. 와류실식의 단점 · 44
55. 공기실식의 장점 · 45
56. 공기실식의 단점 · 45
57. 가솔린 기관 연소실의 구비 조건 · 45
58. L 헤드형 연소실의 종류 · 45
59. I 헤드형 연소실의 종류 · 46
60. GDI의 풀네임과 ECU로 입력되는 신호 · 46
61. 가솔린 기관에서 GDI의 약어. ECU에서 제어되는 출력신호 · 47
62. GDI 연료 기본 분사량을 제어 해주는 센서 · 47
63. CRDI 디젤 엔진에서 예비분사를 하지 않는 경우 · 47
64. 전자제어 엔진에서 점화시기와 관련하여 ECU에 입력되는 요소 · 47
65. 노크 센서 역할, 진각, 지각, MBT · 48
66. 수온센서 고장의 영향 · 48
67. 엔진 회전 검출 센서 타입 · 48
68. GDI 엔진 · 49
69. 저공해 연소실의 종류 · 49
70. 실린더 헤드 변형의 원인 · 49

04 피스톤 어셈블리

71. 피스톤 재질 중 구리계의 Y 합금의 조성 · 50
72. 피스톤과 커넥팅 로드 고정방식 중에서 피스톤이나 커넥팅 로드 소단부에 고정하지 않고 스냅 링이나 와셔 등으로 고정하는 방식 · 50
73. 피스톤의 재질 중 규소계 Lo-Ex의 조성 · 50
74. 경합금 피스톤의 종류 · 51
75. 인바아 스트럿 피스톤의 조성 · 51
76. 피스톤의 표면에 주석을 도금한 이유 · 51
77. 피스톤의 구비 조건 · 52
78. 옵셋 피스톤의 의미와 옵셋을 두는 이유 · 52
79. 피스톤의 중량 오차 · 53
80. 피스톤 간극이 규정보다 클 때 기관에 미치는 영향 · 53
81. 피스톤 간극이 규정보다 작을 때 기관에 미치는 영향 · 53
82. 알루미늄 합금 피스톤의 특징 · 53
83. 디플렉터의 기능 · 54
84. 피스톤 히트 댐을 설치한 이유 · 54
85. 피스톤 헤드에 각인되어 있는 내용 · 54
86. 피스톤 링의 구비 조건 · 54
87. 압축 링 단면의 종류 · 54
88. 피스톤 링의 3대 작용 · 55
89. 피스톤 링의 이음의 종류 · 55
90. 피스톤 링의 선정 · 55
91. 편심형 피스톤 링 · 56
92. 피스톤 링의 플래터 현상 · 56
93. 피스톤링 플래터 현상 방지 방법 · 56
94. 피스톤 링의 조립 방법 · 57
95. 피스톤과 피스톤 핀 간극이 클 때 나타나는 현상 · 57
96. 피스톤핀 설치 방법 · 57
97. 커넥팅 로드 비틀림의 영향 · 58

05 크랭크축 & 기관 베어링

98. 크랭크축 오버랩을 두는 이유 ········· 59
99. 크랭크축 엔드 플레이 조정 방법 ······ 59
100. 베어링 스프레드와 스프레드를 둔 이유
　　 ··· 59
101. 크랭크축 저널 분할 베어링 ··········· 60
102. 평면 베어링 ···································· 60
103. 평면 베어링의 진원 수정 방법 ······ 61
104. 베빗 메탈 베어링 ··························· 61
105. 켈밋 메탈의 베어링 ······················· 61
106. 트리 메탈 베어링 ··························· 62
107. 크랭크축 엔드 플레이 측정 장비 ··· 62
108. 크랭크축 엔드 플레이가 클 때의 영향 62
109. 크랭크축 엔드 플레이가 작을 때의 영향
　　 ··· 62
110. 플라이 휠 링 기어의 마모 개소 ····· 62
111. 바이브레이션 댐퍼(비틀림) ············ 62

06 밸브와 밸브 기구

112. 캠축 구동방식의 종류 ···················· 63
113. DOHC 엔진의 특징 ······················· 63
114. 캠축의 캠 설계 시 고려 사항 ········ 64
115. I 헤드형의 장점 ····························· 64
116. I 헤드형의 단점 ····························· 64
117. 밸브 장치에서 흡입 효율을 증가시키는 방법
　　 ··· 64
118. 가변 밸브 타이밍 기구의 OCV의 역할
　　 ··· 65
119. 공전 운전영역, 경부하 운전영역, 고부하 중·저속 운전영역에서 밸브 오버랩 설명
　　 ··· 65
120. VGT 시스템의 주요 부품 ············ 65
121. 가변 흡입장치의 흡입 공기량 변화 방법
　　 ··· 66
122. 캠축 캠 형상의 종류 ······················ 66
123. 기계식 밸브 리프터의 캠과의 접촉면 형상에 따른 분류 ···························· 66
124. 유압식 밸브 태핏의 장점 ·············· 66
125. 밸브의 구비 조건 ··························· 66
126. 밸브 회전기구를 설치한 이유 ······· 67
127. 밸브의 재질 ···································· 67
128. 밸브 헤드가 갖추어야 될 조건 ····· 68
129. 밸브 헤드의 형식 ··························· 68
130. 나트륨 냉각식 밸브 ······················· 68
131. 밸브 냉각 방법의 종류 ·················· 68
132. 밸브 시트가 침하되면 발생되는 현상 · 69
133. 간섭각 ··· 69
134. 밸브 스프링 서징 현상 ·················· 69
135. 밸브 가이드가 편마멸 되는 이유 ····· 70
136. 밸브 스프링의 점검 방법 ·············· 70
137. 밸브 스프링의 구비 조건 ·············· 70
138. 밸브 서징 현상 방지 대책 ············· 71
139. 밸브 간극이 클 때의 영향 ············· 71
140. 밸브 간극이 작을 때의 영향 ········· 71
141. 밸브 오버랩 ···································· 72
142. 유압식 태핏의 단점 ······················· 73

07 윤활장치

143. 마찰(Friction)의 종류 ···················· 74
144. 엔진 오일의 작용 ··························· 74
145. 윤활유의 구비 조건 ······················· 75
146. 오일 점도계의 종류 ······················· 75
147. 윤활유 첨가제 종류 ······················· 76
148. 오일 열화의 영향 ··························· 76
149. 오일 열화의 방지책 ······················· 76

150. 윤활유의 6대 작용 ---------------- 77
151. 기관 윤활 방식의 종류 ------------ 77
152. 윤활유의 분류 ------------------ 78
153. 기관에 사용되는 오일 펌프의 종류 --- 78
154. 로터리식 오일 펌프 정비 시 측정 개소
    -------------------------------- 79
155. 기관 오일 유압계의 종류 ---------- 79
156. 기관 오일 여과 방식의 종류 -------- 80
157. 기관 유압계의 종류 -------------- 80
158. 유압계가 움직이지 않는 이유 ------ 81
159. 유압이 규정보다 높아지는 원인 ----- 81
160. 유압이 규정보다 낮아지는 이유 ----- 81
161. 크랭크 케이스 환기 방식의 종류 ---- 82
162. 주행이나 작업 중 오일 교환시기가
    단축될 수 있는 조건 -------------- 82
163. 오일 교환, 보충 시 주의사항 ------- 82
164. 기관 윤활유가 소비되는 원인 ------- 83
165. 기관 오일이 연소되는 원인 -------- 83
166. 기관 오일이 누설되는 원인 -------- 84
167. 오일 실(Oil Seal)의 손상 원인 ----- 84
168. 오일의 점도지수 ---------------- 84

08 냉각장치

169. 수냉식 냉각장치의 구동벨트와 장력이 헐겁
    거나 팽팽한 경우의 영향 ---------- 85
170. 냉각수온이 비정상적으로 높을 때 원인
    -------------------------------- 86
171. 기관 과열시 손상 부위 ------------ 86
172. 기관 과냉에 의한 영향 ------------ 86
173. 기관 과열에 의한 영향 ------------ 86
174. 기관이 과열되는 원인 ------------- 87
175. 기관 냉각 방식의 종류 ----------- 87
176. 라디에이터 냉각용 핀의 종류 ------- 88

177. 압력식 라디에이터 캡 ------------- 88
178. 냉각수 온도가 비정상적으로 높은 경우
    -------------------------------- 89
179. 정온기 ------------------------- 89
180. 냉각장치의 수온 조절기 역할 ------- 90
181. 부동액을 주입하는 순서 ----------- 90
182. 에틸렌 글리콜의 특성 ------------- 90
183. 수온센서 ---------------------- 90
184. 부동액 구비 조건 ---------------- 91
185. 부동액의 종류 ------------------ 91
186. 냉각팬 클러치의 종류 ------------- 91
187. 팬벨트의 장력이 클 때의 영향 ------ 91
188. 수온계의 종류 ------------------ 92

09 연료장치

189. 디젤 기관의 연소 과정 4단계 ------- 93
190. 후기 연소 기간이 길면 발생되는 현상 94
191. 커먼레일 디젤 엔진에서 연료분사
    3단계를 쓰고 설명 --------------- 94
192. 디젤 기관 연료 분사의 3대 요건 ----- 94
193. 디젤 기관 연료 공급 방식의 분류 ---- 94
194. 연료 분사 장치의 종류 ------------ 95
195. 보쉬형 연료 분사 장치의 구성 부품 -- 95
196. 디젤 기관의 연료장치에서 오버 플로우
    장치의 역할 --------------------- 95
197. 오버 플로우 밸브의 기능 ----------- 95
198. 연료 분사 펌프 캠에 옵셋을 두는 이유
    -------------------------------- 96
199. 플런저의 리드 종류 --------------- 96
200. 연료 분사량의 보정 시기 ---------- 96
201. 분배형 분사 펌프의 특징 ---------- 97
202. 예 행정 ----------------------- 97
203. 유효 행정 --------------------- 97

204. 분사량 조정 — 97
205. 조속기 — 98
206. 조속기의 종류 — 98
207. 리미트 슬리브 — 99
208. 앵글라이히 장치 — 99
209. 분사 파이프의 구비 조건 — 100
210. 딜리버리 밸브의 잔압 — 100
211. 분사 노즐의 구비 조건 — 100
212. 분사 노즐의 종류 — 101
213. 분사 노즐에서 연료 무화에 영향을 주는 요소 — 102
214. 분사 노즐의 과열 원인 — 102
215. 연소실 형식에 적합한 연료 분사 개시 압력 — 102
216. 분사 개시 압력 조정 — 102
217. 연료 분사 펌프의 토출량과 플런저의 행정의 관계 — 103
218. 디젤 분사 펌프 시험기로 시험할 수 있는 항목 — 103
219. 기관의 분사시기에 대한 고려 사항 — 103
220. 전자제어 가솔린 분사장치에서 연료 분사시간을 결정하는 센서 — 103
221. 분사 노즐 시험기로 시험할 수 있는 항목 — 103
222. 디젤 기관 연료 분사량 부족의 원인 — 104
223. 연료 분사량의 불균율 공식 — 104
224. 연료 계통의 공기 빼기 순서 — 105
225. 디젤 기관이 연료 계통에 공기가 혼입되면 나타나는 현상 — 105
226. 앤티 퍼컬레이터 — 105
227. 패스트 아이들 캠 — 105
228. 스로틀 크래커 — 106
229. 공기 블리더 — 106
230. 대시포트 — 106
231. 점화시기에 영향을 주는 센서 — 106

10 흡·배기장치

232. 과급 방법의 종류 — 107
233. 디젤 과급기 장착 시 장점 — 107
234. 가변용량 터보차저 — 107
235. 과급기에서 과급압이 규정압력 이상일 때 by-pass 시키는 밸브의 명칭 — 108
236. 인터 쿨러 — 108
237. 인터쿨러 필요성 — 108
238. 터보 래그 — 109
239. 배압 — 109
240. 배압이 발생되는 원인 — 109
241. 배압이 기관에 미치는 영향 — 109
242. 내연 기관 배출가스의 종류 — 109
243. 공회전시 HC가 나오는 경우 — 110
244. 자동차 배기가스 CO, HC, NOx가 삼원촉매를 통과 후 배출되는 가스 — 110
245. 가솔린 차량의 배출가스 검사에서 검사되는 가스 종류 — 110
246. 전자제어 가솔린 분사장치의 유해가스 저감장치 — 110
247. 디젤기관에서 유해 배출가스 저감을 위한 전처리장치 — 110
248. 배출가스를 감소시키는 장치 — 111
249. 스로틀 밸브가 열려 있는 상태에서 가속할 때 일시적인 가속 지연 현상 — 112
250. 가솔린 기관 EGR 밸브의 기능이 불량할 때 발생되는 현상 — 112
251. 배기가스 생성과정에서 탄화수소(HC)의 발생원인 — 112
252. 내연 기관 배출 가스가 인체에 미치는 영향 — 112
253. 촉매 변환기 설치 차량 주의사항 — 113

254. 3원촉매장치를 만들 때 입히는 금속 · 113
255. 배기 라인에 삼원촉매 후 소음기에 구멍이 있는 차량의 검사 ·············· 113
256. 촉매 변환기 ························· 114
257. 공연비 피드백 제어를 하지 않는 조건 ································· 114
258. 산소 센서 점검시 주의사항 ········· 115
259. 배기가스 색에 의한 기관의 연소 상태 ································· 115
260. 산소 센서를 이용해 전자제어를 하는 목적 ······························· 115
261. 공기과잉률 1.15일 때 고장원인 ····· 115
262. 전자제어 4기통 엔진에서 1개의 실린더에 연료분사와 점화가 되지 않을 경우 촉매 앞에 설치된 산소 센서의 출력 전압이 어떻게 변화하는지 쓰시오. ················· 116
263. 디젤 기관에 매연이 심한 이유 ······ 116
264. PCSV 작동조건 ··················· 116
265. 디젤기관 배기가스 매연 측정법의 종류 ································· 116
266. 가솔린 배출가스 측정기(5가스)에서 측정할 수 있는 항목 ············· 116
267. 디젤기관 배출가스 시험기 사용이나 취급 시 주의사항 ····················· 117
268. 배기가스 재순환 장치에 영향을 주는 센서 ···························· 117
269. ETS의 사용 목적 ················· 117

11 연료 및 연소

270. 경유의 성상 ······················· 118
271. 가솔린의 구비 조건 ··············· 118
272. 디젤기관 연료의 구비조건 ·········· 119
273. LPG 밸브별 색깔 ················· 119
274. LPI 장치의 장점 ·················· 119
275. 가솔린 연료분사장치의 구성품 ······ 120
276. LPI엔진에서 과류 방지 밸브의 역할 · 120
277. LPI 인젝터 성능 점검방법 ·········· 120
278. 세탄가 ·························· 121
279. 디젤 노크에 기인하는 요소 ·········· 121
280. 디젤 노크 발생시 미치는 영향 ······ 121
281. 디젤 기관 연소에 영향을 미치는 요소 ································· 122
282. CNG엔진 고압 차단밸브의 역할 ····· 122
283. 실린더 내에서 연소할 때 화염속도에 영향을 주는 조건 ················· 122
284. 희박한 혼합기가 기관에 미치는 영향 122
285. 농후한 혼합기가 기관에 미치는 영향 122
286. 디젤 기관에서 착화 지연 원인 ······ 123
287. 착화 지연 정도를 좌우하는 요인 ···· 123
288. 디젤 연소 촉진제 ················· 123
289. 연료 연소 촉진제 ················· 123
290. 에멀전 현상 ····················· 123
291. 행업 현상 ······················· 124
292. 역화 ··························· 124
293. 후화 ··························· 124
294. 실화 ··························· 124
295. 청연 ··························· 124
296. 열연 ··························· 124
297. 백연 ··························· 125
298. 과조 착화 ······················· 125
299. 헌팅(Hunting) ···················· 125
300. 프리 이그니션(Pre-Ignition) ······· 125
301. 노킹(Knocking) ·················· 126
302. 데토네이션(Detonation) ············ 126

12 기관 튠업

- 303. 기관의 해체 정비 시기 ------ 127
- 304. 기관 정비 시 분해정비가 필요한 시기 ------ 127
- 305. 엔진 튠업 테스터로 기관측정 ------ 127
- 306. 압축 압력 시험으로 점검할 수 있는 사항 ------ 128
- 307. 가솔린 기관에서 압축 압력이 떨어지는 이유 ------ 128
- 308. 디젤 기관 압축 압력 측정 시 준비 사항 ------ 128
- 309. 압축 압력 시험을 하는 목적 ------ 128
- 310. 가솔린 기관 압축 압력 시험시 준비 사항 ------ 129
- 311. 습식 압축 압력 테스트에서 압축 압력이 높아졌을 때와 낮아졌을 때는 ------ 129
- 312. 진공계로 판단할 수 있는 고장 부위 ------ 129
- 313. 디젤 기관의 출력 저하 원인 ------ 130
- 314. 기관 동력계의 종류 ------ 130
- 315. 작업 후 재조립 시 반드시 신품으로 교환해야 하는 부속 ------ 130
- 316. 다이얼 게이지를 사용하여 측정할 수 있는 항목 ------ 131
- 317. 엔진 ECU의 기능 ------ 131
- 318. 기관 크랭킹은 되는데 시동이 되지 않는 이유 ------ 131
- 319. 전자제어 엔진에서 시동불량을 일으킬 수 있는 센서 ------ 131
- 320. 디젤링 ------ 132
- 321. 감압 장치 ------ 132
- 322. 에어공구를 사용할 때 쓰는 공기 압축기의 점검사항 ------ 133
- 323. 공기 압축기 설치 조건 ------ 133

섀시
Chassis

01 클러치

- 324. 토크 컨버터의 기능 ------ 136
- 325. 토크 컨버터 3요소와 1단 2상 ------ 136
- 326. 클러치 판의 구성품 중 비틀림 코일 스프링의 기능 ------ 137
- 327. 유체 클러치의 구성품과 기능 ------ 137
- 328. 토크 컨버터의 스테이터 기능(역할) ------ 137
- 329. 클러치 라이닝의 구비 조건 ------ 137
- 330. 클러치의 필요성 ------ 138
- 331. 클러치의 구비 조건 ------ 138
- 332. 클러치 고장의 발생 원인 ------ 138
- 333. 클러치 판의 점검 항목 ------ 139
- 334. 클러치 릴리스 베어링의 종류 ------ 139
- 335. 클러치를 차단할 때 클러치가 끌리는 원인 ------ 140
- 336. 클러치 미끄러짐의 원인 ------ 140
- 337. 클러치 발진시 진동 현상의 원인 ------ 140
- 338. 클러치의 순간적인 잡아당김 현상의 원인 ------ 141
- 339. 클러치 다이어프램 스프링의 장점 ------ 141
- 340. 유압식 클러치 조작 기구의 장점 ------ 142
- 341. 유압식 클러치 조작 기구의 단점 ------ 142
- 342. 클러치 단속이 안되는 원인 ------ 143
- 343. 클러치 차단 시 소음이 발생되는 원인 ------ 143

344. 자동변속기 차량에서 정속주행 중 신호대기를 위해 정차 시 엔진 시동이 꺼지는 현상이 발생할 경우 원인이 될 수 있는 클러치는 ············ 143
345. 클러치 점검 항목 ············ 143
346. 클러치 커버의 종류 ············ 144
347. 릴리스 실린더 ············ 144
348. 클러치가 미끄러질 때 영향 ············ 145
349. 클러치 단절 불량으로 인한 조작이 어렵거나 소음이 발생하는 원인 ············ 145
350. 클러치 댐퍼 스프링의 파손 원인 ············ 145
351. 클러치 판에 오일이 묻게 되는 원인 ············ 145
352. 댐퍼 클러치의 비 작동 범위 ············ 146
353. 클러치가 급격하게 접속되는 원인 ············ 146
354. 클러치가 미끄러지는 원인과 결과 ············ 146
355. 정지 상태에서 클러치 슬립 점검 방법 ············ 147

02 변속기

356. 변속기의 구비 조건 ············ 148
357. 동기 물림식 변속기의 장점 ············ 148
358. 자동변속기 인히비트 스위치의 역할 ············ 148
359. 변속 기어가 잘 들어가지도 않고 빠지지도 않는 이유 ············ 149
360. 유성 기어 장치의 구성 부품 ············ 149
361. 유성 기어의 변속상태 ············ 149
362. 선택 기어식 변속기에서 기어가 빠지는 이유 ············ 150
363. 유성기어 장치를 이용한 오버 드라이브 장치 ············ 150
364. 수동변속기 후진 오조작 방지 기구의 명칭과 원리 ············ 151
365. 싱크로메시 기구의 구성요소 ············ 151
366. 변속기용 컴퓨터(TCU)에 의해 제어되는 부품 ············ 152
367. 자동변속기 차량에서 ECU가 TCU로 전달하는 CAN신호 ············ 153
368. 자동변속기 고장 시 주행가능한 상태로 보정해 주는 기능 ············ 153
369. 오토 크루즈 컨트롤 시스템 구성품 ············ 153
370. 고속으로 기어 변속 시 소음이 발생되는 원인 ············ 153
371. 싱크로나이저 링 ············ 154
372. 수동 변속기 소음의 원인 ············ 154
373. 3단 변속 시 기어소음이 발생하고 기어 체결이 불량할 때 고장원인 ············ 154
374. 자동변속기 유압제어 장치 ············ 154
375. 매뉴얼 밸브 ············ 155
376. 다운 시프트 밸브 ············ 155
377. 자동변속기 오일 점검 방법 ············ 155
378. 미션오일 부족 시 변속기 내부에서 발생하는 현상 ············ 155
379. 자동변속기에서 킥 다운의 의미와 킥 다운 스위치의 역할 ············ 156
380. 업 시프트 ············ 156
381. 다운 시프트 ············ 156
382. 스톨 테스트 ············ 156
383. 자동변속기 오일량이 부족할 때 나타나는 현상 ············ 156
384. 자동변속기 제어부품과 센서 ············ 157
385. 자동변속기 오일의 색에 의한 점검 방법 ············ 157
386. 자동변속기 TCU에 주는 기본 정보 ············ 157
387. 자동변속기 유온 센서 ············ 158
388. 오버 드라이브 장치 ············ 158
389. 오버 드라이브의 장점 ············ 158
390. 변속기의 필요성 ············ 159
391. 자동변속기 오일의 구비조건 ············ 159

392. 스톨시험 전 안전 조치사항 ········· 159
393. 자동변속기에서 라인 압력을 높였을 때
     나타나는 현상 ····················· 159
394. 자동변속기에서 라인 압력이 너무 낮을 때
     나타나는 현상 ····················· 160
395. 자동변속기 스톨 시험 방법 ········· 160
396. 자동변속기의 압력점검 요소 ········ 161
397. 엔진오일 압력스위치 ················ 162
398. 자동변속기 유압이 전체적으로 낮은 원인
     ····································· 162
399. 스톨시험에서 엔진 회전수가 규정값 보다
     높을 때 점검해야 하는 부품 ········ 162
400. 자동변속기에서 3단 Hold가 되는 경우
     ····································· 162
401. 자동변속기 성능을 시험하기 전 점검 사항
     ····································· 163
402. 자동변속기 1차 스로틀 압력은 흡입 진공도
     에 따라 어떻게 변화하는가? ········ 163
403. 자동변속기 프라이밍 밸브의 역할 ··· 163
404. 자동변속기의 장점 ················· 163
405. 자동변속기의 단점 ················· 164
406. 자동변속기에서 록업이 작동 되지 않는 이유
     ····································· 164

03 드라이브 라인 및 타이어

407. 뒤차축이나 트랜스액슬에서 직진 주행시나
     선회 시 소음이 발생되는 원인 ······ 165
408. 추진축이 떨리는 이유 ·············· 165
409. 자재 이음의 종류 ·················· 166
410. 일체식구동 후차축 형식의 종류 ····· 167
411. 차체의 진동 ························ 167
412. 뒤차축 구동 방식 ·················· 168
413. 정속 주행 장치 ···················· 168
414. 정속 주행장치의 장점 ·············· 168
415. 주행시 노면으로부터 발생한 충격에 의해
     차체가 진동하는 원인 ·············· 168
416. 등속 자재이음 ······················ 169
417. 후차축 케이스에서의 오일 누출 원인 169
418. 구동 피니언 기어와 링 기어 접촉 상태
     수정 방법 ··························· 169
419. 추진축의 유니버설 조인트와 슬립 조인트의
     기능 ································· 170
420. 타이어에 열이 발생하는 원인 ······· 170
421. 타이어에 편 마모가 발생되는 원인 ·· 170
422. 주행 중 타이어 휠의 평형이 불량할 때
     발생되는 현상 ····················· 170
423. 직진으로만 주행한 타이어 트레드가
     가운데만 마모된 원인 ·············· 170
424. 타이어 기본 구조에 해당하는 부분 선택
     ····································· 171
425. 레이디얼 타이어의 특징 ············ 171
426. 튜브리스 타이어의 장점 ············ 172
427. 바퀴의 밸런스가 불량할 때 차체에 미치는
     영향 ································· 172
428. 휠 밸런스 테스터기 취급 시 주의 사항
     ····································· 172
429. 하이드로 플래닝을 예방하기 위한 대책을
     타이어 트레드 패턴 면에서 설명 ···· 172
430. 하이드로 플래닝 현상과 그 방지책 ·· 173
431. 스탠딩 웨이브 현상 ················ 173
432. 스탠딩 웨이브 현상 방지 대책 ······ 174
433. 타이어 호칭 ························ 174
434. 휠의 평형이 불량한 원인 ··········· 174
435. 광폭 타이어의 장점 ················ 175
436. 일반적인 장비 타이어 취급과 선택에 있어서
     주의해야 할 점 ····················· 175
437. 타이어 트레드 패턴의 필요성 ······· 175

438. 타이어 트레드가 한쪽면만 마모되는 주요 원인 ·········· 175
439. 스노타이어를 사용할 때 주의 사항 ·· 176

04 구동력 제어 장치

440. 후륜 구동장치의 동력전달 순서 ······ 177
441. 전자제어 구동력 조절장치 TCS의 기능 ·········· 177
442. 차동제한장치 LSD의 장점 ·········· 178
443. 자동제한 차동기어 장치 ············ 178
444. 종 감속 장치에 하이포이드 기어를 사용할 때의 장점 ·········· 179

05 제동 장치

445. 브레이크 제동에 영향을 주는 요소 ·· 180
446. 브레이크 작동 시 소음이 나는 원인 · 180
447. 제동 장치의 점검사항 ·············· 180
448. 브레이크 오일의 구비 조건 ·········· 181
449. 브레이크 페달 행정이 큰 이유 ······ 181
450. 브레이크 페달이 낮아지는 원인 ····· 182
451. 제동력이 불충분한 원인 ············· 182
452. 차체 제어 장치 ······················ 182
453. 유압식 브레이크 작동 시 제동력이 불충분한 이유 ·········· 183
454. 하이드로 백 브레이크 장치에서 페달을 밟으면 작동되는 기능 ·········· 183
455. 브레이크 페이드 현상 방지법 ······· 184
456. 브레이크를 작동 중 페달을 놓았을 때 브레이크가 풀리지 않는 원인 ······· 184
457. 디스크 브레이크의 특징 ············ 185
458. 디스크 브레이크의 장점 ············ 185
459. 브레이크 라인에서 공기 빼기 순서 ·· 186

460. 브레이크 라이닝 ···················· 186
461. 제동 시 자동차가 한쪽으로 쏠리게 되는 원인 ·········· 186
462. 마스터 백의 특징 ···················· 187
463. 브레이크 계통에서 공기 빼기를 해야 되는 경우 ·········· 187
464. 공기 브레이크의 안전밸브 ·········· 187
465. 공기 브레이크의 장점 ·············· 187
466. 공기 브레이크에 사용되는 밸브 ····· 188
467. 감속장치(제3의 브레이크) 장점 ····· 188
468. 전자제어 제동장치의 기능 ·········· 189
469. ABS 브레이크의 장점 ············· 189
470. 전자제어 ABS브레이크에서 기계식 브레이크와 다른 구성품 ·········· 189
471. ABS 브레이크의 기능 ·············· 189
472. 브레이크 드럼의 구비 조건 ········ 189
473. 브레이크 베이퍼록 발생 원인 ······· 190
474. ABS 브레이크의 구성부품 ·········· 190
475. 진공 배력식 브레이크에서 페달을 밟아도 딱딱하고 주행상태가 불가능한 이유 · 191
476. 브레이크 페달의 스펀지 현상의 발생 원인과 대책 ·········· 192
477. 제동력 측정 전 준비사항 ············ 192
478. 유압 브레이크 회로에 잔압을 두는 이유 ·········· 192
479. 브레이크 제동력 테스터기 없이 브레이크 장치를 점검하는 방법 ·········· 193
480. 브레이크 잔압을 두는 이유 ·········· 194
481. 브레이크 압력 유지를 위한 부품 ···· 194
482. 브레이크 오일이 갖추어야 할 조건 ·· 194
483. 브레이크 작동이 불량한 원인 ······· 195
484. BAS ······························· 195
485. 전자 제동력 분배장치 제어의 효과 ·· 195
486. 전자 제동력 분배장치(EBD)의 기능 · 196
487. 브레이크가 풀리지 않는 원인 ······· 196

488. 계기판 주차 브레이크 등이 켜지는 조건
―――――――――――――――― 196

06 조향 장치

489. 선회시 롤링 억제 방법 ―――― 197
490. 주행 중 차량 핸들이 한쪽으로 쏠리는 이유
―――――――――――――――― 197
491. 주행 중 조향핸들이 한 쪽으로 쏠리는 원인
―――――――――――――――― 197
492. 조향 핸들 쏠림 이유 ――――― 198
493. 조향 장치의 원리 ―――――― 198
494. 조향 핸들의 유격이 크게 되는 원인 ・199
495. 조향의지 센서 2개 ―――――― 199
496. 전동식 동력 조향장치의 장점 ―― 199
497. 조향 기어비가 클 때의 영향 ―― 199
498. 조향 장치의 구비 조건 ―――― 200
499. 최소 회전반경 ――――――― 200
500. 핸들 조작을 가볍게 하는 방법 ―― 200
501. 동력 조향 핸들의 복원이 잘 안 되는 이유
―――――――――――――――― 201
502. 주행 중 핸들에 충격을 느끼게 되는 원인
―――――――――――――――― 201
503. 조향 장치에서 핸들이 무거워지는 원인
―――――――――――――――― 201
504. 동력 조향 장치 안전 체크 밸브 ―― 202
505. 핸들이 한 쪽으로 쏠리는 원인 ―― 202
506. 파워 스티어링 장치에서 스티어링 휠이
무거워지는 원인 ―――――― 202
507. 동력 조향 장치에서 오일 펌프의 압력을
측정하는 방법 ――――――― 203
508. 앞차축 너클 지지 방식의 종류 ―― 203
509. 조향 기어의 종류 ―――――― 204
510. 섀시 구성품 중 조향장치 ――― 204

511. 조향 장치 점검 항목 ―――――― 204
512. 동력 조향 장치의 구성 ―――― 205
513. 전동방식 동력조향장치의 종류 ―― 205

07 현가 장치

514. 현가 장치의 점검 항목 ―――― 206
515. 맥퍼슨 형식 현가 장치의 특징 ―― 206
516. 감쇠력과 쇽업소버 ―――――― 207
517. 쇽업소버의 기능 ―――――― 207
518. 차축 현가장치의 특징 ――――― 208
519. 판스프링의 장점 ―――――― 209
520. 섀클(Shackle)의 종류 ―――― 209
521. 판스프링 스프링 갭 ―――――― 209
522. 판스프링의 닙 ――――――― 209
523. 판스프링의 스팬 ―――――― 209
524. 판스프링의 스프링 아이 ――― 210
525. 공기 스프링이 금속 스프링에 비해 좋은
이유 ――――――――――― 210
526. 판스프링이 부러지는 이유 ――― 210
527. 일체식 현가장치의 특징 ――― 210
528. 과적을 목적으로 판스프링을 구조 변경하여
매수를 추가시켜 설치할 경우의 문제점
―――――――――――――――― 211
529. 공기 스프링의 장점 ―――――― 211
530. 공기 스프링의 단점 ―――――― 211
531. 액티브 전자제어 현가장치(ECS)의 의미와
기능 ―――――――――――― 212
532. 독립 현가 장치의 종류 ―――― 212
533. 액티브 전자제어 현가장치의 자세제어 기능
―――――――――――――――― 213
534. 현가 장치의 필요성 ―――――― 213
535. 자동차 스프링 위 질량 진동의 종류 ・214

536. 자동차 스프링 아래 질량 진동의 종류 ·········· 214
537. 요잉 모멘트(스프링 상부에 발생)로 인해 일어나는 현상 ·········· 215
538. ECS의 구성 부품 ·········· 215
539. 자동차 승차감과 진동수 ·········· 215
540. 독립 현가 장치의 장점 ·········· 216

08 선회 성능

541. 저속 시미 현상의 원인 ·········· 217
542. 장비의 주행 저항을 감소시키거나 동력전달 계통의 전달 효율을 향상시키고 연료 소비율을 억제시킬 수 있는 점검 개소 ·········· 217
543. 코너링 포스 ·········· 218
544. 오버 스티어링 ·········· 218
545. 좌회전 선회 중에 오버 스티어가 발생했을 때 ESP에서 제동을 한다면 어떤 바퀴를 제동할까? (바퀴 한 개만 선택) ·········· 219
546. 언더 스티어링 ·········· 219

09 주행 성능

547. 주행 저항의 종류 ·········· 220
548. 구름 저항 계수 ·········· 220

10 휠 얼라인먼트

549. 토인의 필요성 ·········· 221
550. 캠버의 필요성 ·········· 221
551. 캐스터의 필요성 ·········· 222
552. 킹핀각의 필요성 ·········· 222
553. 차륜 정렬이 필요한 이유 ·········· 222
554. 얼라인먼트의 요소 ·········· 222

555. 휠 얼라인먼트 스러스트 각이 클 때 문제점 ·········· 223
556. 휠 얼라인먼트 측정 전 점검사항 ·········· 223
557. 휠 얼라인먼트 전용 리프트를 사용하기 전 점검사항 ·········· 223
558. 핸들이 떨리는 이유 ·········· 224
559. 사이드슬립 테스터기에 의해 장비를 검사할 경우 측정 전 점검 사항 ·········· 224
560. 앞바퀴 사이드슬립 측정 전 검사장비의 준비사항 ·········· 224

11 안전 · 검사

561. 속도계 측정 시 준비 사항 ·········· 225
562. 속도계의 지시 오차가 규정 이상 일 때의 원인 ·········· 225
563. 안전기준 화물 및 특수자동차 제외 일반차량의 차량총중량, 축중, 윤중 ·········· 225
564. 안전기준 ·········· 226
565. 각도법에 필요한 공구와 작업순서 ·········· 226
566. 각도법 종류 ·········· 226
567. 토크렌치 사용 시 주의사항 ·········· 226
568. 회전 부품 유의사항 ·········· 226
569. 자동차 정비사가 정비 중 임의로 구조변경을 못하는 법적 제한사항 ·········· 227
570. 일반자동차는 크기 기준 ·········· 227
571. 공차상태 조건 ·········· 227
572. 종합검사대행자 및 지정사업자의 검사기기 품목 ·········· 228
573. 승용차와 차량 총중량 3.5톤 이하인 승합 화물 특수 자동차 ·········· 228

전기
Electricity

01 기초 전기

574. 전기장치 중 전기에너지를 열에너지로 변환하여 사용하는 장치 ······ 230
575. 아날로그 방식과 디지털 방식 센서의 특징 ······ 230
576. 멀티미터 사용 시 절환 스위치 확인을 확실히 해야 하는 이유 ······ 230
577. 전기 장치를 정비할 때의 안전 수칙 · 231
578. 전기 퓨즈의 용단의 원인 ······ 231
579. 퓨즈 재료의 합금 조성 ······ 231
580. 전기 장치 정비 시 접지선을 먼저 제거하는 이유 ······ 231
581. 전기 장치 점검 항목 ······ 232
582. 스위치 접촉 저항을 감소시킬 수 있는 방법 ······ 232
583. 배선의 병렬 결선의 특징 ······ 232
584. 배선의 직렬 결선의 특징 ······ 233
585. 전류의 3대 작용 ······ 233
586. 저항의 연결 방법 종류 ······ 234
587. 논리 회로의 종류 ······ 234
588. 논리합 회로 ······ 234
589. 논리 게이트 NAND 진리표 ······ 235
590. 차량에서 발생되는 전파 잡음의 원인 235

02 반도체

591. 반도체 소자(트랜지스터)의 장점 ···· 236
592. 반도체 소자(트랜지스터)의 단점 ···· 236
593. 포토 트랜지스터 ······ 237
594. 포토 다이오드 ······ 237
595. 서미스터 ······ 238
596. 부특성 저항체의 온도에 따른 저항변화 ······ 238
597. 밸러스트 저항 ······ 238
598. 사이리스터 ······ 239

03 자동차 센서

599. 크랭크 각 센서(CKP)의 파형이 측정되지 않은 원인 ······ 240
600. 압력 센서의 종류 ······ 240
601. 압력 센서 중 용량형 센서 ······ 240
602. 차량에서 사용되는 초음파 센서 ···· 241
603. 서모센서 ······ 241
604. 반도체 피에조 저항 센서 ······ 241
605. 차동 트랜스식(LVDT)센서 ······ 241

04 축전지

606. 축전지 설페이션 현상이 발생하는 이유 ······ 242
607. 유화 현상 ······ 242
608. 축전지의 기능 ······ 242
609. 축전지의 구비 조건 ······ 243
610. 알칼리 축전지의 특징 ······ 243
611. 축전지의 보관 방법 ······ 243
612. 납산 축전지의 화학 반응식 ······ 244

613. 축전지 자기 방전의 원인 ·············· 244
614. 축전지 용량에 영향을 주는 요소 ···· 245
615. 축전지 용량 표시 방법 ················· 245
616. 축전지에서 음극판이 양극판보다 한 장
     더 많은 이유 ···························· 245
617. 축전지 격리판의 구비 조건 ·········· 245
618. 축전기 시험 방법의 종류 ············· 246
619. 축전지 용량 시험 시 주의 사항 ····· 246
620. 축전지 점검 사항 ······················· 246
621. 축전지 전압 측정 방법 ················ 246
622. 축전지 양극 단자와 음극 단자 구별법
     ··· 247
623. 축전지 격리판의 홈이 있는 면이 양극판
     쪽으로 설치된 이유 ···················· 247
624. 축전지 자기 방전에 영향을 주는 요소
     ··· 247
625. 축전지 충전시 전해액의 온도가 45℃가
     넘지 않도록 하는 이유 ··············· 248
626. 축전지 충전(또는 급속 충전) 시 주의 사항
     ··· 248
627. 축전지 단자 케이블의 접속이 불량하거나
     부식이 심하여 접촉 저항이 클 때 나타나는
     현상 ·· 248
628. 축전기 정전 용량의 증감 요소 ······ 249
629. 전해액의 온도가 내려갈 때 축전지의 영향
     ··· 249
630. 축전지의 충전법 ························ 249
631. 충전 상태의 판정법 ···················· 249
632. 주행 중 충전 경고등이 점등되는 원인
     ··· 250
633. 충전 경고등이 점등되는 원인 ······· 250
634. 축전지 케이스가 부풀리는 이유 ···· 250
635. 정전류 충전법 ··························· 250
636. 축전기의 특성 ··························· 251

05 기동장치

637. 기동 전동기의 피니언 기어가 플라이휠
     링 기어에 치합되지 않는 이유 ····· 252
638. 기동 전동기 스위치를 Off시켜도 전동기가
     계속 회전하는 이유 ··················· 252
639. 기동 전동기의 동력전달 방식의 종류
     ··· 253
640. 플레밍의 왼손 법칙 ··················· 254
641. 기동 전동기가 회전이 느리고 많은 전류가
     흐르며 회전력이 약한 이유 ·········· 255
642. 기동 전동기의 회전이 느린 이유 ··· 255
643. 기동 전동기에 전류가 흐르지 않는 이유
     ··· 255
644. 크랭킹시 기동 전동기의 회전력이 저하되는
     이유 ·· 256
645. 기동 전동기가 회전하지 않는 이유 ·· 256
646. 직류 전동기의 종류 ··················· 256
647. 직류 직권 전동기의 특성 ············ 257
648. 직류 분권 전동기의 특징 ············ 257
649. 직류 복권 전동기의 특징 ············ 257
650. 기동 전동기 무부하 시험시 필요한 기기
     ··· 257
651. 기동 전동기 오버런닝 클러치 ······· 258
652. 기동 전동기 오버 런닝 클러치의 종류
     ··· 258
653. 기동 전동기 시험 방법의 종류 ······ 259
654. 기동전동기 시험 중 그로울러 테스터를
     이용한 점검사항 ······················· 259
655. 기동 전동기의 무부하 회전속도가 높고 회전
     력은 작으며 많은 전류가 흐르는 경우의
     원인 ·· 259
656. 기동 전동기에 많은 전류가 흐르나 기동 전
     동기가 회전하지 않는 원인 ·········· 259

657. 기동 전동기 무부하 회전속도가 낮고 회전력이 작으며 전류의 흐름도 적을 때의 원인 ······ 260
658. 기동 전동기 사용 시 주의 사항 ····· 260

06 점화장치

659. 트랜지스터 점화 장치 장점 ·········· 261
660. 자기 유도 작용 ···················· 261
661. 상호 유도 작용 ···················· 262
662. DIS의 특징 ······················· 262
663. 점화 플러그의 특성 시험 ············ 262
664. 전자제어 점화장치 구비조건 ········· 263
665. 불량 파형이 발생되는 원인 ·········· 263
666. 점화 플러그에 그을음이 발생되는 원인 ······································· 263
667. 점화 플러그의 종류 ················ 264
668. 점화 플러그의 열가 ················ 264
669. 점화계통의 스파크 플러그 불꽃이 약할 때 점검사항(단, 발전기는 정상) ········ 265
670. 점화계통에서 스파크 플러그 불꽃이 약할 때 점검사항(단 배터리, 충전계통은 정상) ································· 265
671. 점화장치의 점화 플러그 점검사항 ··· 265
672. 점화시기가 너무 늦을 때 발생되는 현상 ······································· 266
673. MP 콘덴서의 특징 ················· 266
674. 점화 플러그에서 불꽃이 발생되지 않는 원인 ······································· 266
675. 점화 스위치를 ON시켰는데 전류계 바늘이 움직이지 않을 때의 원인 ··········· 266
676. 마그네트 점화 장치의 특징 ········· 266

07 발전기

677. 교류 발전기가 충전이 잘 안 되는 원인 ······································· 267
678. 플레밍의 오른손 법칙 ·············· 267
679. 히스테리시스 현상 ················· 268
680. 교류 발전기에서 회로 시험기로 측정할 수 있는 항목 ························ 268
681. 교류 발전기의 구조 ················ 268
682. 교류 발전기의 장점 ················ 269
683. 교류 발전기에서 충전 전류가 낮은 원인 ······································· 269
684. 과충전 시 충전 장치 점검 사항 ····· 269
685. 발전기 브러시에 경사각을 두는 이유 270
686. 발전기에서 소음이 발생되는 원인 ··· 270
687. 로터 코일 검사항목 ················ 270
688. 발전기의 구비 조건 ················ 270
689. 교류 발전기에서 충전 경고등이 켜지는 이유 ······························· 271
690. 3상 코일의 결선 방법 ·············· 271
691. 자려자식 발전기 ···················· 272
692. 타려자식 발전기 ···················· 272
693. 교류 발전기 극성 검사 시 주의 사항 272
694. IC 전압 조정기의 특징 ············· 272

08 등화장치

695. 전조등의 종류 ····················· 273
696. 전조등 광도 부족의 원인 ··········· 273
697. 전조등의 주광축이 틀려지는 이유 ··· 273
698. 자동차의 등화장치에서 광속, 광도, 조도의 단위 ······························ 274

699. 주행 중 터널 진입 등으로 어두워질 경우 전조등이 자동으로 작동되는 장치에서 주변 밝기의 변화를 감지하는 센서 이름은? · 274
700. 오토라이트 ··· 275
701. 전조등 시험기 사용 전 점검 사항 ··· 276
702. 전조등 시험기 측정 전 준비사항 ···· 276
703. 헤드라이트의 소켓이 녹는 원인 ····· 276
704. 방향지시등 점멸이 느릴 때의 고장 원인 ··· 276
705. 방향지시등과 계기반 점멸속도가 빠를 때의 원인 ··· 277
706. 방향지시등이 작동되지 않는 원인 ··· 277
707. 뒤쪽 좌측 방향지시등 필라멘트가 단선되었을 때 방향지시등은? ······························· 277
708. 전조등의 형식 ···································· 278
709. 실드빔 전조등의 특징 ······················· 278
710. 방향지시기 플래셔 유닛의 종류 ····· 278
711. 방향지시등의 좌우 점멸 횟수가 다르거나 한쪽만 작동되는 이유 ························· 279
712. 방향지시기 고장의 종류 ················· 279
713. 전조등이 점등되지 않는 원인 ········ 279
714. 전조등의 구성 ···································· 279
715. 할로겐 전구의 특징 ·························· 280

09 경음기 및 와이퍼

716. 혼의 작동이 불량한 이유 ················ 281
717. 경음기 음량이 부족하게 되는 원인 ·· 281
718. 경음기 음질의 불량 원인 ················ 282
719. 윈드 실드 와이퍼의 정지 상태가 불량한 이유 ··· 282

10 냉방장치

720. 에어컨 냉동사이클에서 저온을 만들기 위해 냉매는 압축기, 응축기, 리시버 드라이어, 팽창 밸브, 증발기를 거쳐 다시 압축기로 되돌아오는 순환을 반복한다. 이때 압축기 이후, 응축기 이후, 증발기 이후의 냉매상태(압력, 온도, 상태) ······································· 283
721. 에어컨 어큐뮬레이터의 기능 ········· 283
722. 냉방이 되지 않는 이유 ··················· 283
723. 에어컨의 주요 구성품 ····················· 284
724. 신 냉매(R-134a)의 장점 ················ 285
725. R-134a 냉매를 다룰 때 주의사항 ·· 285
726. 냉매 취급 유의사항 ························· 285
727. 냉매의 구비 조건 ····························· 285
728. 에어컨 리시버 드라이어의 기능 ···· 286
729. 냉매 누출 검사 방법 ······················· 286
730. 차량 열부하의 종류 ························· 286

11 에어백

731. 에어백 컨트롤 유닛의 기능 ··········· 287
732. 에어백 시스템 작동 센서 종류와 기능 ··· 287
733. 안전벨트 프리텐셔너 역할 ············· 288
734. 작업자가 에어백부분 탈거 및 정비 시 주의할 점 ··· 288
735. 에어백 점검 시 주의사항 ··············· 289
736. 에어백 정비 작업 시 (−)단자 탈거 후 30~60초 정도 두었다가 작업을 하는 이유 ··· 289

12 안전장치

737. 도난 경보기 경계모드 진입 필수요건 290
738. 자동차 경계모드 진입조건 290
739. 도난 방지장치가 도난 경계모드에 진입하지 못하는 조건 290
740. 도어락이 작동되는 조건 291
741. IMS 기능 291
742. 적응학습제어 291
743. 이모빌라이저 키 분실 후 새로운 키를 복사했는데 시동 안 걸리는 원인 291
744. 계기판의 트립 컴퓨터의 역할 292

13 예열장치

745. 히트레인지 293
746. 실드형 예열 플러그의 장점 293
747. 예열 장치의 종류 294

14 하이브리드

748. 하이브리드 자동차 화재 시 쓰이는 소화기 등급 295
749. 하이브리드 전기 자동차에서 보조 배터리(12V)의 역할 295
750. 하이브리드 자동차 정비 작업 전 안전 준비 사항 295
751. 하이브리드 자동차 고전압 계통 절연저항 측정 장비 295

과년도 기출문제

2020년
제1회 자동차정비기사 필답시험 기출문제 - 298
제2회 자동차정비기사 필답시험 기출문제 - 305
제3회 자동차정비기사 필답시험 기출문제 - 314
제4회 자동차정비기사 필답시험 기출문제 - 322

2021년
제1회 자동차정비기사 필답시험 기출문제 - 332
제2회 자동차정비기사 필답시험 기출문제 - 340
제3회 자동차정비기사 필답시험 기출문제 - 348

2022년
제1회 자동차정비기사 필답시험 기출문제 - 353
제2회 자동차정비기사 필답시험 기출문제 - 360
제3회 자동차정비기사 필답시험 기출문제 - 364

2023년
제1회 자동차정비기사 필답시험 기출문제 - 372
제2회 자동차정비기사 필답시험 기출문제 - 378
제3회 자동차정비기사 필답시험 기출문제 - 384

2024년
제1회 자동차정비기사 필답시험 기출문제 - 392

엔진 Engine

기초공학 및 기관일반 · 실린더, 실린더 블록
연소실 · 피스톤 어셈블리 ·
크랭크축 & 기관 베어링 · 밸브와 밸브 기구
윤활장치 · 냉각장치 · 연료장치
흡·배기장치 · 연료 및 연소 · 기관 튠업

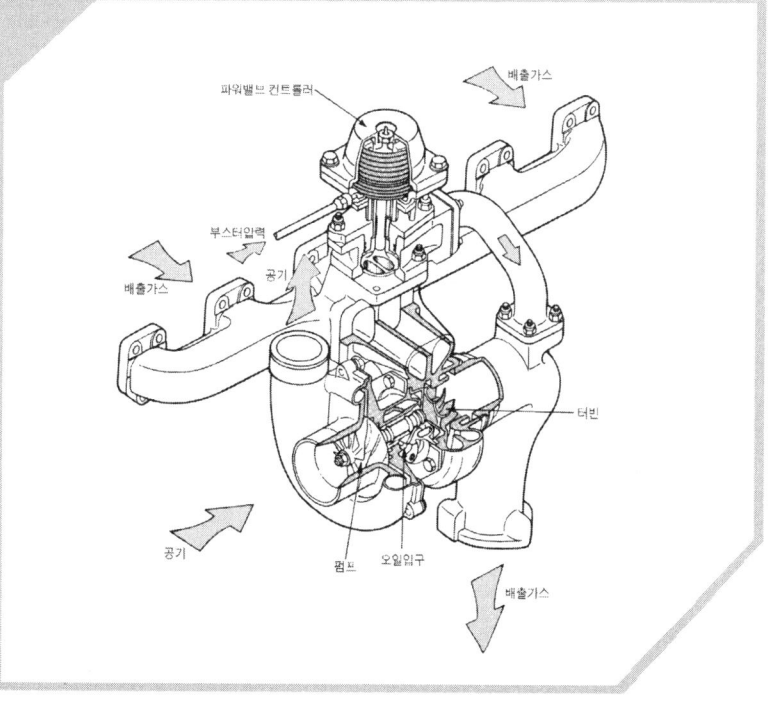

기초공학 및 기관일반

01 6기통 우수식 1-5-3-6-2-4에서 6번 실린더가 동력(폭발)중 일 때 3번 실린더는 무슨 행정을 하는가?

>>> 배기행정 초

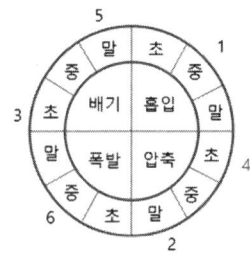

02 기관의 구비조건

>>> 1) 정미마력 당 중량 및 부피가 작을 것
2) 운전 경비가 적을 것
3) 수명이 길고 정비가 용이 할 것
4) 소음이나 진동이 작을 것
5) 유해 배기가스를 배출하지 않을 것
6) 신뢰도가 높고 고장이 적을 것
7) 저속에서 고속까지 회전 범위가 클 것
8) 다루기 쉬울 것

03 마운팅 지지법의 기능 3가지를 쓰시오.

>>> 1) 엔진의 진동 흡수
2) 엔진 및 변속기 고정
3) 승차감 향상

04 기관 성능에 요구되는 사항

>>> 1) 연료소비가 적을 것
2) 저속에서 회전력이 클 것
3) 가속도가 클 것
4) 최고 회전수가 빠를 것

05 다음 기관 성능 곡선도를 보고 각 선도가 나타내는 제원을 쓰시오. (주어진 공란에 맞는 답 쓰기)

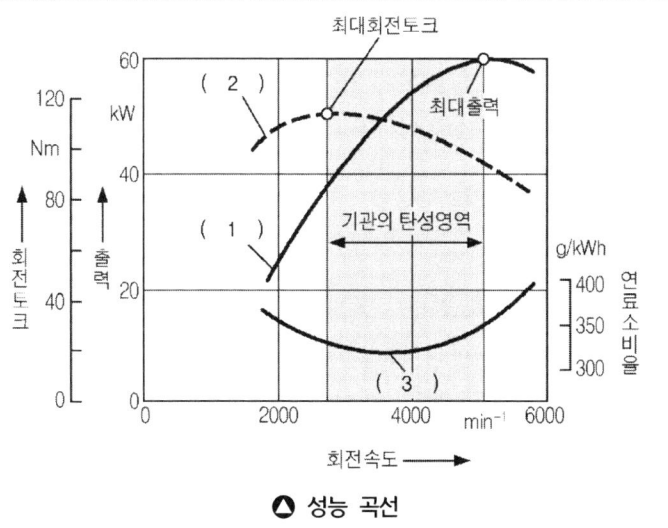

▲ 성능 곡선

>>> 1) 출력　　2) 토크　　3) 연료소비율

06 4행정 사이클 기관의 장점

>>> 1) 각 행정의 구분이 확실하다.
2) 각 부분의 열적부하가 적다.
3) 저속에서 고속까지 회전속도의 범위가 넓다.
4) 흡입시간이 길어서 체적효율이 높다.
5) 연료소비율이 적다.
6) 기동이 쉽고, 실화의 발생이 적다.
7) 윤활방법이 확실하고 윤활유의 소비량이 적다.

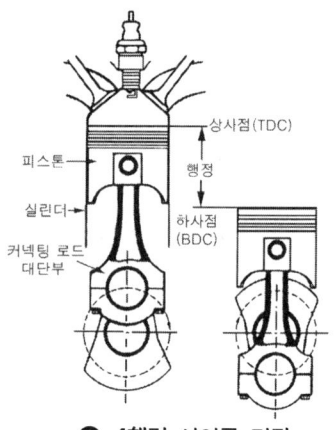

▲ 4행정 사이클 기관

07 4행정 사이클 기관의 단점

>>> 1) 밸브기구가 복잡하다.
2) 제작비가 비싸고 마력 당 중량이 크다.
3) 동력 발생 횟수가 2행정 사이클 기관보다 적어 실린더수가 적을 경우 회전이 원활하지 못하다.
4) 기계적 소음이 크다.

08 2행정 사이클 기관의 단점

>>> 1) 평균유효압력이 낮다.
2) 열화 발생이 많다.
3) 피스톤 링의 소손이 크다.
4) 배기행정이 짧아 배기가스의 배출이 불충분하다.
5) 유효행정이 짧고 흡·배기구가 동시에 열려 있는 기간이 길어서 소기를 위한 신기의 손실이 많아 효율이 좋지 않다.
6) 윤활유의 소비량이 많다.
7) 연료소비율이 크기 때문에 대형 가솔린 기관으로는 적합하지 않다.
8) 실린더 벽에 소·배기구가 있어 피스톤 링의 마모가 크다.

09 2행정 사이클 기관의 장점

>>> 1) 4행정 사이클 기관과 동일 배기량일 경우 출력이 1.5~1.7배 정도 된다.
2) 회전력의 변동이 적다.
3) 밸브장치가 필요 없다.(2행정 고속 디젤기관은 제외)
4) 제작비가 적게 든다.
5) 실린더 수가 적어도 기관의 회전이 원활하다.
6) 구조가 간단하다.(밸브기구가 없거나 배기밸브 작동기구만 있기 때문에)
7) 마력 당 중량이 작다.

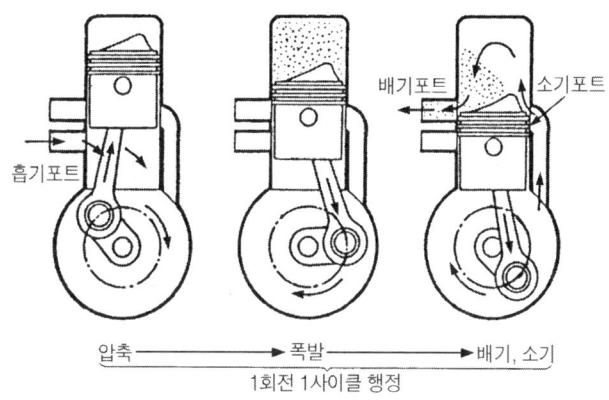

▲ 2행정 사이클 엔진의 작동 순서

10 2행정 사이클 디젤기관의 소기방식

>>> 1) **횡단 소기식**(Cross Scavenging Type): 실린더 아래쪽에 대칭으로 소기공과 배기공을 설치한 방식으로 소기시 배기공으로 배기가스가 유입되어 흡입효율이 낮아지는 문제가 있다.

2) **루프 소기식**(Loop Scavenging Type): 실린더 아래에 배기공은 수평으로 설치되고 소기공은 위쪽으로 설치되어 있으며 소기시 배기공을 스치는 방향으로 밀려가게 되어 흡입효율이 횡단 소기식 보다는 좋다.

3) **단류 소기식**(Uniflow Scavenging Type) : 배기밸브는 실린더 헤드쪽에 설치하고 실린더 아래쪽에 소기공을 설치한 방식으로 송풍기로부터 공급된 공기가 실린더 위쪽으로 흘러 소기되도록 만든 형식이다.

11 블로바이(Blow-By) 현상

>>> 압축 또는 폭발행정 시 가스가 피스톤과 실린더 사이에서 새는 현상

12 블로바이가스 재순환시키는 밸브

>>> PCV밸브

압축 시나 폭발 시 피스톤과 실린더 사이에서 누설된 가스가 크랭크 케이스나 헤드 로커암 커버에 차있는데, 이로 인해 엔진의 출력도 감소되지만 외부로 방출되어 환경오염도 되므로 다시 흡기로 순환시켜 연소 할 수 있도록 만든 장치를 말한다.

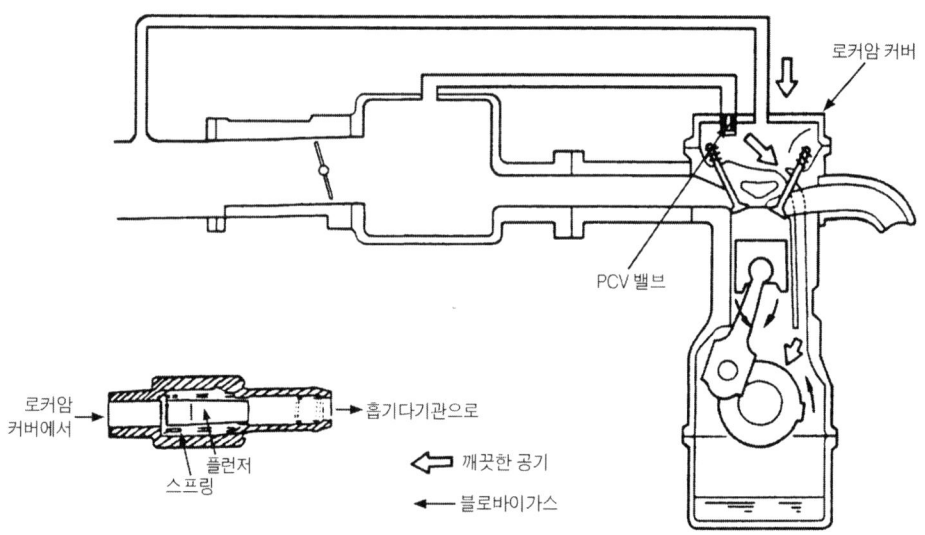

▲ 블로바이 가스 제어 장치

13 블로 백(Blow Back) 현상

>>> 압축 및 폭발 행정에서 가스가 밸브와 밸브 시트 사이로 누출되는 현상

14 블로 다운(Blow-Down) 현상

>>> 폭발행정 말기에 배기밸브가 열려 피스톤이 하강하는 상태에서 배기가스 자체의 압력에 의해서 배기가스가 배출되는 현상

15 디젤기관의 장점

>>> 1) 고장이 적다.
2) 연료소비량이 적다.
3) 열효율이 높다.
4) 저속에서의 회전력이 크고 회전력의 변화가 적다.
5) 배기가스 온도가 낮다.
6) 화재의 위험성이 적다.
7) 연료의 선택 범위가 넓다.

16 디젤기관의 단점

>>> 1) 진동이 크다.
2) 소음이 크다.
3) 제작비가 비싸다.
4) 마력 당 중량이 크다.
5) 겨울철 시동성이 좋지 않다.

17 공급 열량과 압축비가 일정할 때 열효율이 좋은 사이클의 순서

>>> 1) 오토(정적)사이클
2) 사바테(복합)사이클
3) 디젤(정압)사이클

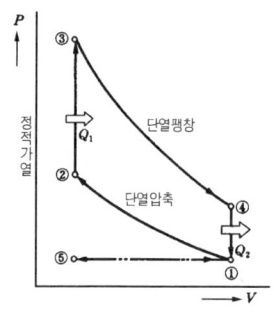
▲ 오토 사이클의 지압(P-V)선도

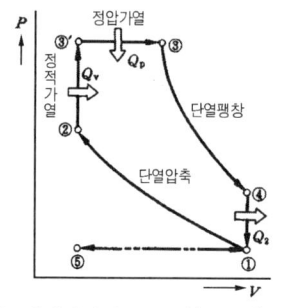
▲ 사바테사이클 지압(P-V)선도

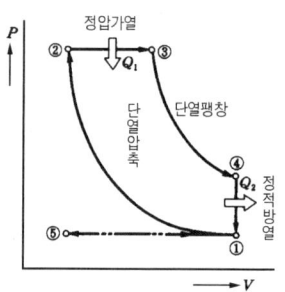
▲ 정압 사이클의 지압(P-V)선도

18 기계효율을 증가시킬 수 있는 요인

>>> 1) 윤활을 한다.
2) 접촉면에 큰 베어링을 사용하여 압력을 분산시킨다.
3) 롤러 베어링을 사용한다.
4) 마찰계수가 작은 금속을 사용한다.
5) 섭동면의 가공도를 높인다.
6) 연소 속도를 높인다.
7) 착화 지연기간을 짧게 한다.
8) 피스톤의 측압을 작게 한다.
9) 활동부분의 중량을 감소시킨다.
10) 실린더 수를 증가한다.
11) 기관의 평형을 좋게 한다.
12) 보조기구의 구동에 요하는 출력을 줄인다.
13) 배기가스의 배출을 방해하는 저항을 적게 한다.

19 열해리 (Thermal Dissociation)

>>> 연소의 반응은 산화방향으로만 진행되는 것이 아니고 연소가스의 온도가 1,500~1,700℃ 이상일 때, 가스분자가 다원자 화합물인 경우 내부에너지가 일정수준 이상 증가하면 화학적 평형상태가 균형을 잃고 분자 구성 원소의 일부가 분리되면서 주위로부터 열을 흡수하게 되어 연소로 인해 생성된 열에너지가 감소하는 결과가 발생된다.

즉, 이미 결합되어 있는 CO_2의 일부가 다시 CO와 O_2분자로 나누어지거나 H_2O의 일부가 H_2와 O_2의 분자로 나누어진다.

이렇게 보통의 연소와는 **반대방향으로 진행되는 반응**을 열해리라고 한다. 열해리 반응으로 흡열에 의해 주위 온도가 일정수준 이하로 감소하게 되면 다시 화학적 평형을 유지하기 위해 재결합하면서 발열하게 된다.

20 각 기관 제동 열효율 비교

>>> 1) 증기 기관 : 6~29% 2) 가스 기관 : 20~22%
3) 가솔린 기관 : 25~28% 4) 가스터빈 : 25~28%
5) 디젤 기관 : 32~38%

21 임계 압축비(Critical Compression Ratio, CCR)

>>> CFR 기관에서 시험조건을 일정하게 하고 각종 연료에 의해 노크를 일으키기 시작할 때의 최저 압축비를 말한다.

22 고속 디젤기관의 열감정

>>> 1) 기계적 손실 5~10%정도
2) 배기에 의한 손실 30%정도
3) 냉각에 의한 손실 30%정도
4) 열효율 30~40%정도

23 디젤기관이 역회전하게 되면 발생되는 현상

>>> 1) 열효율이 저하된다.
2) 윤활작용 불량으로 기계각부의 마멸과 소결현상이 발생한다.
3) 배기공에서 흡입, 소기공에서 배기가 발생될 수 있다.

24 디젤기관의 진동방지 대책

>>> 1) 피스톤과 커넥팅 로드 어셈블리의 중량차를 작게 한다.
2) 크랭크축 비틀림 진동 방지기를 설치한다.
3) 노즐의 분사압력과 분사량을 규정값으로 조정한다.
4) 각 실린더의 압축과 분사량을 균일하게 한다.

25 디젤기관 출력을 증대시킬 수 있는 요건

>>> 1) 흡·배기효율을 증대시킨다.
2) 연료와 공기의 적당한 혼합
3) 적당한 압축비
4) 적당한 연료 분사시기
5) 노킹 발생 방지
6) 좋은 윤활유 사용
7) 좋은 연료 사용

26 공급열량과 압력이 일정할 때 열효율이 좋은 사이클 순서

>>> 1) 디젤사이클
2) 사바테사이클
3) 오토사이클

27. 점화시기 고려사항

1) 연소가 같은 간격으로 발생되게 한다.
2) 기관의 발생동력을 평등하게 하여야 된다.
3) 크랭크 축에 비틀림 진동이 발생되지 않게 한다.
4) 혼합기가 각 실린더에 균일하게 분배되게 한다.

28. 가솔린 기관의 3대 요건

1) 규정의 압축압력
2) 정확한 점화시기
3) 적당한 혼합비

29. 실린더의 연소속도에 영향을 주는 요소

1) 혼합비
2) 흡기온도
3) 압축압력

실린더 · 실린더 블록

01 실린더 헤드 볼트의 재조임 이유

>>> 1) 기관이 워밍업되면 열팽창으로 인하여 헤드 볼트나 너트가 헐거워지므로 정상 온도가 되었을 때 재조임을 해 준다.
2) 알루미늄 합금 헤드인 경우는 워밍업시 재조임 해주고 기관이 냉각되었을 때에 또 재조임 해주는 것이 좋다.

02 실린더 헤드 탈·부착 시 주의사항 3가지를 쓰시오.

>>> 1) 헤드 볼트를 풀거나 조일 때는 순서에 맞게 조립한다.
2) 헤드 볼트를 조일 때는 토크렌치를 사용하여 규정값에 맞게 체결한다.
3) 실린더 헤드 개스킷은 신품으로 교환한다.

03 실린더 헤드의 변형 원인

>>> 1) 제작시 열처리 불충분
2) 실린더 헤드 볼트의 불균일한 조임
3) 기관의 과열
4) 실린더 헤드 개스킷 불량
5) 냉각수의 동결

04 알루미늄 합금 실린더 헤드의 특징

>>> 1) 부식이 적다.
2) 내구성이 적다.
3) 열팽창계수가 커서 변형이 크다.
4) 열전도율이 좋아 연소실의 온도를 낮게 할 수 있다.
5) 압축비를 높일 수가 있다.
6) 조기 점화의 원인이 되는 열점이 생기지 않는다.
7) 주철에 비해 열전도 특성이 우수하다.
8) 중량이 적다.

05 실린더 헤드 볼트를 규정대로 조이지 않았을 때 발생되는 현상

>>> 1) 압축가스가 누출된다.
2) 기관 오일이 누출된다.
3) 냉각수가 누출된다.

06 실린더 헤드의 균열 검사 방법

>>> 1) 육안 검사법
2) 타진법
3) 염색 탐상법
4) 자기 탐상법
5) X선 투과법

07 실린더 헤드의 변형 원인

>>> 1) 제작 시 열처리 불량
2) 냉각수의 동결
3) 기관의 과열
4) 실린더 헤드 개스킷 불량
5) 실린더 헤드 볼트 조임 불량

08 실린더 헤드 개스킷 사용 시 주의 사항

>>> 1) 접힌 부분을 실린더 헤드 쪽으로 가게 한다.
2) 한번 사용한 개스킷은 다시 사용하지 않는다.
3) 냉각수 구멍(Hall), 오일 구멍(Hall) 등을 맞춘다.

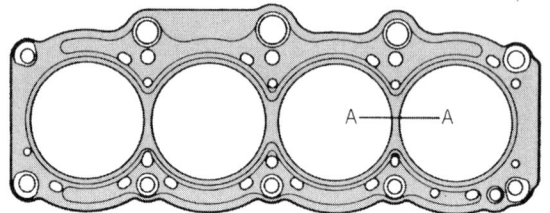 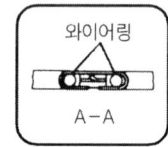

● 헤드 개스킷의 구조

09 실린더 헤드 볼트를 풀었는데 실린더 헤드가 분리되지 않을 때 조치방법

>>> 1) 플라스틱 해머 이용
2) 나무 해머 이용
3) 압축 압력 이용
4) 기관의 자중 이용

10 실린더 헤드 개스킷 종류

>>> 1) **보통 개스킷** : 동판이나 강판으로 석면(Asbestos)을 사용하여 만든 것
2) **스틸 베스토 개스킷**(Steel-Besto Gasket) : 강판 양면에 돌출물을 만들고 거기에 흑연을 혼합한 석면(Graphite Gasket)을 압착하고 표면에 흑연을 발라 만든 것으로 고회전 고출력 기관에 적합하다.
3) **스틸 개스킷**(Steel Gasket) : 강판만으로 만든 것으로 고급기관에 적합하다.

11 습식 라이너 설치 방법

>>> 1) 고무제 실(Seal)을 라이너에 끼운다.
2) 고무제 실(Seal)의 둘레에 비눗물을 바른다.
3) 라이너를 손힘으로 밀어 실린더 블록에 끼운다.

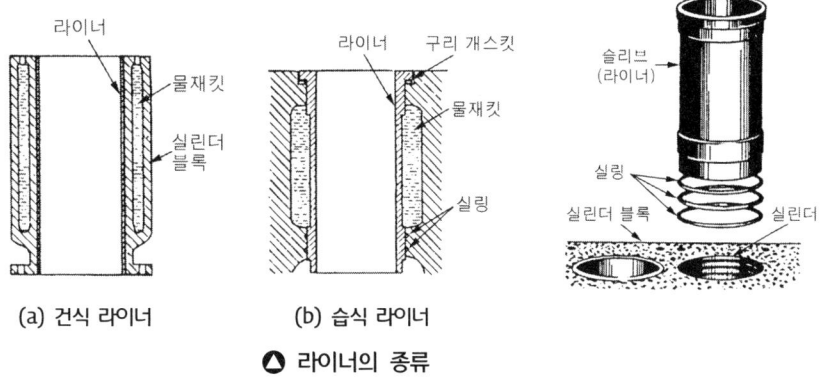

▲ 라이너의 종류

12 실린더 상부의 마모가 심한 이유

>>> 1) 상사점에서 피스톤의 운동방향 전환을 위하여 일시적으로 정지하므로 측압이 크게 작용하기 때문이다.
2) 피스톤 링의 호흡 작용으로 유막이 끊어지기 쉽기 때문이다.
3) 상사점에서는 폭발행정 때의 압력으로 피스톤 링이 실린더 벽에 강하게 밀착되기 때문이다.

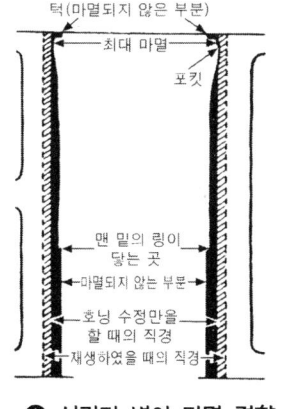

▲ 실린더 벽의 마멸 경향

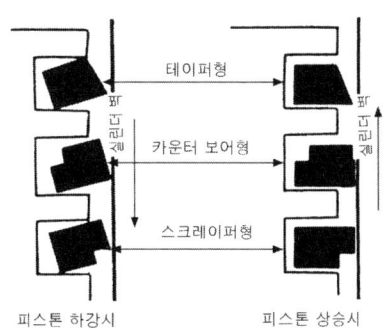

▲ 피스톤 링의 호흡작용

13 실린더가 마멸되었을 때의 영향

>>> 1) 열효율의 저하 2) 연료 소비의 증대
3) 출력의 저하 4) 압축압력의 저하
5) 윤활유의 소비 증대 6) 피스톤의 슬랩 현상 발생
7) 실화로 인한 연소실의 카본 퇴적

14 실린더 마멸 원인

>>> 1) 실린더와 피스톤의 접촉에 의한 마멸
2) 연소 생성물에 의한 마멸
3) 흡입 가스 중의 먼지나 이물질에 의한 마멸
4) 하중 변동에 의한 마멸
5) 농후한 혼합기에 의한 마멸

15 행정과 내경의 비에 따른 기관의 분류

>>> 1) **장 행정기관** (Under Square Engine)
   행정(L) > 내경(D) = L/D > 1
2) **정방 행정기관** (Square Engine)
   행정(L) = 내경(D) = 1
3) **단 행정기관** (Over Square Engine)
   행정(L) < 내경(D) = L/D < 1

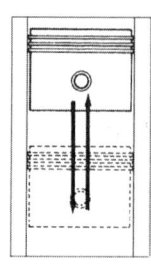 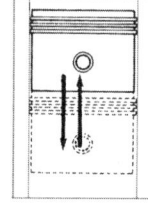 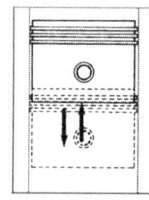

(a) 장행정 엔진   (b) 정방형 엔진   (c) 단행정 엔진

▲ 실린더 안지름 / 행정비에 의한 분류

16. 단행정 기관의 장점

1) 기관의 높이를 낮게 할 수 있다.
2) 밸브 면적을 크게 할 수 있어 체적효율이 높다.
3) 피스톤 평균속도를 높이지 않고 기관의 회전수를 높일 수 있다.

17. 단 행정 기관의 단점

1) 기관의 길이가 길어진다.
2) 폭발 압력이 높아 베어링을 크게 하여야 한다.
3) 측압이 커서 실린더 마멸이 크다.
4) 기관이 과열되기 쉽다.
5) 전압력(全壓力)이 크기 때문에 베어링을 크게 하여야 한다.
6) 회전수가 커지면 그 관성력의 불평형으로 회전 부분의 진동이 커지게 된다.

연소실

01 디젤 기관 연소실이 갖추어야 할 조건

>>> 1) 분사된 연료를 가능한 짧은 시간 동안에 완전히 연소시킬 것
2) 평균 유효압력이 높을 것
3) 연료 소비율이 적을 것
4) 고속 회전에서도 연소상태가 좋을 것
5) 시동이 쉬울 것
6) 디젤 노크가 적을 것

02 예 연소실식(Precombustion Chamber Type)의 장점

>>> 1) 연료 분사 압력이 낮아도 된다.
2) 연료장치의 고장이 적고 수명이 길다.
3) 사용 연료의 변화에 둔감하여 연료의 선택 범위가 넓다.
4) 착화 지연기간이 짧아 운전 상태가 정숙하고 디젤 노크가 적다.
5) 기관의 유연성이 있다.
6) 평균 유효압력이 높다.
7) 부하와 회전속도 변화에 대응하여 분사시기를 자주 조정하지 않아도 된다.

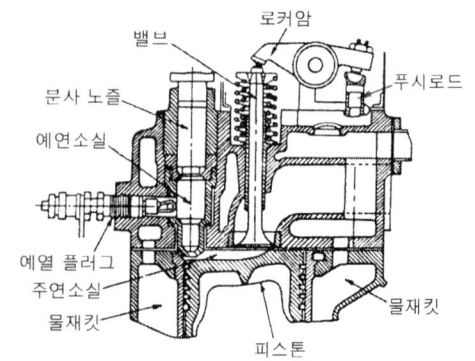

△ 예 연소실식 연소실의 구조

03 예 연소실식(Precombustion Chamber Type)의 단점

>>> 1) 연소실의 표면적대 체적비가 커서 냉각손실이 크다.
2) 예열 플러그가 필요하다.
3) 큰 출력의 기동 전동기가 필요하다.
4) 연료소비율이 직접 분사실식 보다 크다.
5) 연소실의 구조가 복잡하고 열부하 문제가 대두 된다.
6) 시동 보조 장치가 필요하다.
7) 열효율이 낮다.

04 직접 분사실식(Direct Injection Type)의 장점

>>> 1) 구조가 간단하기 때문에 열효율이 높다.
2) 연료소비량이 적다.
3) 실린더 헤드의 구조가 간단하다.
4) 열 변형이 적다.
5) 연소실 체적에 대한 표면적 비가 적기 때문에 열손실이 적다.
6) 냉간 시동이 쉽다.
7) 큰 출력을 요하는 기관에 적합하다.

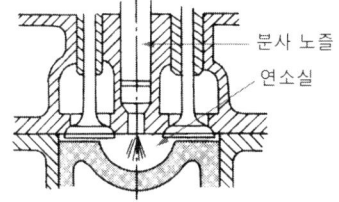

◐ 직접 분사실식 연소실의 구조

05 직접 분사실식(Direct Injection Type)의 단점

>>> 1) 연료 분사 압력이 높기 때문에 연료 분사 펌프 및 연료 분사 노즐의 수명이 짧아진다.
2) 다공식 노즐을 사용하여야 하므로 가격이 비싸다.
3) 분사 노즐의 상태에 따라 기관의 성능이 크게 달라진다.
4) 사용 연료의 변화에 매우 민감하다.
5) 디젤 노크 발생이 많다.
6) 기관의 회전속도, 부하 등의 변화에 매우 민감하다.
7) 폭발 최고 압력이 다른 형식에 비해 높고 진동과 소음이 크다.
8) 고속 회전에 불리하다.
9) 질소산화물(NO_x)이 많이 배출된다.

06 직접 분사실식(Direct Injection Type) 연소실의 종류

>>> 1) 하트형(Heart Type)
2) 반구형(Semi-Sphere Type)
3) 구형(Sphere Type)
4) 대야형(Basin Type)

07 와류실식(Turbulence Chamber Type)의 장점

>>> 1) 압축행정에서 생기는 와류를 이용하기 때문에 기관의 회전속도 및 평균 유효압력을 높일 수 있다.
2) 연료 분사 압력이 낮아도 된다.
3) 기관의 사용 회전속도 범위가 넓고 고속회전이 원활하다.
4) 연료소비율이 예연소실식 보다 적다.
5) 핀틀형 노즐을 사용하므로 고장이 적다.

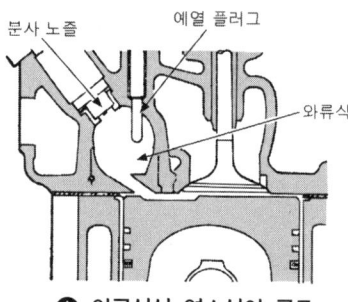

 와류실식 연소실의 구조

08 와류실식(Tubulence Chamber Type)의 단점

>>> 1) 실린더 헤드의 구조가 복잡해지고 열부하 문제가 발생한다.
2) 연료 분출 구멍의 조임 작용, 연소실의 면적대 체적비가 크기 때문에 직접 분사실식 보다 열효율이 낮다.
3) 저속에서 디젤 노크의 발생이 쉽다.
4) 기관 시동 시 예열 플러그(Plug)를 필요로 하며 기관 시동성이 좋지 않다.
5) 연료의 성질에 민감하다.
6) 직접 분사식에 비해 연료소비율이 높다.

09. 공기실식(Air Camber Type)의 장점

>>> 1) 연소가 원만하게 진행되어 압력 상승이 낮고 작동도 조용하다.
2) 연료가 주연소실을 향해 분사되어 기동이 쉬운 편이다.
3) 예열 플러그를 사용하지 않아도 된다.
4) 연료 분사 압력이 낮다.
($40 \sim 60 \mathrm{kg/cm^2}$ 정도)

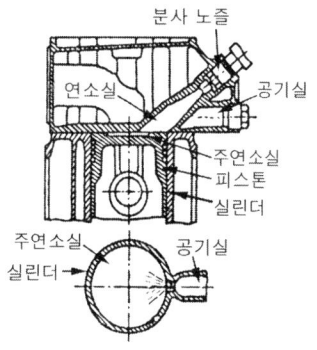

▲ 공기실식 연소실의 구조

10. 공기실식(Air Chamber Type)의 단점

>>> 1) 연료의 분사시기가 기관의 작동에 영향이 크다.
2) 후적 연소가 발생되기 쉽다.
3) 배기가스 온도가 높다.
4) 연료소비율이 큰 편이다.($210 \sim 230 \mathrm{g/psh}$ 정도)
5) 부하 및 기관 회전속도 변화에 대한 적응성이 좋지 않다.

11. 가솔린 기관 연소실의 구비 조건

>>> 1) 화염전파 거리와 화염전파 시간이 짧을 것
2) 연소실 표면적이 작을 것
3) 밸브 면적을 크게 할 수 있을 것
4) 가열되기 쉬운 돌출부가 없을 것
5) 강한 와류(渦流)를 형성할 수 있을 것

12. L 헤드형 연소실의 종류

>>> 1) 리카아도형
2) 제인웨이형
3) 와트모어형
4) 편평형

13 | I 헤드형 연소실의 종류

>>> 1) 반구형   2) 지붕형
    3) 쐐기형   4) 욕조형

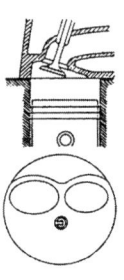
(a) 쐐기형 연소실

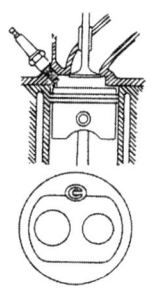
(b) 욕조형 연소실

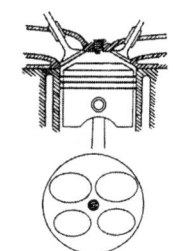
(c) 지붕형 연소실

◎ I헤드형 엔진의 연소실

14 GDI의 풀네임과 ECU로 입력되는 신호 5가지를 쓰시오.

>>> 가솔린 직접분사기관(Gasoline Direct Injection)은 부하상태에서는 압축 행정 말기에 연료를 분사하여 점화 플러그 주위의 혼합비를 농후하게 하는 성층 연소로 매우 희박한 혼합비(25~40:1)에서도 쉽게 점화가 가능하도록 되어 있다.

1) 크랭크 각 센서(CAS)
2) 공기 유량 센서(AFS)
3) 흡기 온도 센서(ATS)
4) 연료 압력 센서(FPS)
5) 스로틀 위치 센서(TPS)

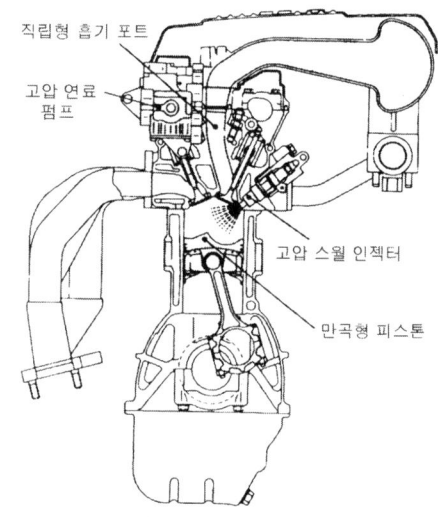

◎ 가솔린 직접 분사 엔진의 단면도

15 가솔린 기관에서 GDI의 약어를 풀어쓰시오. 그리고 ECU에서 제어되는 출력신호 3가지를 쓰시오.

>>> GDI : Gasoline Direct Injection
1) EGR 제어신호
2) 인젝터 작동 제어신호
3) 점화코일 작동 제어신호

16 GDI 연료 기본 분사량을 제어 해주는 센서 2가지를 쓰시오.

>>> CAS(CKP), AFS

17 CRDI 디젤 엔진에서 예비분사를 하지 않는 경우 4가지를 쓰시오.

>>> 1) 냉간 시
2) 고속회전 시
3) 림프 홈 모드(Limp Home Mode) 진입 시(Engine Error)
4) 팁 아웃(Tip Out) 시

18 전자제어 엔진에서 점화시기와 관련하여 ECU에 입력되는 요소 5가지를 쓰시오.

>>> 1) 공기 유량 센서(AFS)
2) 크랭크 각 센서(CAS)
3) 스로틀 위치 센서(TPS)
4) 냉각수온 센서(WTS)
5) 노크 센서

19. 노크 센서 역할, 진각, 지각, MBT에 대하여 설명하시오.

>>> MBT : Minimum Spark Advance for Best Torque 로서 최대 토크를 얻기 위하여 노크 센서로 엔진의 노킹 진동을 감지하여 컴퓨터가 연산한 후 노킹 영역까지 점화시기를 접근시키는 제어

1) **진각** : 노킹 발생 직전까지 점화시기를 빨리 제어 해주는 기능
2) **지각** : 노킹 발생 지점에 가까웠을 때 점화시기를 늦게 제어 해주는 기능

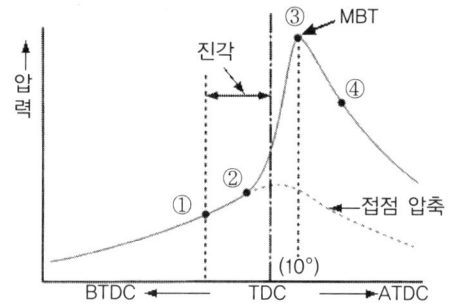

20. 수온센서 고장의 영향 5가지를 쓰시오.

>>> 1) 공연비 제어 불량 2) 연료 소모량 증대
3) 유해 배출가스 증가 4) 에어컨 작동 정비
5) 기관 출력 저하

21. 엔진 회전 검출 센서 타입 3가지 쓰시오.

>>> 1) **홀 센서 타입** : 홀 소자로 자기장 세기를 측정하여 흐르는 전류를 검출하는 방식
2) **인덕티브 타입** : 센서 내부에 영구자석과 유도코일 및 코어 등으로 구성되어 이빨 치수 및 위치를 감지하는 방식
3) **광학식 센서 타입** : 발광 다이오드와 포토 다이오드를 이용하여 돌아가는 판의 속도나 위치를 검출하는 방식

22. GDI 엔진에 관한 각 물음에 답하시오.

>>> 1) 연료가 분사되는 위치 : 연소실 (실린더)
2) ECU로 입력되는 신호 중 연료 분사량에 영향을 주는 센서 5가지
① AFS/MAP ② ATS
③ WTS ④ CAS(CKP)
⑤ TPS

23. 저공해 연소실의 종류

>>> 1) 흡기 가이드식
2) 부연소실식
3) 난류 생성 구멍식
4) 부흡기 밸브식

24. 실린더 헤드 변형의 원인

>>> 1) 냉각수 동결
2) 기관의 과열
3) 개스킷 불량
4) 볼트 조임 불균형

피스톤 어셈블리

01 피스톤 재질 중 구리계의 Y 합금의 조성

>>> 구리 40%, 니켈 20%, 마그네슘 1.5%와 알루미늄으로 조성되어 있다.

02 피스톤과 커넥팅 로드 고정방식 중에서 피스톤이나 커넥팅 로드 소단부에 고정하지 않고 스냅 링이나 와셔 등으로 고정하는 방식을 무엇이라고 하는가?

>>> 전부동식

03 피스톤의 재질 중 규소계 Lo-Ex(Low Expansion Alloy)의 조성

>>> 구리 10%, 니켈 1~2.5%, 규소 12~25%, 마그네슘 1%, 철 0.7%와 알루미늄으로 조성되어 있다.

　　① 인장강도 : 21~25 kg/mm^2
　　② 신장률 : 0.5~1%
　　③ 비중 : 2.7
　　④ 열팽창 계수 : 1.05×10^{-7}

04 경합금 피스톤의 종류

>>> 1) 캠 연마 피스톤(Cam Ground Piston)
2) 솔리드 피스톤(Solid Piston)
3) 스플리트 피스톤(Split Piston)
4) 인바아 스트럿 피스톤(Invar Strut Piston)
5) 오토더믹 피스톤(Auto-Thermic Piston)
6) 슬리퍼 피스톤(Slipper Piston)
7) 강대 피스톤(Steel Belt Piston)
8) 링 캐리어 삽입 피스톤(Insert Ring Carrier Piston)
9) 옵셋 피스톤(Off-Set Piston)

05 인바아 스트럿 피스톤(Invar Strut Piston)의 조성

>>> 1) 인바 스트럿 피스톤은 열팽창률이 매우 적은 인바제의 링을 스커트부에 넣고 일체 주조한 피스톤이다. 엔진 작동 중 일정한 피스톤 간극을 유지할 수 있다.
2) **열팽창이 가장 작은 피스톤**으로서 니켈 35~36%, 탄소 0.1~0.3%, 망간 0.4% 정도의 니켈강이다.
3) **열팽창계수**는 150℃ 이하의 온도에서 1℃에 대해 $375 \times 10^{-9} - 440 \times 10^{-9}$ 이고 **비중**은 8, **인장강도**는 $60 kg/mm^2$ 정도이다.

06 피스톤의 표면에 주석을 도금한 이유

>>> 피스톤 작동 시 실린더와의 마찰, 폭발, 온도 등에 의한 소손을 방지한다.

07 피스톤의 구비 조건

>>> 1) 열전도율이 크고 방열 작용이 좋아야 한다.
2) 고온, 고압에 견딜 수 있어야 한다.
3) 가볍고 열팽창률이 적어야 한다.
4) 실린더의 마멸이 적고 재질이 안정되어야 한다.
5) 어떤 온도에서도 가스가 새지 않는 구조라야 한다.
6) 적당한 윤활 간극이 있어야 한다.
7) 실린더 벽을 윤활하는 오일이 연소실에 들어가지 않아야 한다.
8) 충분한 기계적 강도가 있어야 한다.
9) 폭발 압력을 유효하게 이용할 수 있어야 한다.

08 옵셋 피스톤(Off-Set Piston)의 의미와 옵셋을 두는 이유

>>> 1) 의미 : 피스톤 슬랩 현상을 방지할 목적으로 피스톤 핀의 위치를 피스톤 중심으로부터 Off-Set하여 상사점에서 피스톤의 경사 변환시기를 늦게 한 피스톤을 말한다.

※ 옵셋(Off-Set)량 약 1.5mm 정도

2) 이유
① 압축, 폭발시 측압을 감소시킨다.
② 열팽창을 적게 한다.
③ 피스톤과 실린더의 간극을 일정하게 하며 가스 누출을 방지한다.
④ 피스톤 링의 작용을 원활하게 한다.

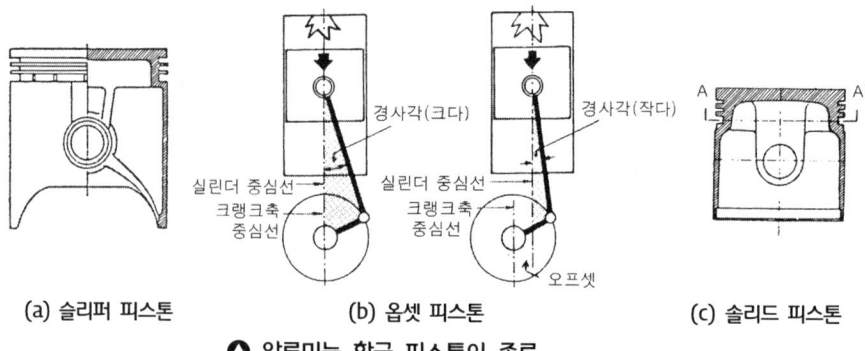

(a) 슬리퍼 피스톤　　　(b) 옵셋 피스톤　　　(c) 솔리드 피스톤

◎ 알루미늄 합금 피스톤의 종류

09 피스톤의 중량 오차

>>> 1) 각 피스톤의 중량 오차는 7g 이내
   (피스톤 무게의 2 %이내)
2) 커넥팅 로드 중량 오차는 15~20g 이내
   (커넥팅 로드 무게의 2 %이내)
3) 커넥팅 로드를 조립한 상태에서는 30g 이내
   (피스톤, 커넥팅 로드 어셈블리 무게의 2% 이내)

10 피스톤 간극이 규정보다 클 때 기관에 미치는 영향

>>> 1) 블로바이 현상에 의한 압축 압력의 저하
2) 피스톤 링의 기능 저하로 오일이 연소실로 올라옴
3) 연료와 오일 소비 증대
4) 기관의 출력 저하
5) 실화 현상 발생

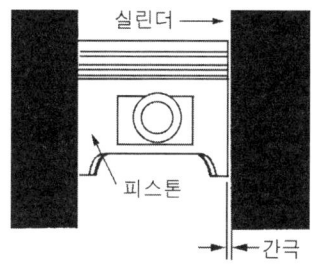

◐ 피스톤 간극

11 피스톤 간극이 규정보다 작을 때 기관에 미치는 영향

>>> 1) 유막이 파괴되어 피스톤 링과 실린더 마찰로 마멸이 증대
2) 마찰열에 의해 피스톤과 실린더 소결 현상 발생

12 알루미늄 합금 피스톤의 특징

>>> 1) 열전도성이 좋다.
2) 무게가 가볍다.
3) 내열성이 좋다.
4) 주철제 피스톤보다 비중이 작다.

13. 디플렉터의 기능

>>> 1) 잔류 가스를 배출시킨다.
2) 혼합기의 와류 작용을 돕는다.
3) 압축비를 높게 한다.

14. 피스톤 히트 댐(Heat Dam)을 설치한 이유

>>> 1) 피스톤 링 홈 최상부에 위치하며 피스톤 헤드 고온부의 열을 차단한다. T슬롯이나 U슬롯도 같은 역할을 한다.
2) 히트 댐은 1번 톱 링의 링 홈과 피스톤 헤드부 사이에 설치되어 있으며 피스톤 헤드부의 열이 스커트부에 전달되지 못하게 하는 기능을 한다.

15. 피스톤 헤드에 각인되어 있는 내용

>>> 1) 전·후 방향 표시
2) 실린더 번호
3) 피스톤 오버 사이즈(Over Size) 치수
4) 피스톤 핀의 치수

16. 피스톤 링의 구비 조건

>>> 1) 실린더 벽에 가해지는 압력이 균일할 것
2) 고온에서 탄성을 유지할 것
3) 실린더의 마멸이 적을 것

17. 압축 링 단면의 종류

>>> 1) 스크레이퍼형　　　2) 테이퍼형
3) 모따기형　　　　4) 평면형
5) 홈형

18. 피스톤 링의 3대 작용

1) 압축과 팽창 가스 압력에 대한 **기밀**(Sealing)을 **유지**한다.
2) 피스톤 헤드가 받는 열을 실린더 벽에 전달하는 **열전도 작용**을 한다.
3) 실린더 벽에 뿌려진 오일이 연소실에 들어가지 못하게 하는 **오일 제어 작용**을 한다.

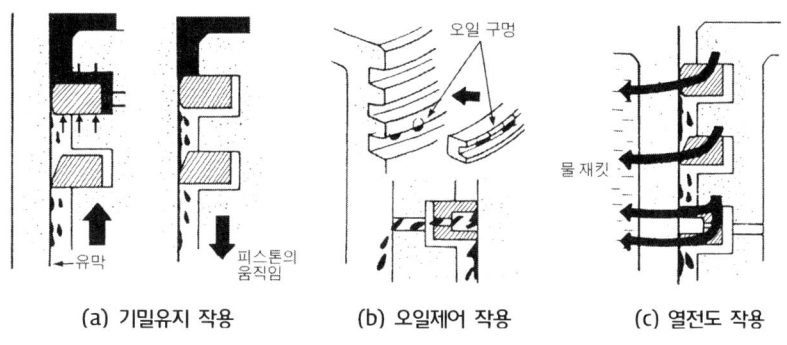

(a) 기밀유지 작용   (b) 오일제어 작용   (c) 열전도 작용

▲ 피스톤 링의 3가지 작용

19. 피스톤 링의 이음(Piston Ring Joint)의 종류

1) **버트 이음**(Butt Joint) : 직절형
2) **각 이음**(Angle Joint) : 사절형
3) **랩 이음**(Lap Joint) : 계단형

20. 피스톤 링의 선정

1) 피스톤 링의 기능을 증대시키고 수명을 연장하기 위하여 톱 링에는 카운터 보어형 또는 챔퍼형, 제2링에는 스크레이퍼형을 사용한다.
2) 피스톤 링에는 오일의 흡수력이 우수한 주석 또는 흑연을 도금하여 사용한다.
3) 크롬 도금한 피스톤 링은 크롬이 도금된 실린더에 사용하지 않는다.
4) 크롬 도금한 피스톤 링은 내마멸성을 향상시키기 위하여 톱 링에 사용한다.

21 편심형 피스톤 링

>>> 두께는 일정하나 절개부의 폭이 좁고 그 반대쪽의 폭이 넓으며 실린더 벽에 가해지는 압력이 전 둘레에 걸쳐 일정한 장점이 있다.

22 피스톤 링의 플래터 현상(Flutter Action)

>>> 1) 기관의 회전속도가 증가함에 따라 피스톤이 상사점에서 하사점으로 또는 역(逆)으로 행정을 바꿀 때 피스톤 링이 떨리는 현상을 말하며 피스톤 링의 관성력과 마찰력의 방향도 변환되어 링 홈에 누출가스의 압력이 작용하여 면압이 저하된다.
2) 피스톤 링과 실린더 벽 사이에 간극이 생겨서 피스톤 링의 기능이 상실되므로 블로바이 현상이 발생되기 때문에 기관의 출력 저하, 실린더의 마멸 촉진, 피스톤의 온도 상승, 오일 소모량이 증가 된다.
3) 플래터 현상을 방지하는 방법은 피스톤 링의 장력을 증가시켜 면압을 높게 하고 링의 중량을 가볍게 하여 관성력을 감소시키며 엔드 갭(End Gap) 부근의 면압 분포를 높게 하면 된다.

23 피스톤링 플래터(Flutter) 현상 방지 방법 4가지를 쓰시오.

>>> 1) 피스톤 링의 장력을 높여서 면압을 증가시킨다.
2) 얇은 링을 사용하고 무게를 줄여 관성력을 감소시킨다.
3) 링 이음부는 배압이 작으므로 링 이음부의 면압 분포를 높게 한다.
4) 실린더 벽에서 긁어내린 윤활유의 배출 홈을 링 랜드에 둔다.

24. 피스톤 링의 조립 방법

▶▶▶ 피스톤 링을 피스톤에 조립할 때에는 링의 절개 부분을 크랭크 축 방향과 직각 방향을 피해서 120~180°방향으로 서로 대각선 방향으로 엇갈리게 조립하여야 이음 간극으로 블로바이 현상이 생기는 것을 방지할 수 있다.

25. 피스톤과 피스톤 핀 간극이 클 때 나타나는 현상

▶▶▶ 1) 무부하 급가속시 가속 순간에 소음이 발생된다.
2) 감속시 감속 순간에 소음이 발생된다.

26. 피스톤핀 설치 방법

▶▶▶ 1) **고정식** : 피스톤 핀을 피스톤 보스부에 볼트로 고정한 형식이다.
2) **전 부동식** : 피스톤 핀이 피스톤이나 커넥팅 로드 어디에도 고정되지 않은 형식이다. 이 형식은 피스톤 핀이 빠지지 않도록 피스톤 보스 양쪽에 와셔나 스냅 링을 설치한 형식이다.
3) **반 부동식(요동식)** : 피스톤 핀을 커넥팅 로드 소단부에 클램프나 볼트 또는 열 박음으로 고정시키는 방식이다.

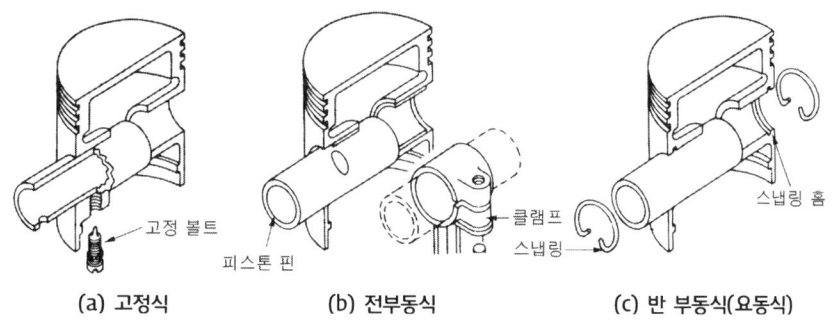

▲ 피스톤 핀의 고정 방법

27 커넥팅 로드 비틀림의 영향

1) 평면 베어링의 마멸 촉진
2) 회전에 무리한 현상 초래
3) 압축 압력 저하
4) 실린더와 피스톤의 마멸 촉진
5) 압축, 폭발 가스의 누설

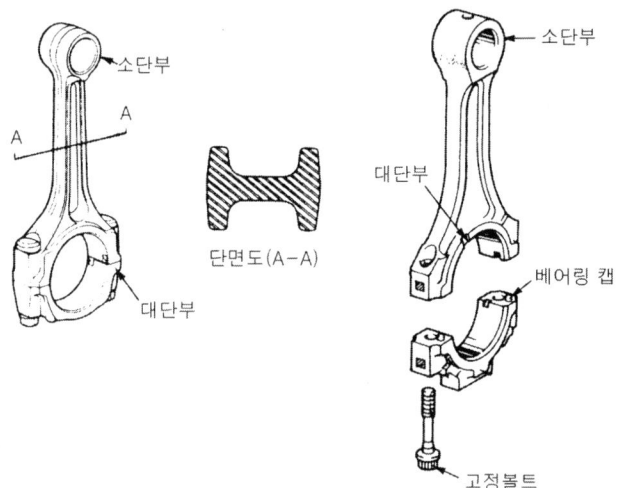

▲ 커넥팅 로드의 형상

크랭크축 & 기관 베어링

01 크랭크축 오버랩을 두는 이유

>>> 1) 단행정 기관 제작시 고속화가 가능하다.
2) 크랭크축의 강도를 증대시킬 수 있다.

02 크랭크축 엔드 플레이 조정 방법

>>> 1) 심으로 조정하는 방법
2) 스러스트 베어링을 새것으로 교환하는 방법

03 베어링 스프레드와 스프레드를 둔 이유

>>> 베어링을 설치하지 않았을 때 베어링의 외경과 하우징 내경과의 차이를 말한다.
1) 작은 힘으로 베어링을 눌러 끼워 제자리에 밀착시킨다.
2) 크러시로 인한 베어링의 안쪽 찌그러짐을 방지한다.
3) 베어링이 끼워진 채로 조립하기에 편리하도록 하기 위함이다.

04 크랭크축 저널 분할 베어링에 대하여 보기와 연결하시오.

[보기] ① 스프레드, ② 크러시, ③ 베어링 돌기와 홈

>>> ① **스프레드** : 베어링을 끼우지 않았을 때 베어링 바깥쪽 지름과 베어링 하우징의 안지름 차이를 말한다. 스프레드를 두는 이유는 베어링의 조립에서 크러시가 압축됨에 따라 안쪽으로 찌그러지는 것을 방지할 수 있기 때문이다.

② **크러시** : 베어링이 새들(Saddle) 면보다 약간 더 높은 사이즈이다. 이것은 볼트로 죄었을 때 새들 내에서 베어링이 강하게 눌려서 베어링 보어(Bore)와 베어링이 압착(壓着) 되도록 하기 위한 것이다.

③ **베어링 돌기와 홈** : 베어링의 하우징에서 축 방향이나 회전 방향으로 회전하거나 이탈하는 것을 방지하며, 하우징이나 캡의 홈에 끼워진다.

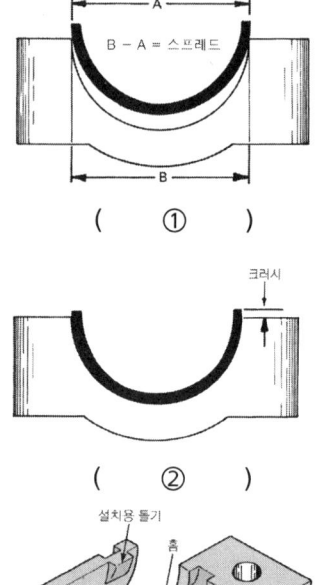

(①)

(②)

(③)

05 평면 베어링(Plain Bearing)

>>> 1) 2개의 마찰면이 평면으로 되어 있는 베어링을 말하며 일체형으로 만든 부시와 2개로 만들어진 분할 베어링이 있다.
2) 베어링에 설치되는 오일 홀은 압력의 분포가 낮은 부분에 만든다.
3) 구조가 간단하고 가격이 싸다.
4) 베어링의 정비가 용이하고 충격에 견디는 힘이 크다.
5) 베어링에 작용하는 하중이 클 때 사용된다.
6) 기관의 크랭크 축 메인 베어링과 커넥팅 로드 대단부 베어링에 사용된다.

06 평면 베어링의 진원 수정 방법

>>> 1) 광명단을 발라 접촉된 부분과 접촉이 잘 안된 부분을 판단하여 스크레이퍼로 수정하는 방법
2) 라인 보링 머신으로 수정하는 방법

07 배빗 메탈(Babbitt Metal) 베어링

>>> 1) 주석 80~90 %, 안티몬 3~12 %, 구리 3~7 %가 표준조성이며 납이나 아연 등이 포함된 것도 있다.
2) 경도(HB)는 20~30정도, 부하 능력 50~100kg/cm^2, 최고 사용 온도 150℃에서 경도(HB)는 6~12정도이다.
3) 취급이 쉽고 매입성, 길들임성, 내식성이 크다.
4) 승용차나 소형 트럭용 기관 등에 사용된다.

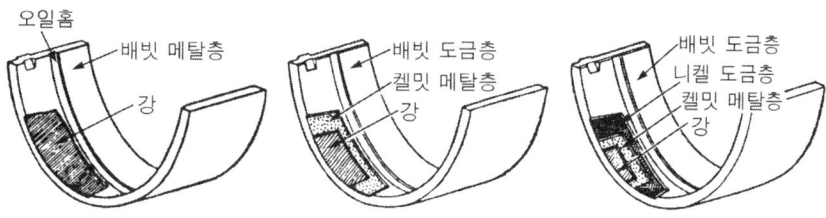

◐ 베어링 메탈의 종류

08 켈밋 메탈(Kelmet Metal)의 베어링

>>> 1) 구리 60~70%, 납 30~40%가 표준 조성이다.
2) 경도(HB) 20~30정도, 150℃ 에서는 경도(HB)는 20~30, 최고 사용 온도는 250℃이다.
3) 부하 능력 200~300kg/cm^{2}이다.
4) 주속도 10~12m/sec 이며, 열전도율이 좋고 반 융착성이 높으며 고속, 고온, 고하중에 견딜 수 있어 최근에 고속용 기관에 주로 사용되고 있다.

09 트리 메탈(Tri-Metal) 베어링

>>> 동합금 셸에 연청동(아연 10%, 주석 10%, 구리 80%)을 중간층으로 하고 그 위에 배빗메탈의 특성을 지니며 열적, 기계적 강도가 크다.

10 크랭크축 엔드 플레이 측정 장비

>>> 다이얼게이지, 필러 게이지
※ 규정값 : 0.05mm ~ 0.25mm

11 크랭크축 엔드 플레이가 클 때의 영향

>>> 1) 측압 증대   2) 밸브 개폐 시기의 틀어짐
3) 클러치 작동시 충격, 진동 발생   4) 커넥팅로드에 휨 하중 작용

12 크랭크축 엔드 플레이가 작을 때의 영향

>>> 1) 마찰 증대
2) 기계적 손실 증대
3) 크랭크 축의 소결

13 플라이 휠 링 기어의 마모 개소

>>> 1) 4기통 : 2개소   2) 6기통 : 3개소
3) 8기통 : 4개소

14 바이브레이션 댐퍼(비틀림)

>>> 크랭크 축의 비틀림 진동을 방지하기 위하여 크랭크 앞에 설치하는 완충 장치

밸브와 밸브 기구

01 캠축 구동방식의 종류

1) 기어 구동
2) 벨트 구동
3) 체인 구동

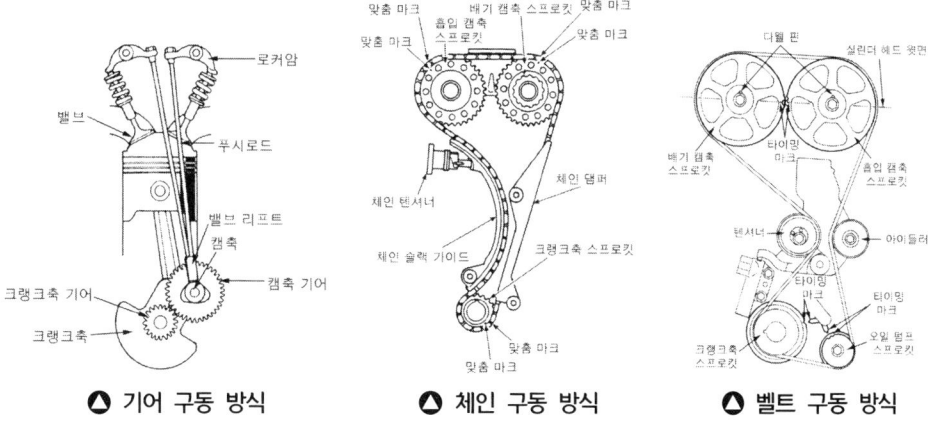

▲ 기어 구동 방식　　▲ 체인 구동 방식　　▲ 벨트 구동 방식

02 DOHC 엔진의 특징

1) 기관 최고 회전수가 높아진다.
2) 흡입 효율이 증대된다.
3) 연소 효율이 증대된다.
4) 응답성이 향상된다.
5) 구조가 복잡해진다.
6) 제작비가 많이 든다.
7) 정비성이 좋지 않다.

03 캠축의 캠 설계 시 고려 사항

>>> 1) 밸브가 열릴 때 밸브에 충격을 주지 않도록 한다.
2) 밸브가 열리는 속도가 빨라야 한다.
3) 밸브가 열려 있는 기간이 길어야 한다.
4) 밸브가 닫히는 속도가 느려야 한다.

04 I 헤드형의 장점

>>> 1) 연소실이 반구형으로 되어 있어 열효율이 높다.
2) 밸브 간극 조정이 용이하다.
3) 혼합기의 연소 속도가 빠르므로 발생 마력이 크다.
4) 실린더 형상이 대칭이고 열적 변형이 적다.

05 I 헤드형의 단점

>>> 1) 밸브기구가 복잡하고 밸브의 지름을 크게 할 수 없다.
2) 밸브기구의 윤활이 불충분 하다.
3) 밸브가 파손되면 밸브 파쇠물이 실린더 내에 들어갈 우려가 있다.

06 밸브 장치에서 흡입 효율을 증가시키는 방법

>>> 1) **밸브 리드**(Valve Lead) : 흡·배기 밸브를 상사점 전에 열어주는 것
2) **밸브 래그**(Valve Lag) : 흡·배기 밸브를 상사점 후에 닫아주는 것
3) **밸브 오버랩** (Valve Overlap) : 피스톤의 상사점 부근에서 매 사이클이 끝날 무렵 흡기 밸브와 배기 밸브가 동시에 열려 있는 기간

07. 가변 밸브 타이밍 기구의 OCV(Oil Control Valve)의 역할을 적으시오.

>>> 1) 정의

CVVT 장치의 핵심부품으로 오일펌프로부터 공급된 엔진오일을 엔진 ECU에 제어를 받아 CVVT장치로 가는 유체통로의 방향을 변화시켜 밸브 개폐시기를 조정하는 역할을 한다.

2) CVVT의 효과
① 출력 향상 : 밸브 오버랩을 변화시켜 충진 효율과 엔진 성능을 향상시킨다.
② 연비 향상 : 흡기관 부압과 펌핑 로스를 줄여 연비를 향상시킨다.
③ 유해 배출가스 감소 : 밸브 오버랩을 크게 하여 내부 EGR을 증가시켜 NOx와 HC를 저감시킨다.
④ 아이들 안정화 : 공회전 시 흡기 밸브를 지각시켜 안정화를 도모한다.
⑤ 응답성 향상

08. CVVT 기관에서 운전 상태에 따라 가장 적절한 밸브 개폐시기로 제어하기 위하여 운전 상태를 정밀하게 분류하여야 한다. 공전 운전영역, 경부하 운전영역, 고부하 중·저속 운전영역에서 밸브 오버랩을 설명하시오.

>>> 1) 공전 운전영역 : 최소 밸브 오버랩
2) 경부하 운전영역 : 밸브 오버랩 작음
3) 고부하 중·저속 운전영역 : 최대 밸브 오버랩

09. VGT 시스템의 주요 부품 6가지를 쓰시오.

>>> 1) 베인
2) 유니슨 링
3) 가변 베인 제어 액추에이터
4) VGT 솔레노이드 밸브
5) 터빈
6) 임펠러

10. 가변 흡입장치의 흡입 공기량 변화 방법 2가지를 쓰시오.

▶▶▶ 1) 흡기다기관 단면적 변화에 의한 가변 흡입 장치
2) 서지 탱크 수 및 흡입다기관 유효길이 변환 방법

11. 캠축 캠 형상(Cam Shaft Cam Profile)의 종류

▶▶▶ 1) 접선 캠(Tangential Cam)   2) 볼록 캠(Convex Cam)
3) 오목 캠(Concave Cam)

12. 기계식 밸브 리프터(Mechanical Type Valve Lifter)의 캠과의 접촉면 형상에 따른 분류

▶▶▶ 1) 볼형   2) 평면형   3) 로울러형

13. 유압식 밸브 태핏의 장점

▶▶▶ 1) 윤활 장치의 유압을 이용하여 온도 변화에 관계없이 밸브 간극이 항상 0(Zero)으로 유지 되므로 간극 조정이 필요 없다.
2) 소음이 적다.
3) 밸브 개폐시기가 정확하고 엔진 오일이 충격을 흡수하므로 내구성이 좋다.

14. 밸브의 구비 조건

▶▶▶ 1) 고온에 견딜 수 있어야 한다.
2) 고온에서 항장력과 충격에 대한 저항력이 커야 한다.
3) 가열이 반복되어도 물리적 성질이 변화되지 않아야 한다.
4) 열전도율이 좋아야 한다.
5) 단조와 열처리가 쉬워야 한다.
6) 고온, 고압가스에 의하여 부식되지 말아야 한다.
7) 무게가 가벼워야 한다.

15 밸브 회전기구(Valve Swivel Train)를 설치한 이유

1) 밸브 스템과 가이드와의 편마모를 방지한다.
2) 밸브 고착(Stick) 현상을 방지한다.
3) 밸브 헤드의 온도 분포를 균일하게 하여 응력의 집중을 방지한다.
   릴리스 형식과 포지티브 형식이 있다.

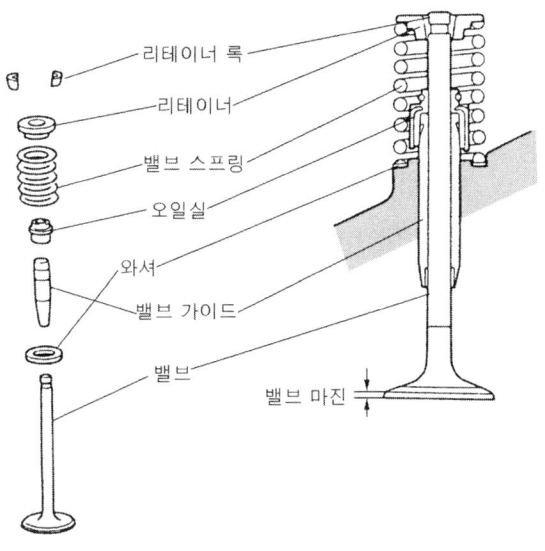

◎ 밸브의 구조

16 밸브의 재질

1) **페라이트계 내열강**

   크롬 7.5~13%, 니켈 2.5~3%를 포함하는 합금강으로 450℃ 정도까지는 충분한 경도를 유지하고 내 마멸성도 크다.

2) **오오스테나이트계**

   내열강 크롬 14~26%, 니켈 13~22%, 텅스텐 2~3%를 포함하는 합금강으로 800℃ 정도까지는 기계적 성질의 변화가 없으나 페라이트계 내열강 보다 경도가 낮은 단점이 있다.

17 밸브 헤드가 갖추어야 될 조건

>>> 1) 큰 하중에 견딜 수 있고 변형을 일으키지 않을 것
2) 흡기, 배기가스의 통과에 대한 저항이 적을 것
3) 내구성(耐久性)이 클 것
4) 밸브 헤드의 열전도가 잘되는 단면으로 만들 것
5) 관성(慣性)이 크지 않도록 무게가 적을 것

18 밸브 헤드의 형식

>>> 1) 플랫형(Flat Head Type)
2) 튜울립형(Tulip Head Type)
3) 개량 튜울립형(Semi-Tulip Type)
4) 버섯형(Mushroom Head Type)

19 나트륨 냉각식 밸브(Sodium Cooled Valve)

>>> 밸브 헤드의 냉각이 잘될 수 있게 밸브 스템을 중공으로 하고 그 속에 금속 나트륨을 중공부 체적의 40%~60% 넣은 밸브로서 운전 중에 나트륨이 액화되어 밸브 운동에 따라 유동하면서 헤드의 열을 스템을 거쳐 방출시킨다. 밸브 헤드의 온도를 100℃ 정도 저하시킬 수 있다.
고급 기관이나 항공기 기관에 사용된다.

20 밸브 냉각 방법의 종류

>>> 1) 냉각수 분배에 의한 방법
2) 밸브 가이드를 두지 않는 방법
3) 나트륨 냉각 밸브에 의하는 방법

21. 밸브 시트가 침하되면 발생되는 현상

>>> 1) 밸브 스프링의 장력이 약해진다.
2) 밸브가 완전히 닫히지 않는다.
3) 블로 백 현상이 발생한다.
4) 밸브 스템 엔드와 로커 암 간극이 작아진다.

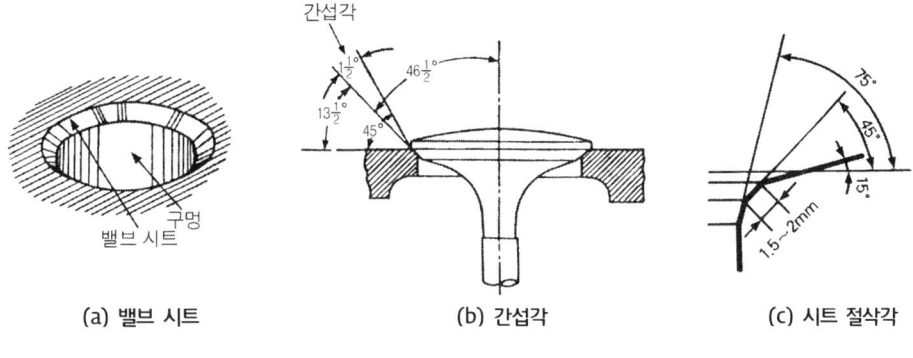

(a) 밸브 시트   (b) 간섭각   (c) 시트 절삭각

○ 밸브 시트의 구조

22. 간섭각(Interference Angle)

>>> 밸브 면과 밸브 시트 사이의 각도 차이를 두는 것을 말한다. $1/4 \sim 1°$ 정도를 준다.
■ 이유 : 기관의 작동 온도가 되면 밸브 면의 마진 부분보다 그 아랫부분이 더 팽창하여 밸브 면과 시트의 밀착을 양호하게 해 준다.

23. 밸브 스프링 서징(Surging) 현상

>>> 캠에 의한 밸브의 개폐 수가 밸브 스프링의 고유진동과 같거나 그 정수배가 되었을 때 밸브 스프링이 캠에 의한 밸브 스프링의 강제 진동과 스프링 자체의 고유 진동이 공진하여 캠에 의한 작동과는 무관하게 진동을 일으킨다. 이런 현상을 밸브 스프링 서징 현상이라고 한다.
서징 현상이 발생되면 밸브의 개폐시기가 바르게 되지 않고 동시에 스프링의 일부에 큰 압축력이나 변형이 생겨 스프링이 절손되기도 한다.

24 밸브 가이드(Valve Guide)가 편마멸 되는 이유

>>> 1) 밸브 스프링이 휘었을 때
2) 밸브 가이드가 휘었을 때
3) 밸브 스프링의 설치 상태가 불량할 때
4) 밸브 스프링의 직각도가 불량할 때

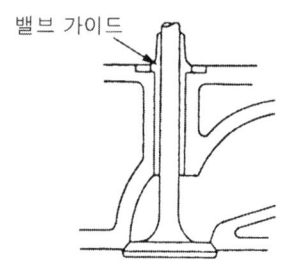 

◐ 밸브 가이드의 구조

25 밸브 스프링의 점검 방법

>>> 1) **자유고** : 표준치수의 3%이상 감소 시 교환
2) **직각도** : 자유고의 3%이상 변형되었을 때 교환
3) **장력** : 설치 상태나 작동 시(부하 시)규정 장력의 15% 이상 감소시 교환

26 밸브 스프링의 구비 조건

>>> 1) 밸브 스프링이 서징 현상을 일으키지 않을 것
2) 블로바이 현상이 발생되지 않을 것
3) 최고 회전속도에서 충분히 견딜 수 있는 내구성이 있을 것

27 밸브 서징 현상 방지 대책

>>> 1) 부등 피치 스프링을 사용한다.
2) 원추 스프링을 사용 한다.
3) 이중 스프링을 사용 한다.
4) 스프링 고유 진동을 적게 한다.

▲ 밸브 스프링의 종류

28 밸브 간극(Valve Clearance)이 클 때의 영향

>>> 1) 밸브의 열림 기간이 적어진다.
2) 밸브의 양정이 작아진다.
3) 흡입 공기량이 부족하게 되어 출력이 감소한다.
4) 밸브의 소음이 발생된다.

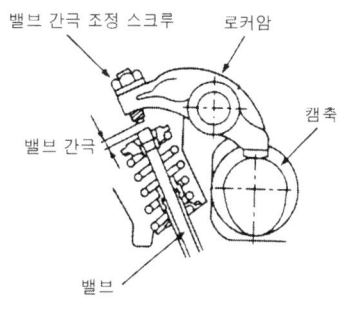

▲ ㅣ헤드형 엔진의 밸브 간극

29 밸브 간극(Valve Clearance)이 작을 때의 영향

>>> 1) 밸브의 열림 기간이 길어진다.
2) 열화나 실화가 발생된다.
3) 후화가 발생된다.
4) 밸브 스템이 휘어질 수 있다.
5) 블로바이로 기관 출력이 감소하고 유해 배출가스가 많다.

30 밸브 오버랩(Valve Overlap)

>>> 배기 말과 흡기 초에 흡기 밸브와 배기 밸브가 동시에 열려있는 상태를 말한다. 기체 흐름의 관성을 이용하여 흡입 행정시 체적효율을 증대시키고 배기 행정시 배기효율을 증대시키며 기관 연소실의 부품 냉각 효과를 줄 수 있다.

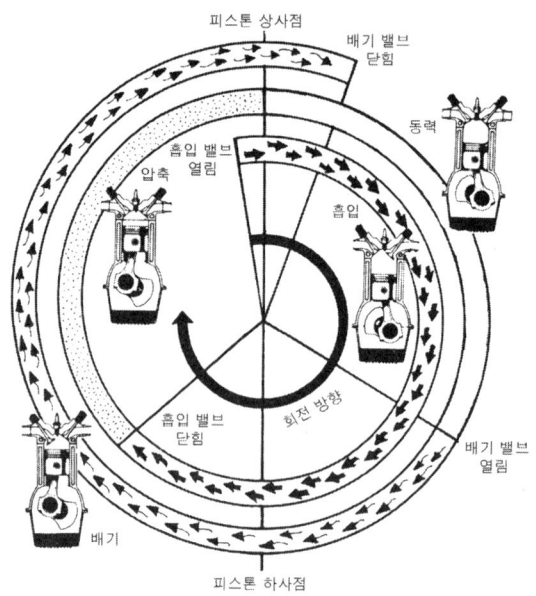

▲ 밸브 개폐시기 선도

예제

어느 4행정 사이클 엔진의 밸브 개폐시기가 다음과 같다. 흡입 행정 기간과 밸브 오버랩을 구하시오. ⇒ 18° + 13° = 31°

- 흡입 밸브 열림 : 상사점 전 18°
- 흡입 밸브 닫힘 : 하사점 후 46°
- 배기 밸브 열림 : 하사점 전 38°
- 배기 밸브 닫힘 : 상사점 후 13°

예제
① 흡입 행정 기간 = 흡입 밸브 열림 각 + 180° + 흡입 밸브 닫힘 각
② 배기 행정 기간 = 배기 밸브 열림 각 + 180° + 배기 밸브 닫힘 각
③ 밸브 오버랩 각 = 흡입 밸브 열림 각 + 배기 밸브 닫힘 각
④ 압축 행정 각 = 180° - 흡입 밸브 닫힘 각
⑤ 동력 행정 각 = 180° - 배기 밸브 열림 각

31. 유압식 태핏의 단점

1) 구조가 복잡하다.
2) 오일 회로 구성품 고장시 작동 불능

윤활장치

01 마찰(Friction)의 종류

1) **건조 마찰**(Dry Friction) : 섭동하는 두 물체 사이에 작용하는 저항력으로 상대하여 운동하는 고체 사이에 발생되는 마찰을 건조 마찰(Dry Friction)이라고 한다.
2) **경계 마찰**(Greasy Friction) : 얇은 유막으로 씌워진 두 물체 사이에서 발생되는 마찰을 경계 마찰(Greasy-Friction)이라고 한다.
3) **유체 마찰**(Fluid Friction) : 두개의 고체 사이에 충분한 오일량이 존재할 때 오일층 사이의 점성에 기인하는 마찰을 유체 마찰(Fluid Friction)이라고 한다.

02 엔진 오일의 작용에 대해 7가지를 쓰시오.

1) 마찰감소 및 마모방지 작용
2) 실린더 내의 가스누출 방지(밀봉, 기밀유지)작용
3) 열전도 작용(냉각 작용)
4) 세척(청정) 작용
5) 완충(응력분산) 작용
6) 부식방지(방청) 작용
7) 소음 완화 작용

03 윤활유의 구비 조건

1) 적당한 점도를 가질 것
2) 청정력이 클 것
3) 열과 산에 대하여 안정성(Oxidation-Stability)이 있을 것
4) 비중이 적당할 것
5) 카본 생성(Carbon-Formation)이 적을 것
6) 인화점(Flash-Point)이 높을 것
7) 발화점이 높을 것
8) 응고점이 낮을 것
9) 기포 발생(Foaming)에 대한 저항력이 클 것
10) 점도지수(Viscous Index)가 클 것
11) 유동점(Pour-Point)이 낮을 것
12) 유성(Oiliness)이 좋을 것
13) 부식 방지성(Anti-Corrosion)이 좋을 것

04 오일 점도계의 종류

1) **세이볼트 점도계** : 온도에 따라 점도가 변화되는 과정을 측정하는 방법으로 오일의 온도를 0°F(-17.78℃), 100°F(380℃), 130°F(70℃), 210°F(100℃) 등의 온도를 선택하여 60cc의 시험 오일이 0.1765cm의 작은 구멍을 흐르는 시간(sec)으로 그 점도를 측정하는 방법이다.

2) **레이우드 점도계** : 60°F의 탭 오일 50cc가 유출되는데 35초가 걸리는 유출 구멍으로부터 같은 양의 오일 또는 기타 액체를 유출시켜 그 시간을 초로 나타내는 방법으로 점도를 측정한다.

3) **앵귤러 점도계** : 20℃의 물 200cc가 흐르는데 52초가 걸리는 유출구로부터 같은 양의 오일이나 기타 액체가 유출 되는데 걸리는 시간을 물의 유출 시간으로 나누는 방법으로 점도를 측정한다.

05 윤활유 첨가제 종류

 1) 산화 방지제(Oxidation Inhibitors)
2) 방청제(Corrosion And Rust Inhibitors)
3) 청정 분산제(Detergent Dispersants)
4) 유동점 강하제(Pour-Point Depressants)
5) 점도 지수 향상제(Viscosity-Index Improver)
6) 기포 방지제(Foam Inhibitors)
7) 유성 향상제(Oiliness Carrier)
8) 형광 염료
9) 극압 윤활제(Extreme-Pressure Agent)
10) 방취제
11) 탄화 방지제(Resistance To Carbon Formation)

06 오일 열화의 영향

 1) 윤활유 완전 윤활의 저해
2) 피스톤 링의 고착 및 융착 현상 발생
3) 피스톤이나 실린더 마모 증대
4) 각 베어링의 부식, 마모 촉진
5) 오일 여과기의 성능 불량으로 오일 청정 기능 저하
6) 유성의 저하로 유막 보존 능력 감소

07 오일 열화의 방지책

1) 산화 안정성이 좋으며 유황 성분이 적은 윤활유를 사용한다.
2) 완전 연소시켜 그을음 발생을 방지한다.
3) 이물질 혼입을 방지한다.
4) 적정 주기에 오일을 교환한다.

08 윤활유의 6대 작용

1) **마찰 감소와 마멸 방지 작용**: 상대 운동을 하는 두 금속 상호간 마찰면에 유막을 형성하여 마찰과 마모, 융착을 방지하는 작용
2) **밀봉 작용(기밀 유지 작용)**: 실린더와 피스톤 링 사이에 유막을 형성하여 가스 누설을 방지하고 기밀을 유지시키는 작용
3) **냉각 작용**: 마찰에 의해서 발생된 열을 흡수하여 냉각시키는 작용
4) **세척 작용**: 마찰 때문에 생성된 금속 가루, 탄화물 등을 청정시키는 작용
5) **응력 분산 작용**: 국부적인 압력을 액 전체에 분산시켜 압력을 평균화시키는 작용
6) **방청 작용**: 각 윤활부에 녹이나 부식을 방지하는 작용

09 기관 윤활 방식의 종류

1) **압력식(Forced Lubrication System)** : 오일 펌프가 오일을 흡입, 가압하여 각 윤활부로 공급하는 형식
2) **비산 압력식(Splash And Forced Combination Lubrication System)** : 실린더 벽이나 피스톤 핀은 비산식으로 윤활하고 나머지 윤활부는 압력식으로 오일을 윤활부로 이송시키는 형식
3) **비산식(Splash Lubrication System)** : 커넥팅 로드에 붙어있는 주걱을 이용하여 윤활하는 방식

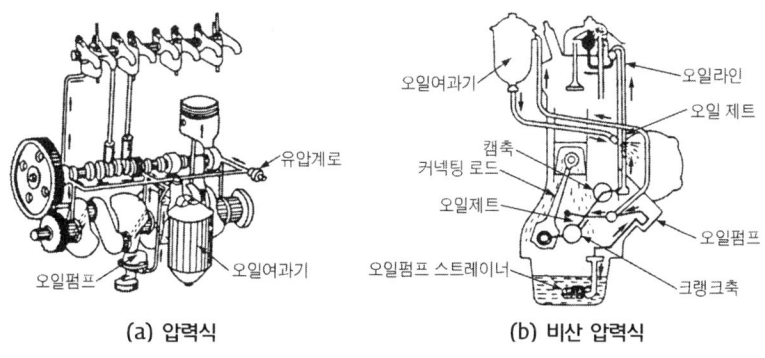

(a) 압력식   (b) 비산 압력식

◐ 엔진 오일 공급 방식

10 윤활유의 분류

>>> 1) **SAE 분류**: 미국자동차기술협회(Society Of Automobile Engineers)에서 오일의 점도에 따라 분류한 것이다.
2) **API 분류**: 미국석유협회(American Petroleum Institute)에서 기관의 운전 조건에 따라 분류한 것이다.

11 기관에 사용되는 오일 펌프의 종류

>>> 1) **기어 펌프**(Gear Pump): 2개의 기어를 맞물려 회전시켜 오일을 윤활부에 공급할 수 있게 만든 방식
2) **로터리 펌프**(Rotary Pump): 둥근 하우징에 편심으로 만든 4개의 돌기부가 있는 이너 로터와 5개의 돌기부가 있는 아웃 로터가 회전하면서 오일 윤활부에 공급할 수 있도록 만든 방식
3) **플런저 펌프**(Plunger Pump): 플런저가 왕복운동을 하면서 오일을 각 윤활부에 공급할 수 있도록 만든 장치
4) **베인 펌프**(Vane Pump): 둥근 하우징에 편심으로 설치된 로터에 2개 이상의 날개를 설치하여 로터가 회전할 때 날개가 오일을 각 윤활부에 공급할 수 있게 만든 방식

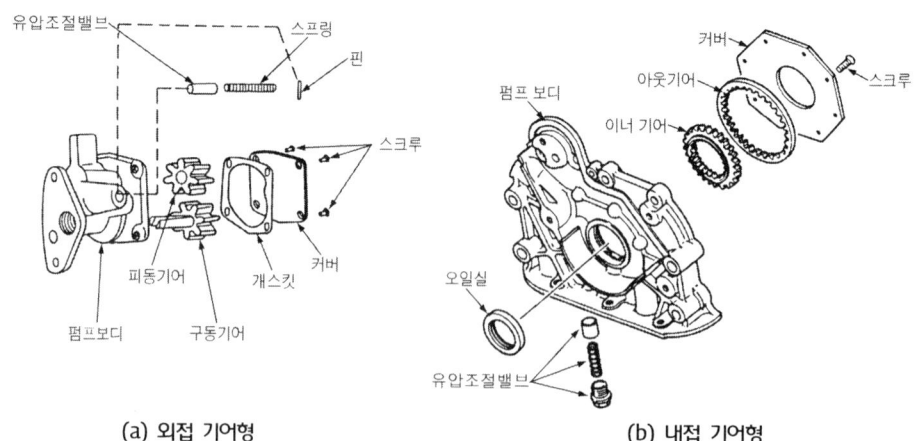

(a) 외접 기어형   (b) 내접 기어형

◐ 기어 펌프의 종류와 구조

12 로터리식(Rotary Type) 오일 펌프 정비 시 측정 개소

>>> 1) 팁(Tip) 간극 : 안쪽 로터와 바깥쪽 로터 사이의 간극
2) 바디(Body) 간극 : 펌프 몸체와 바깥쪽 로터와의 간극
3) 사이드(Side) 간극 : 펌프 커버와 로터 사이의 간극

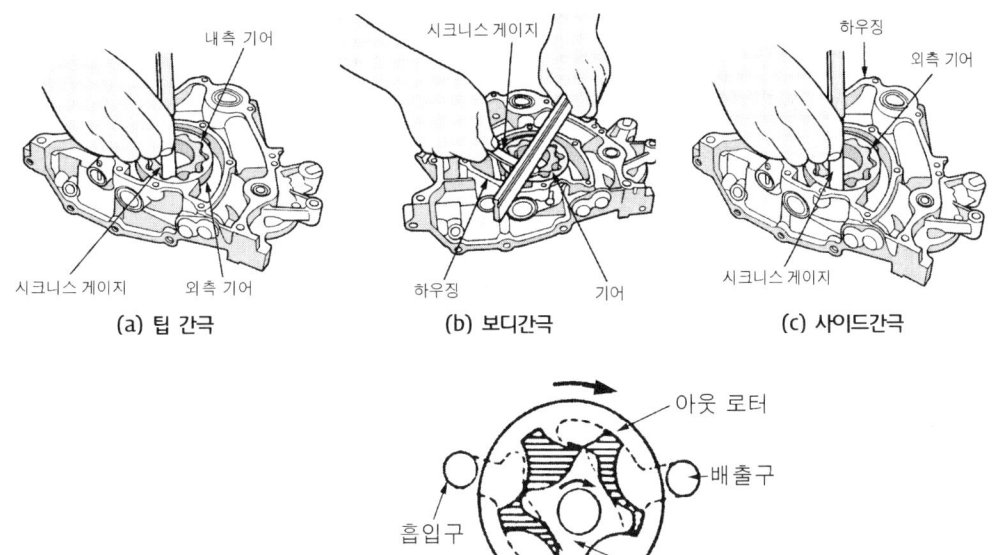

▲ 로터리 펌프의 구조

13 기관 오일 유압계의 종류

>>> 1) 부어든 튜브식(Bourdon Tube Type)
2) 전기식 유압계(Electrical Oil Pressure Gauge)
3) 밸런싱 코일식(Balancing Coil Type)
4) 바이메탈 서모스탯식(Bimetal Thermostat Type)

14 기관 오일 여과 방식의 종류

>>> 1) **분류식**(By-Pass Filter Type) : 오일 펌프에서 압송된 오일의 일부분만을 오일 여과기에서 여과하여 크랭크 케이스로 보내고 나머지는 그대로 윤활부로 보내게 한 형식

2) **전류식**(Full-Flow Filter Type) : 오일 펌프에서 압송된 오일 전부가 오일 여과기를 거쳐 여과된 다음 윤활부로 보내게 한 형식

3) **샨트식**(Shunt-Flow Filter Type) : 오일 펌프에서 압송된 오일의 일부분만을 오일 여과기에서 여과하여 윤활부로 보내고 나머지 오일도 윤활부로 보내게 한 형식

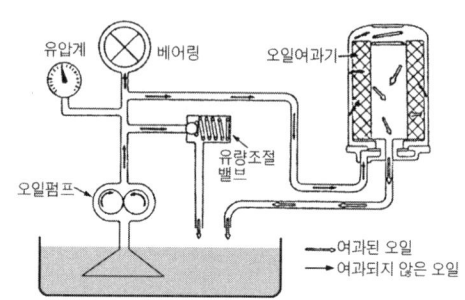

▲ 분류식 오일 여과기

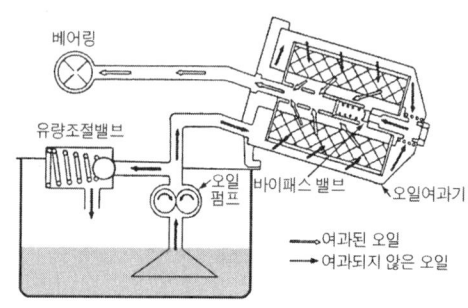

▲ 전류식 오일 여과기

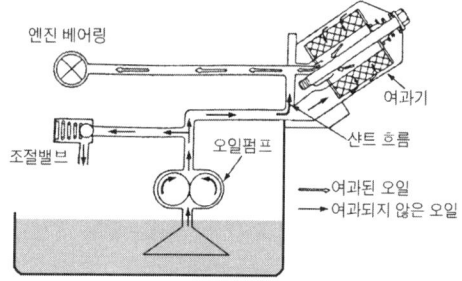

▲ 샨트식 오일 여과기

15 기관 유압계의 종류

>>> 1) **밸런싱 코일식** : 기관 유압의 변화에 따라 다이어프램이 회로의 저항을 증감하여 2개의 코일에 흐르는 전류의 변화로 유압을 나타나게 하는 방식

2) **바이메탈 서모스탯식** : 기관의 유압에 의해 작동되는 다이어프램이 서모스탯 브레이드를 밀어주어 유압을 나타나게 하는 방식

Engineer Motor Vehicles Maintenance

16. 유압계가 움직이지 않는 이유

>>> 1) 오일 팬에 오일이 없을 때
2) 유압 펌프의 고장
3) 유압 회로의 막힘
4) 유압계의 고장
5) 유압 라인의 누설

17. 유압이 규정보다 높아지는 원인

>>> 1) 오일의 점도가 너무 높을 때
2) 유압 조절 밸브 스프링의 장력이 너무 클 때
3) 유압 조절 밸브 조정이 불량할 때
4) 유압 회로가 막혔을 때

18. 유압이 규정보다 낮아지는 이유

>>> 1) 오일 펌프의 성능이 불량할 때
2) 오일의 점도가 너무 낮을 때
3) 유압 조절 밸브 스프링 장력이 너무 작을 때
4) 유압 조절 밸브 조정이 잘못되었을 때
5) 크랭크 축 메인 베어링 오일 간극이 너무 클 때
6) 오일 펌프의 흡입구가 막혔을 때
7) 기관의 오일이 부족 할 때
8) 오일 배관 내에 공기가 흡입 되었을 때
9) 오일 펌프 설치 볼트가 이완 되었을 때

19 크랭크 케이스 환기 방식의 종류

>>> 1) **자연 환기 장치**(Natural Ventilation System): 크랭크 축의 회전에 의한 공기의 와류와 냉각 팬 사이의 운동에 의한 공기의 이동을 이용하여 블로바이 가스(Blow-By Gas)를 공기 중으로 내보내게 만든 방식

2) **강제 환기 장치**(Positive Ventilation System): 환기 장치의 출구가 흡기 다기관과 연결되고 입구는 에어 클리너에 연결되어 있다. 기관이 기동되면 흡기 다기관에 발생되는 진공으로 여과된 공기가 강제로 기관을 순환한 다음 흡기 다기관으로 들어가게 만든 방식

20 주행이나 작업 중 오일 교환시기가 단축될 수 있는 조건

>>> 1) 도로 악조건
2) 작업장 환경 불량
3) 기관의 정비 불량
4) 운전 조작 방법 미숙
5) 오일의 과대 또는 과소
6) 오일의 질이나 필터의 질 불량
7) 사용 연료의 불량
8) 피스톤 링의 장력 불량
9) 밸브의 밀착 불량
10) 에어 클리너의 막힘

21 오일 교환, 보충 시 주의사항

>>> 1) 기관에 적합한 오일을 선택한다.
2) 같은 등급의 오일을 사용한다.
3) 제조 회사가 다른 오일을 혼합하지 않는다.
4) 재생 오일을 사용 하지 않는다.
5) 불순물이나 오물이 혼합되지 않게 한다.

22. 기관 윤활유가 소비되는 원인

>>> 1) 피스톤 링의 장력 불량
2) 실린더의 과대 마멸
3) 밸브 가이드 실(Seal) 불량
4) 리테이너 불량
5) 오일 실(Seal) 취급 부주의
6) 조립 방향이 틀림
7) 실(Seal)의 선택 불량
8) 불량 개스킷이나 접착제 사용시
9) 장기간 사용으로 인한 실(Seal)의 마모나 스프링 장력 감소
10) 개스킷 불량
11) 크랭크 축 저널 부의 과대 마멸이나 손상
12) 유면이 규정보다 높을 때
13) 피스톤 오일 간극이 과대할 때
14) 밸브 스템과 가이드 간극이 클 때
15) 윤활유가 외부로 누출 될 때

23. 기관 오일이 연소되는 원인

>>> 1) 오일 팬의 오일이 규정보다 많을 때
2) 오일의 열화 또는 점도가 불량일 때
3) 피스톤과 실린더와의 간극이 클 때
4) 피스톤 링의 장력이 작을 때
5) 밸브 스템과 가이드의 간극이 과대할 때
6) 밸브 가이드 오일 실(Seal)이 불량할 때

24 기관 오일이 누설되는 원인

>>> 1) 크랭크 축 뒤 오일 실(Seal)이 파손 되었을 때
2) 크랭크 축 앞 오일 실(Seal)이 파손 되었을 때
3) 오일 펌프 개스킷이 파손 되었을 때
4) 로커암 커버 개스킷이 파손 되었을 때
5) 오일 팬이 균열되어 누출될 때
6) 오일 여과기의 오일 실(Seal)이 파손되었을 때

25 오일 실(Oil Seal)의 손상 원인

>>> 1) 오일 실(Seal) 취급 부주의
2) 조립 방향이 틀림
3) 실(Seal)의 선택 불량
4) 불량 개스킷이나 접착제 사용시
5) 장기간 사용으로 인한 실(Seal)의 마모나 스프링 장력 감소

26 오일의 점도 지수

>>> 오일이 온도 변화에 따라 점도가 변하는 정도를 표시하는 수치로 점도지수가 높을수록 온도에 의한 점도의 변화가 적은 것이다. 점도지수가 클수록 좋은 오일이다.

냉각장치

01 수냉식 냉각장치의 구동벨트와 장력이 헐겁거나 팽팽한 경우의 영향을 각각 쓰시오.

>>> 1) 헐거운 경우

① 물펌프 회전속도가 느려 기관이 과열되기 쉽다.
② 발전기의 출력이 저하된다.
③ 소음이 발생하며, 구동벨트의 손상이 촉진된다.

2) 팽팽한 경우

① 각 풀리의 베어링 마멸이 촉진된다.
② 물 펌프의 고속 회전으로 기관이 과냉될 염려가 있다.

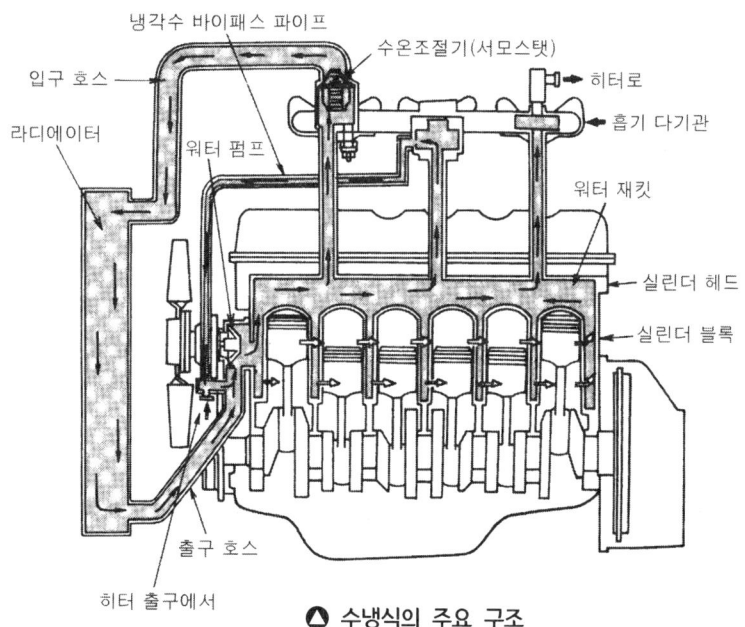

△ 수냉식의 주요 구조

chapter 1. 엔진 **85**

02 냉각수온이 비정상적으로 높을 때 원인 5가지를 적으시오.

>>> 1) 구동 벨트의 장력이 적거나 파손되었다.
2) 냉각팬이 파손되었다.
3) 라디에이터 코어가 20%이상 막혔다.
4) 수온조절기가 닫힌 채 고장이 났다.
5) 워터 펌프 작동이 불량하다.

03 기관 과열시 손상 부위

>>> 1) 피스톤 및 피스톤 링   2) 실린더 라이너
3) 실린더 헤드 균열 및 파손   4) 크랭크 축
5) 크랭크 축 메인 베어링   6) 커넥팅 로드 대단부 베어링
7) 밸브   8) 밸브 가이드
9) 개스킷   10) 각종 호스류

04 기관 과냉에 의한 영향

>>> 1) 압축 압력 저하   2) 기관 오일 희석
3) 불완전 연소로 출력 저하   4) 사이드 노킹 발생
5) 블로바이로 인한 연료 소비 증대

05 기관 과열에 의한 영향

>>> 1) 열팽창으로 인하여 부품이 변형
2) 오일의 점도 변화에 의해 유막이 파괴
3) 오일이 연소되어 오일 소비량이 증대
4) 조기 점화로 기관의 출력 저하
5) 마찰 부분이 소결(Stick)
6) 연소 상태가 불량으로 노킹이 발생

06 기관이 과열되는 원인

>>> 1) 냉각수 부족
2) 물 재킷 내부의 막힘
3) 라디에이터 코어의 막힘
4) 물 펌프의 고장
5) 팬벨트 유격 과대
6) 냉각 팬 고장
7) 라디에이터 온도 스위치 고장
8) 수온 조절기 고장
9) 이상 연소
10) 점화시기, 분사시기의 부적당
11) 소음기의 막힘(배압 발생)
12) 혼합기의 희박
13) 기관의 과부하

07 기관 냉각 방식의 종류

>>> 1) 공랭식(Air Cooling Type)
① 자연 통풍식(Natural Air Cooling Type)
② 강제 통풍식(Forced Air Cooling Type)

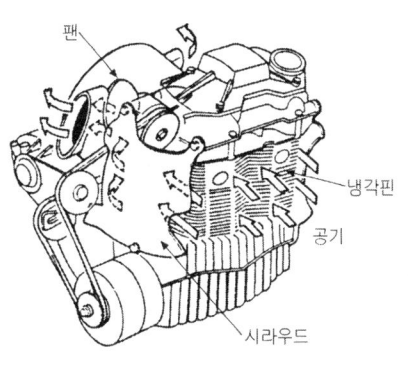 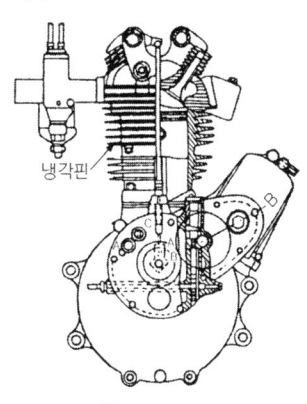

(a) 강제 통풍식　　　　(b) 자연 통풍식

🔺 공랭식 엔진

2) 수냉식(Water Cooling Type)
① 자연 순환식(Natural Water Circulation System)
② 강제 순환식(Forced Water Circulation System)

08 라디에이터(Radiator) 냉각용 핀(Cooling Fin)의 종류

>>> 1) 플레이트 핀(Plate Fin)
2) 코루게이트 핀(Corrugated Fin)
3) 리본 셀룰러 핀(Ribbon Cellular Fin)

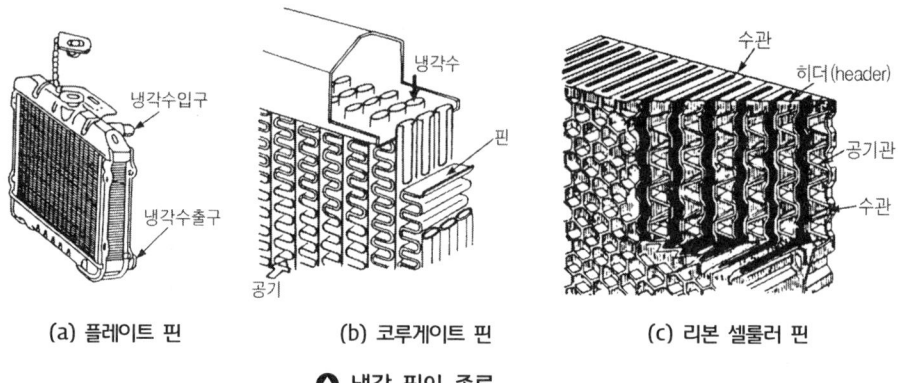

(a) 플레이트 핀 (b) 코루게이트 핀 (c) 리본 셀룰러 핀

◎ 냉각 핀의 종류

09 압력식 라디에이터 캡

>>> 냉각 장치 내의 압력을 빠른 워밍 업 시간을 가지고 냉각수의 비등에 의한 외부 누출을 방지할 수 있다.

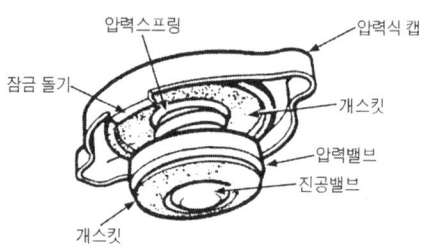

(a) 압력식 캡의 구조

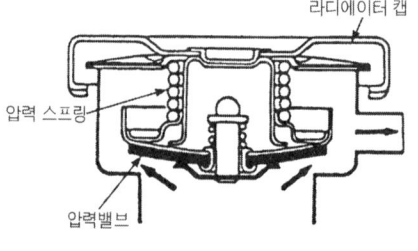
(b) 압력이 높을 때

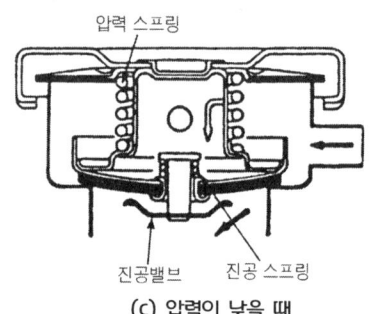
(c) 압력이 낮을 때

◎ 라디에이터 캡의 구조와 작동

10. 냉각수 온도가 비정상 적으로 높은 경우 5가지를 쓰시오.

>>> 1) 수온 조절기 닫힘 고착
2) 냉각수 부족
3) 워터펌프 작동 불량
4) 냉각팬 작동 불량
5) 냉각수 라인 공기빼기 불량

11. 정온기 (Thermostat)

>>> 1) 일명 **수온 조절기**(Thermostat) 라고도 하며 물재킷 출구부분에 설치되어 있다.
2) 냉각 수온에 따라 냉각수 통로를 개폐하여 기관의 냉각수 온도를 적당하게 조절하는 기능을 한다.
3) 약 65℃에서 열리기 시작하여 85℃(신형차량 100~110℃)에서 완전히 열린다.
4) 종류로는 **벨로즈형**(Bellows Type)과 **펠릿형**(Pellet Type), **왁스형**(Wax Type) 등이 있다.

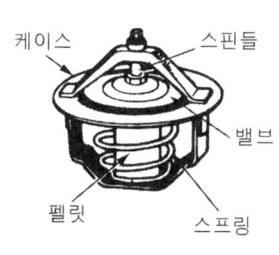
(a) 펠릿형

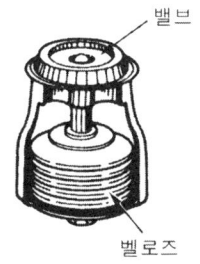
(b) 벨로즈형

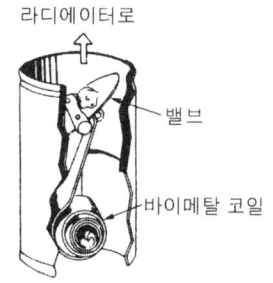
(c) 바이메탈형

▲ 수온 조절기의 종류

12 냉각장치의 수온 조절기 역할 3가지를 쓰시오.

>>> 1) 냉각수 온도에 따라 냉각수 통로를 개폐한다.
2) 냉각수의 온도가 차가울 때는 수온 조절기(정온기)가 닫혀서 라디에이터 쪽으로 냉각수가 흐르지 못하게 한다.
3) 냉각수가 가열되면 점차 열리기 시작하여 정상 온도가 되면 라디에이터로 순환한다.

13 부동액을 주입하는 순서

>>> 1) 냉각 장치를 세척제로 세척한다.
2) 냉각수 누출 여부를 검사한다.
3) 부동액과 연수를 혼합한다.
4) 부동액을 넣고 기관을 시동한다.
5) 수온 조절기가 열렸을 때 부족 된 양을 보충한다.
6) 비중계를 이용하여 부동액 농도를 측정하여 정확한 농도를 맞춘다.

14 에틸렌 글리콜(Ethylene Glycol)의 특성

>>> 1) 빙점이 낮다.(-50℃정도)
2) 부식성이 적다.
3) 불연성이다.
4) 비등점이 높다.(197.2℃)
5) 물과 잘 혼합된다.(수용성이다)

15 수온센서는 어떤 전자 소자를 응용한 센서인가?

>>> 부특성 서미스터(NTC) : 온도가 올라가면 저항이 감소하는 특성을 가진 소자임.

16. 부동액 구비 조건 5가지를 쓰시오.

>>> 1) 물보다 비등점이 높아야 하며, 빙점(응고점)은 낮을 것
2) 물과 혼합이 잘 될 것
3) 휘발성이 잘 될 것
4) 내 부식성이 크고, 팽창계수가 적을 것
5) 침전물이 없을 것

17. 부동액(Anti-Freezer)의 종류

>>> 1) 메탄올(Methanol) : 비등점이 82℃, 응고점이 -30℃인 일시적 부동액
2) 글리세린 : 반영구 부동액
3) 에틸렌글리콜(Ethylene Glycol) : 영구 부동액이며 비점이 197.2℃ 빙점이 -50℃ 정도, 무취, 무증발성 및 도료를 침식하지 않아 현재 가장 많이 사용된다.

18. 냉각팬(Cooling-Fan) 클러치의 종류

>>> 1) 전자 단판식
2) 전자 분말식
3) 점성식
4) 유체 커플링식(Fluid Coupling Type)
5) 원심식(Centrifugal Type)

19. 팬벨트의 장력이 클 때의 영향

>>> 1) 워터 펌프 베어링이나 발전기 베어링 마멸 촉진
2) 벨트의 손상이 빠르다.

20. 수온계의 종류

1) 증기 압력식(Bourdon Tube Type)
2) 가변 저항식(Balanced Coil Type)
3) 바이메탈식(Bi-Metal Type)

연료장치

01 디젤 기관의 연소 과정 4단계

1) **착화지연기간(A~B, 연소준비기간)** : 연료가 연소실내에 분사되어 연소를 일으킬 때까지의 기간
2) **화염전파기간(B~C, 정적연소기간)** : 연료가 착화되어 폭발적으로 연소하는 기간
3) **직접연소기간(C~D, 정압연소기간)** : 분사된 연료가 거의 동시에 연소되는 기간
4) **후기연소기간(D~E, 후연소기간)** : 직접 연소기간에 연소하지 못한 연료가 연소, 폭발하는 기간

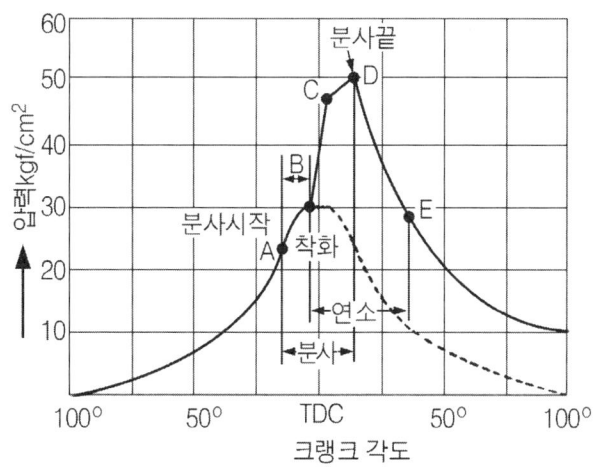

▲ 디젤 기관의 연소 과정

02 후기 연소 기간이 길면 발생되는 현상

>>> 1) 배압 상승
2) 열효율 저하
3) 배기가스 온도 상승

03 커먼레일 디젤 엔진에서 연료분사 3단계를 쓰고 설명하시오.

>>> 1) **착화분사** : 주 분사가 이루어지기 전에 연료를 분사하여 연소가 잘 이루어지도록 하기 위한 것이다.
2) **주분사** : 기관의 출력에 대한 에너지는 주 분사로부터 나온다.
3) **사후분사** : 디젤 연료(탄화수소)를 촉매 변환기에 공급하기 위한 분사이다. 이는 배기가스 중 질소산화물을 감소시키기 위한 것이다.

04 디젤 기관 연료 분사의 3대 요건

>>> 1) 무화(Atomization)
2) 관통력(Penetration)
3) 분포도(Distribution)

05 디젤 기관 연료 공급 방식의 분류

>>> 1) **독립식** : 실린더 마다 분사 펌프를 1개씩 설치하여 연료를 공급하는 형식
2) **분배식** : 여러 개의 실린더를 1개의 분사펌프가 연료를 공급하는 형식
3) **공동식** : 연료 분사 펌프에서 공급된 고압의 연료를 측압기에 저장하였다가 연료 분배기를 통하여 각 실린더에 연료를 공급하는 형식

06 연료 분사 장치의 종류

>>> 1) 독립식 : 기관의 각 실린더마다 1개씩의 펌프를 가지는 형식
2) 분배식 : 기관의 실린더 수에 관계없이 한 개의 펌프를 사용하여 각 실린더에 연료를 분배하는 형식
3) 공동식 : 한 개의 펌프로 되어 있으나 축압기(Accumulator)가 설치되어 있어 고압의 연료를 저장 하였다가 각 실린더에 연료를 분배하는 형식

07 보쉬형 연료 분사 장치의 구성 부품

>>> 1) 연료 탱크   2) 연료 공급 펌프
3) 연료 파이프   4) 연료 분사 파이프
5) 연료 필터   6) 연료 분사 펌프, 조속기, 타이머
7) 연료 분사 노즐

08 디젤 기관의 연료장치에서 오버 플로우(Over Flow) 장치의 역할

>>> 1) 연료 여과기 각 부분의 보호
2) 연료 공급 펌프의 소음 발생 방지
3) 연료 여과기의 여과 성능 향상
4) 운전 중에 공기 빼기 기능

09 오버 플로우 밸브의 기능

>>> 1) 연료 여과기의 압력이 규정 이상이 되는 것을 방지한다.
2) 연료 여과기에서 연료 분사 펌프까지 과정에서 연료가 누설되는 것을 방지한다.
3) 연료 탱크 내에서 발생된 기포를 자동적으로 배출시키는 기능을 한다.
4) 분사 펌프 엘리먼트에 가해지는 부하를 방지하며 보호 작용을 한다.
5) 연료의 송출 압력이 규정 이상이 되어 압송이 중지될 때 발생하는 소음을 방지하는 역할을 한다.

10. 연료 분사 펌프 캠에 옵셋(Off-Set)을 두는 이유

>>> 캠의 회전에 의해 리프터를 강제 회전시키기 위한 방법으로 리프터의 밑 부분이 편마모 되지 않도록 하고 연료 분사량의 오차를 적게 하기 위함이다.

11. 플런저의 리드 종류

>>> 1) **정(正)리드** : 분사개시는 일정하고 분사만료 시기를 변화시켜 분사량을 조절한다.
2) **역(逆)리드** : 분사만료는 일정하고 분사개시 시기를 변화시켜 분사량을 조절한다.
3) **양(量)리드** : 분사 개시, 분사 만료 시기 모두를 변화시켜 분사량을 조절 한다.

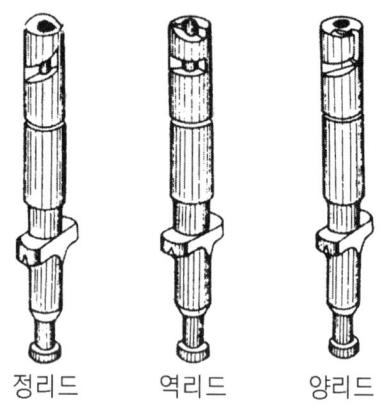

정리드 역리드 양리드

▲ 플런저 리드 형식

12. 연료 분사량의 보정 시기

>>> 1) **크랭킹 시** : 시동 시에는 혼합기를 농후하게 하여 시동성을 향상시키기 위하여 연료 분사량을 증가 시킨다.
2) **냉각수 온도** : 기관이 워밍업 되기 전 약 80℃이하에서는 연료 분사량을 증가 시킨다.
3) **가속 시** : 자동 변속기 파워 접점이 ON되면 연료 분사량을 증가 시킨다.
4) **고속 시** : 가속 성능을 향상시키기 위하여 연료 분사량을 증가 시킨다.
5) **감속 시** : 연료소비량을 적게 하고 후화나 배출가스 저감을 위해서 연료를 순간적으로 차단한다.

Engineer Motor Vehicles Maintenance

13. 분배형 분사 펌프의 특징

>>> 1) 부품수가 적어 소형이면서 경량이다.
2) 펌프의 윤활은 별도의 윤활유가 필요 없고 경유 자체가 윤활 작용을 한다.
3) 캠의 양정이 작기 때문에 4행정 사이클 기관에서는 최고로 6000rpm 까지 사용 범위가 넓다.
4) 플런저가 왕복 운동과 회전 운동을 동시에 하기 때문에 편마멸이 적다.
5) 플런저의 작동 횟수가 실린더 수에 비례하여 증가하므로 실린더 수나 최고 회전속도의 제한을 받는다.

14. 예 행정(Pre-stroke)

>>> 분사 펌프 플런저가 캠 작용에 의해서 하사점으로부터 상승하여 플런저 윗면이 플런저 배럴에 설치되어 있는 연료의 공급 구멍을 막을 때까지 이동한 거리를 말하며 연료의 압송 개시 전의 준비 기간이기도 하다.

15. 유효 행정(Available Stroke)

>>> 1) 분사 펌프 플런저 윗면이 캠 작용에 의해서 연료 공급 구멍을 막은 후 바이 패스 홈이 연료의 공급 구멍과 일치될 때까지 플런저가 이동한 거리를 말한다. 유효 행정이 변하면 연료의 분사량이 변화된다.
2) 분사 펌프 유효 행정은 제어 래크에 의해 플런저가 회전한 각도에 의해서 변화되며 유효 행정이 길면 연료의 분사량이 많아지고 유효 행정이 짧으면 연료의 분사량도 적어진다.

16. 분사량 조정

>>> 연료 분사 펌프의 분사량이 ±3% 이상의 불균율일 때에는 연료 분사시기를 조정한 후 불균율에 해당하는 실린더의 제어 피니언 클램프 스크루를 풀고 제어 피니언과 슬리이브의 상대위치를 변화시켜서 연료 분사량을 조정한 후 클램프 스크루를 조이면 된다.

17 조속기(Governor)

>>> 사용 조건의 변화에 따라 오버런(Over-Run)이나 기관의 정지를 방지하기 위해 연료 분사량을 자동적으로 조절하여 기관의 최고 회전속도를 제어하고 저속 운전을 안정되게 한다.

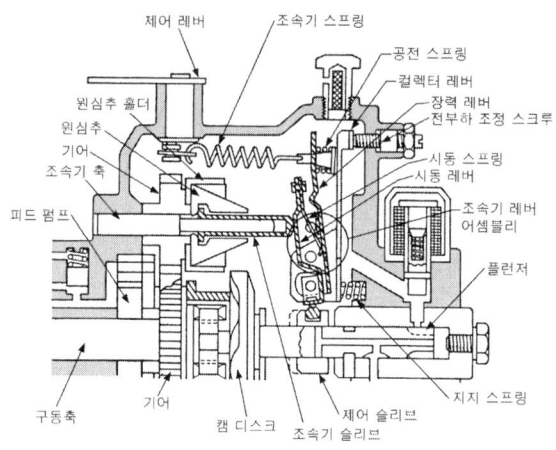

△ 조속기의 구조

18 조속기의 종류

>>> 1) 기구별 분류

① 공기식-MZ형 : 공전장치가 스크루 제어식의 전속도 조속기
② MN형 : 공전장치가 캠 레버 제어식의 전속도 조속기
③ 기계식-R형 : 원심추에 대, 중, 소 3개의 조속기 스프링에 의해서 저속, 고속을 제어하는 최고, 최저속 조속기
④ RQ형 : R형에 플로팅 레버를 추가로 설치하여 플로팅 레버비의 변동을 이용하여 제어하는 최고 최저속 조속기
⑤ RSV형 : 제어 레버를 이용하여 조속기 스프링의 장력을 변화시켜 제어하는 조속기
⑥ RSVD형 : RSV형을 개량한 최고, 최저속 조속기

2) 기능별 분류

① 최고, 최저속 조속기 : R, RQ, RSVD
② 전속도 조속기 : MZ, MN, RSV

19 리미트 슬리브(Limit Sleeve)

>>> 분사 펌프 하우징에 설치된 슬리브 내에 댐퍼 스프링이나 스토퍼에 의해서 기관을 시동할 때 또는 기관 최고 회전시에 제어 래크가 연료의 최대 분사량 이상으로 움직이는 것을 방지하는 역할을 하는 장치를 말한다.

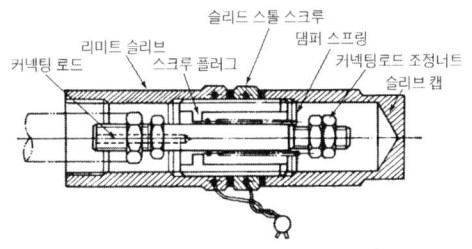

△ 리미트 슬리브의 구조

20 앵글라이히(Angleichen)장치

>>> 디젤 기관 연료 분사 펌프에서 같은 조정 래크 위치에서도 기관의 회전수가 상승하면 연료 분사량이 증대되어야 한다.

같은 조정 래크 위치에서 기관의 회전수가 증가되어 공기 흡입량이 증가되는 것에 대응하여 적당한 연료를 분사시켜 주는 역할을 하는 장치를 말한다.

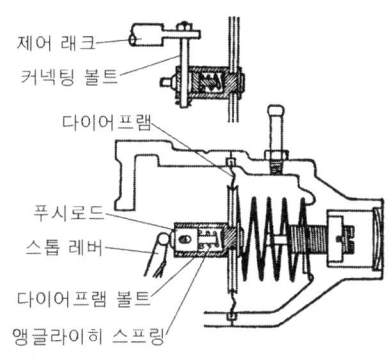

△ 앵글라이히 장치(공기식 조속기의 경우)

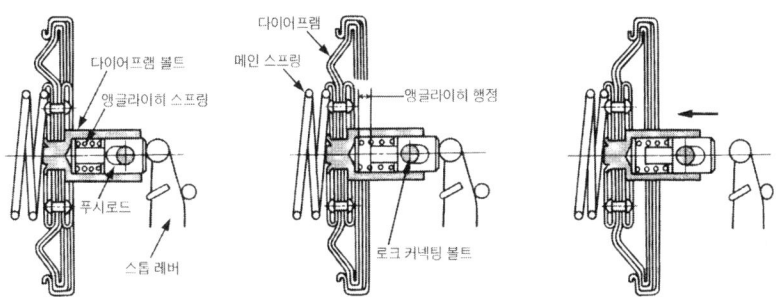

△ 앵글라이히 장치의 작동(공기식 조속기의 경우)

21 분사 파이프의 구비 조건

>>> 1) 연료의 맥동과 연료의 분사 늦음을 방지하기 위하여 길이는 짧게 한다.
2) 연료의 분사시기 및 분사량의 불균일을 방지하기 위해서는 길이는 모두 같게 한다.
3) 연료 분사 압력 및 연료 분사시기의 변화를 방지하기 위하여 굽힘 각도의 반경은 30mm 이상으로 해야 된다.
4) 일정한 간격으로 고정시켜 외부의 진동에 영향을 받지 않게 한다.
5) 분사 파이프를 보관할 때에는 산화나 부식을 방지하기 위하여 방청유를 채워 넣고 나무나 고무마개를 설치한다.
6) 분사 파이프를 가공 또는 휠 때는 가열하지 말아야한다.(가열하면 내부가 부식으로 노즐이 마멸되고 막힘이 발생된다.)

22 딜리버리 밸브의 잔압은 어느 정도인가?

>>> 10kgf/cm^2

※ 잔압을 두는 목적
① 신속한 연료분사
② 베이퍼록 방지
③ 분사노즐의 후적 방지

23 분사 노즐의 구비 조건

>>> 1) 연료를 미세하게 분사하여 착화가 잘 되게 할 것
2) 연소실 내에 균일하게 분사하여 공기와 잘 혼합 될 것
3) 분사 끝에서 후적이 생기지 않을 것
4) 악 조건에서도 장시간 사용할 수 있을 것
5) 분사를 정해진 시간에 완료할 것
6) 정비성이 좋고 제작이 쉬울 것

24 분사 노즐의 종류

>>> 1) 개방형(Open Nozzle)
2) 밀폐형(Closed Nozzle) : 구멍형, 핀틀형, 스로틀형

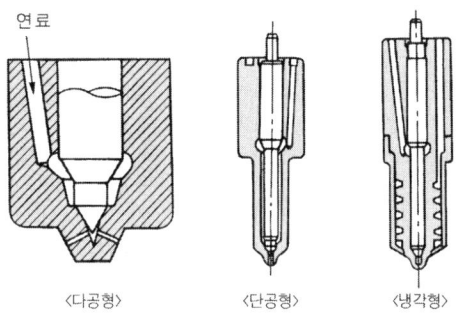

▲ 구멍형 분사 노즐

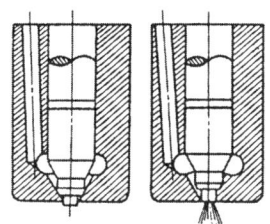 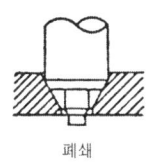  

▲ 핀틀형 분사 노즐

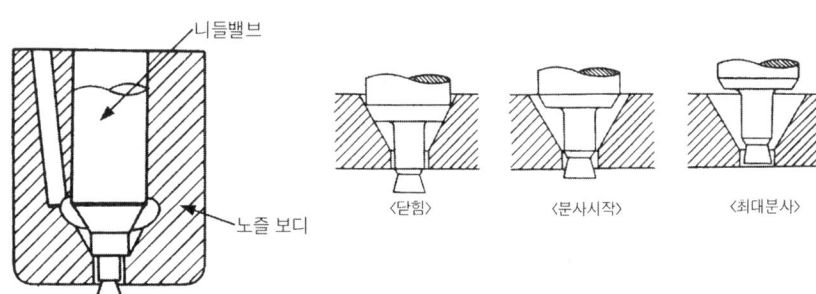

▲ 스로틀형 분사 노즐

25 분사 노즐에서 연료 무화에 영향을 주는 요소

>>> 1) 노즐의 직경 및 형상   2) 노즐 분사 압력
3) 연소실 내의 온도   4) 흡입 공기의 와류 정도

26 분사 노즐의 과열 원인

>>> 1) 분사시기가 맞지 않을 때
2) 분사량이 너무 많을 때
3) 과부하 상태로 기관을 연속 운전하였을 때

27 연소실 형식에 적합한 연료 분사 개시 압력

>>> 1) 직접분사실식 : $150 \sim 300 \text{kg/cm}^2$
2) 예연소실식 : $100 \sim 120 \text{kg/cm}^2$
3) 와류실식 : $120 \sim 140 \text{kg/cm}^2$
4) 공기실식 : $100 \sim 140 \text{kg/cm}^2$

28 분사 개시 압력 조정

>>> 1) 조정 스크루식

연료 분사 개시 압력은 니들 밸브가 열려 연료를 분사하기 시작하였을 때의 압력으로 연료 분사 개시 압력이 규정값이 아닐 경우는 노즐 홀더 캡을 열고 고정 너트를 푼 다음 조정 스크루를 회전시켜 조정한다. 조정 스크루를 조이면 압력 스프링이 압축되어 장력이 증대되기 때문에 분사개시 압력이 높아지고 조정 스크루를 풀면 압력 스프링이 팽창되어 장력이 감소되므로 분사 개시 압력은 낮아지게 된다.

2) 심 식

노즐 홀더 캡을 열고 압력 스프링과 시트 사이에 심을 증가시키거나 감소시켜 연료의 분사 개시압력을 조정하는 방식을 말한다.

29. 연료 분사 펌프의 토출량과 플런저의 행정은 어떤 관계가 있는가?

▶▶▶ 토출량은 플런저의 유효행정에(정비례)한다.

30. 디젤 분사 펌프 시험기로 시험할 수 있는 항목

▶▶▶ 1) 연료 분사시기 측정 및 조정
2) 연료 분사량 측정
3) 플런저와 플런저 배럴내의 압력 측정
4) 조속기의 작동 시험

31. 기관의 분사시기에 대한 고려 사항

▶▶▶ 1) 연소가 일정한 간격으로 발생하게 한다.
2) 크랭크 축에 비틀림 진동이 발생되지 않게 한다.
3) 1번 실린더가 제일 먼저 착화되게 한다.
4) 인접한 실린더에 연이어 착화되지 않게 한다.

32. 전자제어 가솔린 분사장치에서 연료 분사시간을 결정하는 센서 6가지를 쓰시오.

▶▶▶ 1) 흡입 공기량 센서(AFS)   2) 스로틀 포지션 센서(TPS)
3) 흡기온 센서(ATS)   4) 캠각 센서(CMP Sensor)
5) 크랭크 각 센서[CAS(CKP)]   6) 냉각수온 센서(WPS)

33. 분사 노즐 시험기로 시험할 수 있는 항목

▶▶▶ 1) 분사 개시 압력 측정
2) 분무 상태 점검
3) 분사 각도 점검
4) 후적의 유무 상태 점검

34 디젤 기관 연료 분사량 부족의 원인

>>> 1) 딜리버리 밸브 시트의 마멸
2) 딜리버리 밸브 스프링 장력 감소
3) 연료 분사 펌프 플런저의 마멸
4) 니들 밸브의 냉각 불량으로 인한 과열 고착

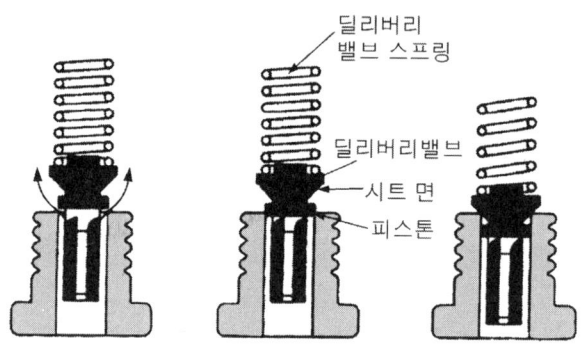

▲ 딜리버리 밸브의 작동

35 연료 분사량의 불균율 공식

>>> 1) 평균 분사량 = $\dfrac{각 플런저의 분사량 합계}{플런저 수}$

2) 불균율(+) = $\dfrac{최대분사량 - 평균분사량}{평균분사량} \times 100(\%)$

3) 불균율(−) = $\dfrac{평균분사량 - 최소분사량}{평균분사량} \times 100(\%)$

4) 전부하 운전에서 불균율은 3%이내 무부하 운전에서는 10~15% 이내로 규정한다.

36. 연료 계통의 공기 빼기 순서

>>> 1) 연료 공급 펌프의 벤트 플러그를 풀고 플라이밍 펌프를 작동시키면서 공기를 뺀 다음 벤트 플러그를 조인다.
2) 연료 여과기의 벤트 플러그를 풀고 플라이밍 펌프를 작동시키면서 공기를 뺀 다음 벤트 플러그를 조인다.
3) 분사 펌프의 벤트 플러그를 풀고 플라이밍 펌프를 작동시키면서 공기를 뺀 다음 플러그를 조인다.
4) 각 기통 분사 노즐의 입구 커넥터 분사 파이프의 너트를 조금 풀고 기동 전동기를 이용하여 기관을 크랭킹 시키면서 1번 실린더부터 공기를 뺀 다음 분사 파이프 너트를 조인다.

37. 디젤 기관이 연료 계통에 공기가 혼입되면 나타나는 현상

>>> 1) 기관 회전이 불안정해지고 심하면 정지 된다.
2) 노즐에서 연료 분사시기가 불량해진다.
3) 연료 분사 펌프에서의 연료 압송이 불충분하다.
4) 시동이 잘 되지 않는다.

38. 앤티 퍼컬레이터

>>> 심한 주행 후에 기화기의 고속회로 내에 연료가 비등되는 것을 방지하는 장치를 말한다.

39. 패스트 아이들 캠

>>> 기관을 빨리 워밍업 시키고자 공전속도를 높여주는 장치를 말한다.

40. 스로틀 크래커

>>> 기관을 처음 시동할 때 스로틀 밸브를 조금 열어 주어 기동을 용이하게 해주는 장치를 말한다.

41. 공기 블리더

>>> 회로 내를 흐르는 연료에 공기를 공급하여 미리 혼합해 줌으로서 에멀전 현상이 발생하도록 한 장치를 말한다.

42. 대시포트

>>> 스로틀 밸브가 급격히 움직이는 것을 방지하기 위한 장치로서 급 감속 시에 스로틀 밸브가 급격히 닫히게 되면서 발생되는 충격을 없앨 수 있다. ISC 모터를 이용하는 방식도 있고 진공 거버너를 이용하여 급 감속시에 스로틀 밸브가 급격히 닫히지 않도록 하여 기관의 회전속도를 완만하게 변화 되도록 한다.

43. 점화시기에 영향을 주는 센서

>>> 1) **대기압 센서(BPS)** : 대기 압력을 검출하여 ECU에 정보를 주면 ECU는 연료의 분사량과 점화시기를 결정

2) **기관 회전수(RPM)검출 센서** : 크랭크 각 센서(CAS, CKP)가 각 실린더의 피스톤 위치를 검출하여 ECU에 입력시키면 ECU는 기관의 회전속도를 계산하여 연료 분사시기와 점화시기를 결정

3) **냉각수 온도 센서(WTS)** : 기관 냉각수 온도를 검출하여 ECU에 정보를 주면 ECU는 연료의 분사량과 점화시기를 결정

흡·배기장치

01 과급 방법의 종류

>>> 1) 기관 자체의 동력에 의한 것
2) 다른 원동기에 의한 것
3) 배기가스의 타성을 이용한 것

02 디젤 과급기 장착 시 장점 5가지를 쓰시오.

>>> 1) 기관 출력 성능 향상
2) 소음 감소로 인한 정숙성
3) 유해 배출가스 감소
4) 고지대에서의 성능 향상
5) 기관의 회전력이 증대됨

03 다음 괄호 안에 알맞게 쓰시오.

가변용량 터보차저는 연소효율 증대시키기 위해 더 많은 공기를 실린더로 유입시키는 장치이다. 그 과정에서 공기 온도가 높아져 공기 밀도가 (①)진다. 이 문제를 보완하기 위해 (②)를 설치해 공기의 온도를 낮춘다.

>>> ① 낮아 ② 인터쿨러

| 04 | **과급기에서 과급압이 규정압력 이상일 때 by-pass 시키는 밸브의 명칭을 쓰시오.**

>>> 웨이스트 게이트 밸브(Waste Gate Valve)

| 05 | **인터 쿨러**(Inter Cooler)

>>> 1) **의미** : 과급된 공기는 온도가 상승되고 공기의 밀도가 감소하여 충진 효율이 저하되거나 디젤 노킹을 발생하기 쉽다. 그러므로 과급된 공기의 온도를 낮추는 장치를 설치하여야 한다. 이 장치를 인터 쿨러라고 하며 공기의 밀도를 증대시켜 기관의 연료 소비를 감소시키고 출력을 증대시킬 수 있는 장치이다.

2) **종류** : 공냉식과 수냉식 인터 쿨러가 있다.

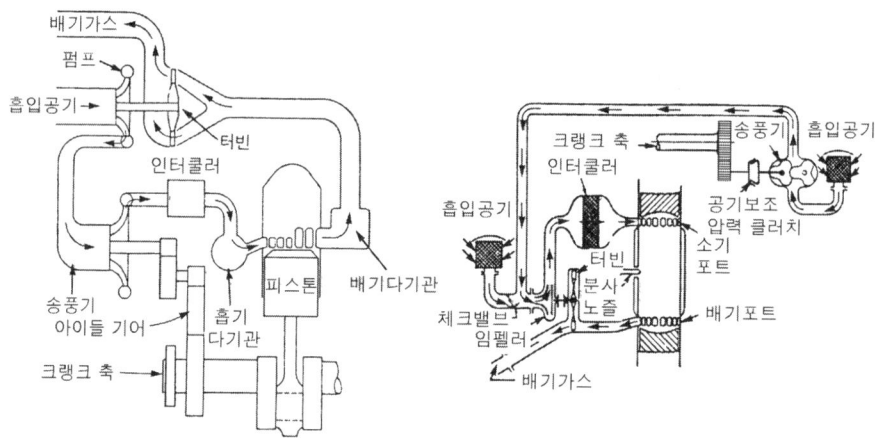

◊ 인터 쿨러 설치 위치

| 06 | **인터 쿨러 필요성 5가지를 쓰시오.**

>>> 1) 흡입 공기 온도를 낮추어 공기 밀도의 증가
2) 흡기 효율 증대
3) 출력 증대
4) 엔진 과열 방지
5) 유해 배기가스 저감

07. 터보 래그에 대하여 서술

>>> 액셀러레이터를 밟아 스로틀 밸브를 열었을 때 실린더에 흡입되는 공기량이 신속하게 증가하지 않고 스로틀 밸브가 열리는 정도에 알맞은 양의 공기가 실린더로 흡입되기까지 시간이 지연되는 현상으로 특히 발진 가속할 때 나타내는 경우가 많다.

08. 배압(Exhaust Pressure)

>>> 배기 행정 시 배기 불량으로 배기관 내의 압력이 높아져 피스톤의 운동을 방해하는 현상을 말한다.

09. 배압이 발생되는 원인

>>> 1) 배기 행정시 배기 밸브의 열림 시간이 짧을 때
2) 소음기 내에 카본이 퇴적되었을 때
3) 배기관이 막혔을 때

10. 배압이 기관에 미치는 영향

>>> 1) 기관의 출력 저하
2) 기관의 부조 현상 발생
3) 피스톤 운동 방해
4) 기관 시동이 꺼지거나 시동 불가능
5) 기관의 과열

11. 내연 기관 배출가스의 종류

>>> 1) CO_2
2) O_2
3) HC
4) 연료 첨가물의 연소 생성물
5) 불순물의 연소 생성물
6) NOx
7) CO
8) 매연
9) SO_2

12. 공회전시 HC가 나오는 경우(점화시기, 엔진 압축은 정상) 3가지를 적으시오.

>>> 1) 에어 클리너의 막힘(혼합비 농후 시)
2) 흡입관의 누설(혼합비 희박 시)
3) 산소 센서의 불량 또는 촉매 불량

13. 자동차 배기가스 CO, HC, NOx가 삼원촉매를 통과 후 배출되는 가스 3가지를 쓰시오.

>>> 1) CO_2 (이산화탄소)
2) H_2O [물(수증기)]
3) N_2 (질소)

14. 가솔린 차량의 배출가스 검사에서 검사되는 가스 종류 3가지

>>> HC, CO, NOx
※ CO_2는 향후 검사 항목에 포함될 예정

15. 전자제어 가솔린 분사장치의 유해가스 저감장치 3가지를 적으시오.

>>> 1) 블로바이 가스 제어장치 - PCV 밸브 및 블리더 호스
2) 연료 증발가스 제어장치 - PCV 밸브 및 차콜 캐니스터
3) 배기가스 제어장치 - EGR장치, 삼원촉매

16. 디젤기관에서 유해 배출가스 저감을 위한 전처리장치 5가지를 쓰시오.

>>> 1) PCV 장치
2) 과급기와 인터쿨러
3) 가변 밸브 및 멀티 밸브 제어
4) 전자제어 커먼레일 시스템(연료압력 제어)
5) 배기가스 재순환 제어(EGR)

17. 배출가스를 감소시키는 장치 5가지를 쓰시오.

>>> 1) 배기가스 재순환 장치(EGR) 2) 촉매컨버터(삼원촉매)
3) 배기가스 후처리장치(DPF) 4) 캐니스터
5) 블로바이 가스 환원장치(PCV)

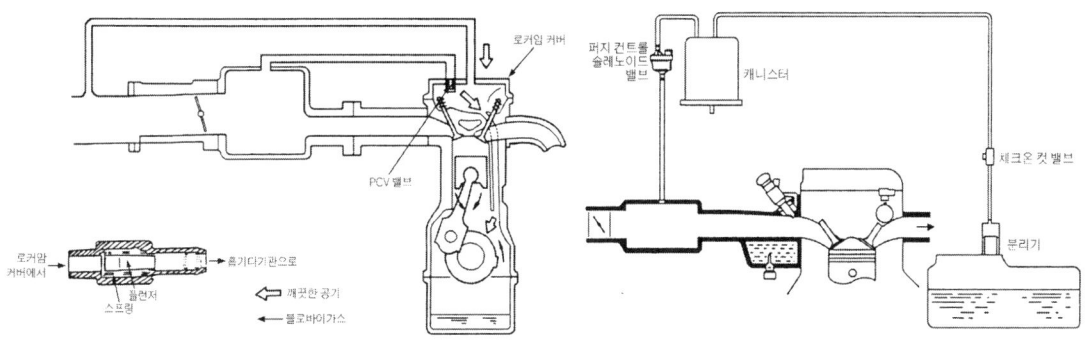

▲ 블로바이 가스 제어 장치　　　　▲ 연료 증발가스 제어장치

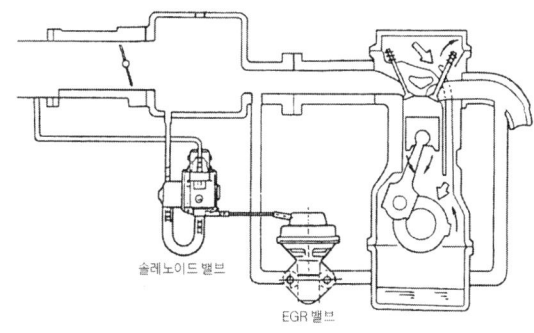

▲ EGR 작동 계통도

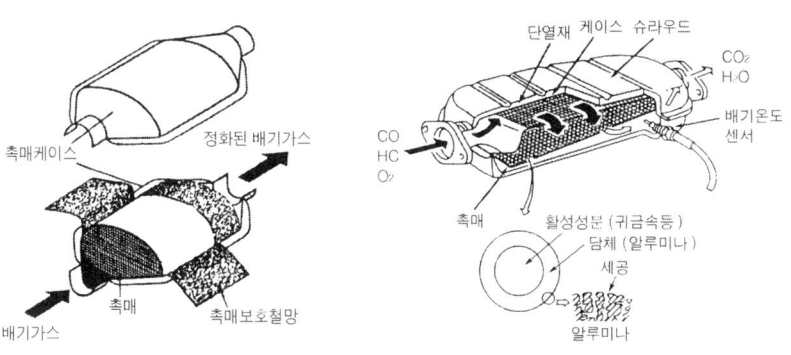

▲ 촉매 컨버터의 구조

18. 스로틀 밸브가 열려 있는 상태에서 가속할 때 일시적인 가속 지연 현상이 나타나는 것은 무엇이라 하는가?

>>> 해지테이션(Hesitation)

19. 가솔린 기관 EGR 밸브의 기능이 불량할 때 발생되는 현상 3가지를 쓰시오.

>>> 1) 엔진 출력 저하
2) 엔진 부조
3) 배출가스 증가

20. 배기가스 생성과정에서 탄화수소(HC)의 발생원인 4가지를 쓰시오.

>>> 1) 연소실 벽의 온도가 낮을 때 미연소 가스 발생으로 증가
2) 밸브 오버랩으로 인한 혼합가스 누출
3) 기관을 감속할 때 스로틀 밸브가 닫히면 흡기다기관의 부압이 갑자기 높아지기 때문에 혼합가스가 농후해져 실린더 내의 잔류가스가 되어 실화를 일으키기 쉬워져 탄화수소 배출이 증가
4) 혼합가스가 희박

21. 내연 기관 배출 가스가 인체에 미치는 영향

>>> 1) CO : 구토, 현기증 현상
2) HC : 농도가 낮을 때는 호흡기 계통에 약간 자극을 느끼나 농도가 높아지면 눈, 코, 피부, 목의 점막을 자극한다.
3) NOx : 농도가 낮을 때는 눈, 코, 목 점막을 자극하고 농도가 높아지면 기관지염을 일으킨다.
4) Pb화합물 : 소화기, 근육, 신경, 위 등에 장해를 준다.
5) 흑연 : 시계(視界)를 나쁘게 하고 폐에 장해를 준다.

| 22 | **촉매 변환기 설치 차량 주의사항** |

>>> 1) 밀어서 시동하지 말 것
2) 파워 밸런스 측정시간을 길게 하지 말 것(10초 이내)
3) 공회전 상태를 오래 지속하지 말 것
4) 주행 중 점화 스위치를 끄지 말 것
5) 잔디밭에 주차시키지 말 것
6) 기관을 최상의 상태로 유지시킬 것
7) 촉매 열화에 영향을 주는 작업 또는 사용 요소를 배제할 것
8) 무연 휘발유를 사용 할 것
9) 스파크 점프 테스트를 가급적 삼갈 것
10) 연료 탱크가 거의 비어있을 때 기관을 작동시키지 말 것(연료가 거의 없을 때 기관을 작동시키면 기관이 실화하게 되고 촉매 변환 장치에 과부하가 걸리게 된다.)
11) 감속 시 점화 스위치를 OFF하거나 브레이크를 너무 장시간 사용하지 말 것
12) 가솔린 혹은 오일 묻은 부품을 작동 시는 촉매 변환장치 가까이 두지 말 것

| 24 | **3원 촉매 장치를 만들 때 입히는 금속 3가지를 쓰시오.** |

>>> 1) 백금(Pt)
2) 로듐(Rh)
3) 파라듐(Pd)

| 25 | **배기 라인에 삼원촉매 후 소음기에 구멍이 있는 차량의 검사 시 CO는 (①), HC는 (②), CO_2는 (③), O_2는 (④) λ는 (⑤)** |

[예] 증가한다, 감소한다, 변화 없다

>>> ① 변화 없다 ② 변화 없다 ③ 변화 없다 ④ 증가 ⑤ 증가한다

23. 촉매 변환기(Catalytic Converter)

>>> 1) **촉매**란 그 자신은 변화하지 않으면서 다른 물질의 화학 반응을 촉진시켜주는 물질을 말한다.
2) 자동차에서의 촉매란 유해물질을 산화 또는 환원 반응을 통해 무해한 물질로 변화시켜 주는 장치를 말한다.
3) 촉매기에서의 화학 반응은 다음과 같다.
   ① $2CO + O_2 \rightarrow 2CO_2$
   ② $2C_2H_6 + 7O_2 \rightarrow 4CO_2 + 6H_2O$
   ③ $2NO + 2CO \rightarrow N_2 + 2CO_2$
4) 자동차에서 사용하고 있는 촉매의 형식은 주로 세라믹 일체형 담체를 사용하고 세라믹 담채의 재질은 내열성이 높은 마그네슘, 알루미늄 실리케이트가 주성분이다.
5) 촉매의 작동은 250℃ 이상 되어야 촉매 작용을 시작하고 가장 적합한 촉매 온도는 400~800℃ 이다. 그러나 촉매 온도가 950℃ 이상 되면 촉매 담체가 녹기 시작하여 기능을 상실하게 된다.

26. 공연비 피드백 제어를 하지 않는 조건

>>> 1) 냉각수온이 낮을 때
2) 시동 시
3) 시동 후 연료 증량 시
4) 고부하 주행 시(TPS 개도량이 80% 이상일 때)
5) 연료 컷(Fuel-Cut)시
6) 산소 센서, MAP센서, 인젝터 및 인젝션에 영향을 주는 센서의 고장 시
7) 흡입되는 공기량이 너무 적어 연소가 제대로 이루어지지 않을 때
8) 엔진 공회전 회전수가 너무 높을 때
9) 산소센서가 콜드조건일 때(활성화 온도가 되지 않았을 때)

27 산소 센서 점검시 주의사항

>>> 1) 산소센서 출력 전압을 측정할 때 꼭 디지털미터를 사용할 것
2) 산소센서 내부 저항은 절대 측정하지 말 것
3) 산소센서 출력 단자를 쇼트(단락)시키지 말 것

28 배기가스 색에 의한 기관의 연소 상태

>>> 1) 무색 또는 담청색 : 정상 연소
2) 백색 : 윤활유 연소, 디젤 기관에서 분사시기가 너무 늦을 경우
3) 흑색 : 진한 혼합기, 디젤 기관에서 분사시기가 너무 빠를 때
4) 엷은 황색 : 희박한 혼합기

29 산소 센서를 이용해 전자제어를 하는 목적

>>> 공연비 14.7 : 1에서 완전연소가 이뤄지면 H_2O과 CO_2만 발생하는데, 불완전 연소 시 유해 배기가스(CO, HC, NOx) 배출량이 증가한다. 대기오염을 줄이기 위해 산소 농도에 따라 전압이 변하는 지르코니아 소자 또는 저항이 변하는 티타니아 소자를 활용, 이론 공연비로 연소를 전자제어 하는 것이다.

30 공기과잉률 1.15일 때 고장원인 4가지를 적으시오.

>>> 1) 에어 클리너 호스 찢어짐
2) 흡기매니폴드 개스킷 찢어짐
3) 연료 인젝터 분사 불량
4) 소음기 부식 누설

31 전자제어 4기통 엔진에서 1개의 실린더에 연료분사와 점화가 되지 않을 경우 촉매 앞에 설치된 산소 센서의 출력 전압이 어떻게 변화하는지 쓰시오. (단, 산소 농도와 출력 전압은 반비례 관계이다.)

▶▶▶ 감소한다.

32 디젤 기관에 매연이 심한 이유

▶▶▶ 1) 연료 분사 펌프의 성능 불량 2) 노즐의 성능 불량
3) 에어 클리너의 막힘

33 PCSV 작동조건 3가지를 쓰시오.

▶▶▶ 1) 엔진 냉각수 온도가 낮으면 닫힘
2) 공전 시 닫힘
3) 엔진 정상온도 시 열림

34 디젤기관 배기가스 매연(흑연) 측정법의 종류

▶▶▶ 1) **목시 비교법** : 링겔만 매연 농도계를 사용하여 실제 흑연과 목시에 의하여 직접 비교하는 방법
2) **투과광 비교법** : 광원과 광전관과의 수광면 사이에 배기가스를 통과시켜 흑연에 의한 투과광의 광도 변화를 광전관에 나타나게 한 방법
3) **여지 흡착 비교법** : 배기가스를 일정 면적의 여지상을 통과시켜 오염된 여지를 표준여지와 비교하는 방법

35 가솔린 배출가스 측정기(5가스)에서 측정할 수 있는 항목 5가지를 쓰시오.

▶▶▶ 1) HC (탄화수소) 2) CO (일산화탄소)
3) CO_2 (이산화탄소) 4) O_2 (산소)
5) NOx (질소산화물)

36. 디젤기관 배출가스 시험기 사용이나 취급 시 주의사항

>>> 1) 시험기에 알맞은 전원을 공급한다.
2) 압축 공기 속에 수분이 포함되지 않도록 한다.
3) 매연 측정시 여과지가 변색된 것은 사용하지 않는다.
4) 테스터기를 충분히 워밍업 시킨다.
5) 테스터기에 충격을 주지 않아야 한다.
6) 매연 측정시 여과지를 장착하지 않고 펌프를 흡입해서는 안 된다.
7) 흡입 펌프 스프링은 3개월에 1회 정도 윤활시켜 준다.

37. 배기가스 재순환 장치(EGR)에 영향을 주는 센서 4가지를 적으시오.

>>> 1) WTS(Water Temperature Sensor) 센서
2) TPS(Throttle Position Sensor) 센서
3) CAS(Crank Angle Sensor) 센서
4) O_2(Oxygen Sensor) 센서

38. ETS(전자제어 스로틀 밸브장치)의 사용 목적

>>> 1) 흡입공기량을 정밀하게 제어할 수 있다.
2) 유해 배출 가스의 배출을 줄일 수 있다.
3) 통합제어로 인하여 부품을 감소시킬 수 있다.
4) 기관의 고장률이 감소된다.
5) 신뢰성을 높일 수 있다.

01 경유(Light-Oil)의 성상

>>> 1) **색** : 흑갈색 또는 담황색
2) **냄새** : 진한 등유 냄새
3) **비중** : 0.83 ~ 0.89
4) **발열량** : 10,700kcal/kg
5) **인화점** : 40 ~ 90℃
6) **자연발화** : 산소 중에서 254℃ 공기 중에서 358℃
7) **비점** : 초류 온도 130 ~ 200℃ 최고 온도 300℃

02 가솔린의 구비 조건

>>> 1) 유동성이 좋을 것
2) 연소 속도가 빠를 것
3) 기화가 용이 할 것
4) 연소 상태가 양호 할 것
5) 발열량이 클 것
6) 내폭성이 우수 할 것
7) 연소 후에 유해 화합물 생성이 없을 것
8) 부식성이 적을 것

03 디젤(경유)기관 연료의 구비조건 5가지를 쓰시오.

>>> 1) 자연 발화점이 낮을 것. 즉 착화성이 좋을 것
2) 황(S)의 함유량이 적을 것
3) 세탄가가 높고 발열량이 클 것
4) 적당한 점도를 지키며, 온도변화에 따른 점도변화가 적을 것
5) 고형미립물이나 유해성분을 함유하지 않을 것

04 LPG 밸브별 색깔을 쓰시오.

>>> 1) **충전** : 녹색
2) **액상** : 적색
3) **기상** : 황색

05 LPI(액상LPG분사) 장치의 장점

>>> 1) 겨울철 시동성능이 향상된다.
2) 정밀한 LPG 공급량의 제어로 배출가스 규제 대응시 유리하다.
3) 고압 액체 상태 분사로 인해 타르생성의 문제점을 개선할 수 있다.
4) 타르 배출이 필요없다.
5) 가솔린 기관과 같은 수준의 출력성능을 발휘한다.

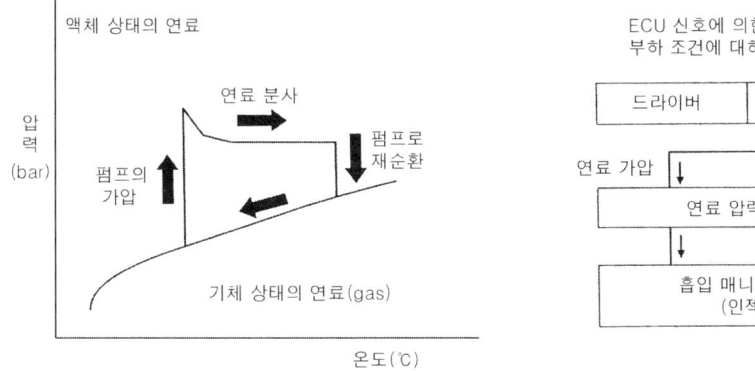

◐ LPI 시스템의 연료 흐름도

06 가솔린 연료분사장치의 구성품을 적으시오.

>>> 연료탱크, 연료펌프, 연료여과기, 연료분배파이프, 연료압력조절기, 인젝터

07 LPI 엔진에서 과류 방지 밸브의 역할 2가지를 적으시오.

>>> 1) 차량의 사고 등으로 연료 라인 내 누설이 발생될 경우 연료 송출을 차단하여 2차 위험 발생을 감소시킴.
2) 연료 라인 내 송출되는 LPG 양의 값이 증가되면 체크 플레이트가 개구부를 막아서 연료 누출을 방지함

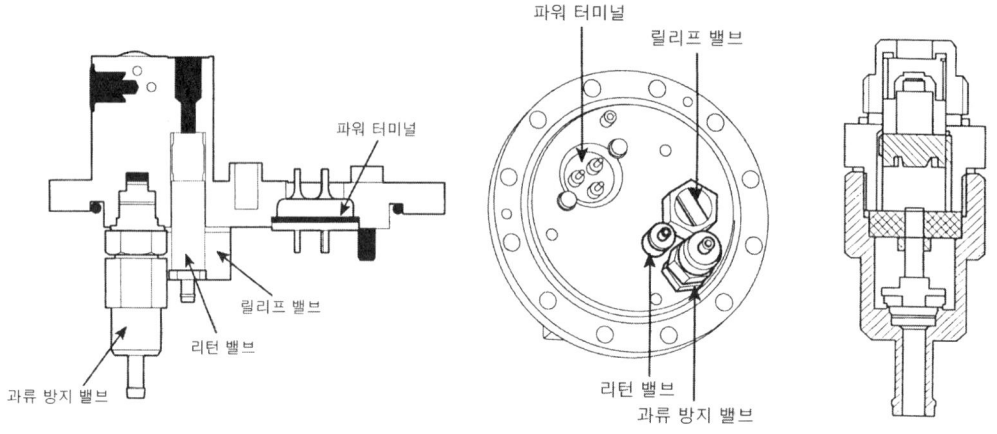

 과류 방지 밸브

08 LPI 인젝터 성능 점검방법 4가지를 쓰시오.

>>> 1) 육안검사
2) 인젝터 파형 점검
3) 인젝터 전압·전류 점검
4) 파워밸런스 시험

09 세탄가 (Cetane Number)

▶▶▶ 디젤의 앤티 노크성을 표시하는 것으로서 디젤 연료의 착화성을 표시하는 값을 말한다.

$$세탄가 = \frac{세탄}{세탄 + α - 메틸나프탈렌(α-methyl\ naphalene)} \times 100$$

10 디젤 노크에 기인하는 요소

▶▶▶
1) 연료 분사량
2) 압축비 정도
3) 연료의 종류
4) 연료의 분사시기
5) 연소실의 형상
6) 연료의 분무 상태
7) 기관의 회전속도
8) 기관의 부하
9) 냉각 성능

11 디젤 노크 발생시 미치는 영향

▶▶▶
1) 기관의 출력 저하
2) 열효율 저하
3) 크랭크 축의 균열
4) 커넥팅 로드의 휨
5) 베어링과 부싱의 마모
6) 피스톤, 피스톤 링 손상
7) 밸브의 손상
8) 소음 및 진동 발생
9) 연료 소비 증대
10) 기관 과열
11) 배기가스 온도 저하
12) 유해 배기가스 배출 증가

12. 디젤 기관 연소에 영향을 미치는 요소

>>> 1) 분사시기 2) 압축비
3) 분무 상태 4) 분사율
5) 공기의 운동 6) 기관의 회전속도
7) 흡입 공기의 온도 8) 잔류 가스
9) 연료 성분 10) 연료의 분포
11) 연료의 혼합 상태

13. CNG엔진 고압 차단밸브(High Pressure Lock-off Valve)의 역할은?

>>> CNG탱크와 압력조절기구 사이에 설치되어 있으며 기관의 가동을 정지시켰을 때 고압연료 라인을 차단한다.

14. 실린더 내에서 연소할 때 화염속도에 영향을 주는 조건

>>> 1) 흡입 및 배기 압력 2) 습도
3) 흡입 가스 온도 4) 배기 잔류 가스
5) 공기와 연료의 혼합비

15. 희박한 혼합기가 기관에 미치는 영향

>>> 1) 시동 곤란 2) 연소 속도의 저하
3) 기관 출력의 감소 4) 기관의 공전, 저속 운전 불량
5) 배기가스 온도 상승 6) 기관의 노킹 발생

16. 농후한 혼합기가 기관에 미치는 영향

>>> 1) 기관의 출력 감소 2) 기관의 과열
3) 불완전 연소 4) 유해 배기가스 증대
5) 조기 점화 발생 6) 노크로 인한 실화

17 디젤 기관에서 착화 지연 원인

>>> 1) 흡기 온도가 낮을 때
2) 압축비가 낮을 때
3) 실린더 내의 온도가 너무 낮을 때

18 착화 지연 정도를 좌우하는 요인

>>> 1) 사용 연료의 성질
2) 분사에 의한 무화 정도
3) 공기 압력, 온도 및 유동상태

19 디젤 연소 촉진제

>>> 1) 질산에틸(Ethylnitrate)
2) 과산화 테트랄린(Tetralin Peroxyde)

20 연료 연소 촉진제

>>> 1) 질산에틸, 과산화 테트랄린 등이 사용되고 있다.
2) 질산에틸은 탄화수소의 산화 작용을 촉진하는데 효과가 있다.
3) 과산화 테트랄린은 연료가 연소를 일으키기 전에 공기 중의 산소와 화합하여 과산화물을 형성하고 다음에 이것이 분해될 때 다량의 열을 발생하여 연료 분사시 쉽게 착화하게 하는 효과가 있다.

21 에멀전 현상

>>> 기화기의 연료 노즐에 에어 블리더를 설치하여 연료가 유출될 때 공기가 같이 흡입되어 거품 같은 상태를 만들어 작은 부압으로 무화가 잘 이루어지도록 연료와 공기가 잘 혼합된 상태를 말한다.

22 행업 현상

>>> CO, HC 측정기에서 채취용 도관이나 측정 셀 내에 부착되어 있던 HC분자가 이탈되어 다음 측정시 측정값이 불안정하게 되는 현상을 말한다.

23 역화 (Back Fire)

>>> 점화시기가 맞지 않거나 흡입 밸브의 밀착이 불량할 때 흡입(吸入) 계통에서 연소가 발생하는 현상

24 후화 (After Fire)

>>> 점화시기가 맞지 않거나 배기 밸브의 밀착이 불량 할 때 배기(排氣) 계통에서 연소가 발생하는 현상

25 실화 (Miss Fire)

>>> 점화 계통의 이상이나 압축 불량, 혼합비의 부적당 등이 원인이 되어 혼합기가 연소가 되지 않는 현상

26 청연(青煙)

>>> 난기 운전시 자동차 배기관에서 배출되는 약간의 점성이 있는 액체의 물질인데 산소가 조금 포함된 탄화수소의 혼합물이다.

27 열연(熱煙)

>>> 국부적인 농후한 혼합기에 의해 연소실 내에 생성되는 부유물이다. 일명 흑연(黑煙)이라고도 한다.

28 백연(白煙)

>>> 기관의 실화나 냉간 운전 또는 수증기의 냉각에 의해서 발생되는 미연소 입자의 안개나 백색의 가스로서 냉연(冷然)이라고도 한다.

29 과조 착화

>>> 점화 플러그에서 불꽃이 발생되기 전에 카본이나 점화 플러그의 과열, 밸브 과열 등에 의하여 점화되는 현상을 말한다. 프리 이그니션 또는 조기 점화라고도 한다.

30 헌팅(Hunting)

>>> 1) 외부의 조건에 의해서 기관의 회전수나 회전속도가 파상적으로 변동되는 현상을 말한다.
2) 기관 회전속도에 주기적인 변화가 생겨서 그 상태가 지속되는 것으로서 거버너 각 부의 작동이 둔하거나 작동 시간이 늦어지면 헌팅이 발생되어 공전 운전이 불량하게 된다.
3) 헌팅을 방지하려면 원심추의 중량, 조속기 스프링의 장력, 펌프 엘리먼트의 송출량을 정확하게 조정하여야 한다.
4) 벨 크랭크, 제어 래크, 원심추, 섭동 레버, 플로팅 레버의 헐거움이 없어야 하고 축방향 유격(End Play)이 적어야 하며 가볍게 작동되어야 한다.

31 프리 이그니션 (Pre-Ignition)

>>> 점화 플러그에서 불꽃이 발생되어 점화되기 전에 다른 열점에 의해서 연소되는 현상을 말한다.

32 노킹 (Knocking)

>>> 1) 기관이 작동 중에 연소실 내에서 정상의 연소파가 진행됨에 따라 미연소 가스는 압축되고 연소실의 온도가 상승되어 연소실 벽이 가열된다.
2) 이 순간 미연소가스가 동시에 격렬한 연소를 일으키게 되어 연소실 벽을 작은 해머로 두드리는 것 같은 소리가 들린다.
3) 이렇게 화염파가 연소실 벽을 때리는 현상을 노킹이라고 한다.
4) 노킹이 발생되면 열효율의 저하는 물론이고 가관의 출력이 떨어지며 기관의 운전 상태가 고르지 못하게 된다.
5) 이 노킹의 원인은 농후한 혼합기의 공급이나 흡기 온도가 높을 때 또는 점화시기가 부정확 할 때 발생된다.

33 데토네이션 (Detonation)

>>> 혼합 가스가 연소되지 않는 부분이 극도로 가열되어 자연 점화되는 것으로 화염이 초고속의 일정한 속도로 전파되는 현상이 발생된다.
이것을 **이중 점화**라고도 한다.

기관 튠업

01 기관의 해체 정비 시기

1) 압축 압력이 규정의 70% 미만일 때
2) 오일 소비율이 표준 소비율의 50% 이상일 때
3) 연료 소비율이 표준 소비율의 60% 이상일 때
4) 기관의 내부적인 결함이 발생되었을 경우

02 기관 정비 시 분해정비가 필요한 시기에 대해 적으시오.

1) 규정 압축 압력의 70% 이하로 저하되었을 때 또는 각 실린더의 차이가 10%이상이거나 규정 압축 압력의 10%이상을 초과할 때
2) 표준 연료 소비율의 60%이상 증가 하였을 때
3) 표준 윤활유 소비율의 50%이상 증가하였을 때

03 엔진 튠업 테스터로 기관측정 7가지를 쓰시오.

1) 압축 압력 시험
2) 타이밍 라이트
3) 진공 테스터
4) 엔진 타코미터(Tachometer)
5) 엔진 분석기(Analyzer)
6) CO-HC 테스터
7) 매연 테스터

04 압축 압력 시험으로 점검할 수 있는 사항

>>> 1) 밸브 장치의 불량
2) 실린더의 마멸
3) 헤드 개스킷 불량
4) 피스톤 링 불량
5) 연소실 카본 퇴적

05 가솔린 기관에서 압축 압력이 떨어지는 이유 중 마멸에 의한 것 3가지를 적으시오. (단, 흡·배기 밸브는 정상)

>>> 1) 피스톤 링 마멸
2) 실린더 벽 마멸
3) 점화 플러그 나사산의 마모

06 디젤 기관 압축 압력 측정 시 준비 사항

>>> 1) 배터리 충전 상태 및 기동 전동기 상태의 성능을 점검한다.
2) 기관을 워밍업 시킨다.
3) 연료를 차단시킨다.
4) 분사 노즐을 모두 뺀다.
5) 에어 클리너를 뺀다.
6) 스로틀 밸브를 연다.

07 압축 압력 시험을 하는 목적

>>> 1) 기관에 이상 발생시 또는 기관 성능이 현저하게 저하 되었을 때 분해 수리 여부를 결정하기 위한 수단으로 이용된다.
2) 피스톤 링, 밸브, 실린더 벽 등의 마모나 접촉 불량 등의 기계적 결함을 발견할 수 있는 시험 방법이다.

08. 가솔린 기관 압축 압력 시험시 준비 사항

>>> 1) 배터리와 기동 전동기 상태가 정상인지 여부를 확인한다.
2) 기관을 워밍업 시킨다.
3) 점화 플러그를 모두 뺀다.
4) 에어 클리너를 뺀다.
5) 연료 공급을 차단시킨다.
6) 점화(1차) 회로를 접지시킨다.
7) 스로틀 밸브를 완전히 연다.

09. 습식 압축 압력 테스트에서 압축 압력이 높아졌을 때와 낮아졌을 때를 보기에서 골라 작성하시오.

[보기] 피스톤 링 불량, 실린더 오일간극 불량, 밸브의 불량, 헤드 개스킷 불량

>>> 1) 높아졌을 때 : 피스톤 링 불량, 실린더 오일간극 불량
2) 낮아졌을 때 : 밸브의 불량, 헤드 개스킷 불량

10. 진공계로 판단할 수 있는 고장 부위

>>> 1) 실린더 벽이나 피스톤 링의 마멸
2) 밸브의 소손
3) 밸브 개폐시기가 틀림
4) 밸브 면과 시트의 밀착 불량
5) 배기 장치의 막힘
6) 분사시기의 틀림
7) 흡기다기관의 흡입 공기 누설
8) 실린더 헤드 개스킷 불량
9) 실린더 헤드 부의 누설
10) 점화 플러그의 실화
11) 압축 압력의 누출

11. 디젤 기관의 출력 저하 원인

>>> 1) 연료 분사 펌프의 조정 불량 2) 연료 계통에 공기 유입
3) 연료 라인의 막힘 4) 기관의 압축 압력 불량
5) 연료 분사시기 조정 불량 6) 흡·배기 효율 불량
7) 오일 압력 부족 8) 조속기 불량
9) 불량 연료 사용 10) 노킹 현상 발생
11) 기관의 과냉 12) 흡·배기 밸브 고착
13) 밸브 간극 조정 불량 14) 연료 분사 노즐이 불량

12. 기관 동력계(Engine Dynamometer)의 종류

>>> 1) 흡수동력계(Absorption Dynamometer)
① 프로니 브레이크(Prony Brake)
② 수 동력계(Water Dynamometer)
③ 전기 동력계(Electric Dynamometer)
④ 공기 동력계(Air Fan Dynamometer)

2) 비틀림 동력계(Torsion Dynamometer)

13. 작업 후 재조립 시 반드시 신품으로 교환해야 하는 부속

>>> 1) 오일 2) 오일 실(Seal), O링, 리테이너
3) 각종 벨트 4) 그리스
5) 각종 개스킷 6) 에어 필터, 오일 필터
7) 피스톤 링 8) 패킹
9) 로크 와셔 10) 분할 핀(Cotter Pin)

Engineer Motor Vehicles Maintenance

14. 다이얼 게이지를 사용하여 측정할 수 있는 항목

>>> 1) 축의 휨
2) 캠의 양정
3) 스러스트 간극
4) 기어의 백래시
5) 디스크, 플라이 휠의 런아웃
6) 엔드 플레이(End Play)

15. 엔진 ECU의 기능

>>> 1) 이론공연비 14.67 : 1을 유지시키기 위해 제어한다.
2) 유해 배출가스 배출을 제어한다.
3) 주행성능을 향상시킨다.
4) 연료소비율 감소 및 기관의 출력을 향상시킨다.

16. 기관 크랭킹은 되는데 시동이 되지 않는 이유

>>> 1) 연료 계통에 이상이 있을 때
2) 밸브 타이밍이 정확히 맞지 않을 때
3) 기관 압축 압력이 불량할 때
4) 점화 계통에 이상이 있을 때
5) 전기 배선에 이상이 있을 때

17. 전자제어 엔진에서 시동불량을 일으킬 수 있는 센서 5가지를 쓰시오.

>>> 가솔린 엔진의 경우
1) CAS(CKP) 불량
2) NO1 TDC 센서 불량
3) 페이즈 센서 불량
4) AFS 불량
5) 연료 압력 센서 불량(CRDI 차량)

18 다음 ( )안에 적당한 용어를 쓰시오.

디젤 엔진에서 시동을 끄기 위하여 key를 off 시키면 연료 분사는 차단되나 연소실에 남아 있던 오일이 타면서 엔진이 바로 꺼지지 않는 ( ) 현상이 생기는데, 이를 방지하기 위하여 스로틀 플랩을 닫아 흡입 공기를 차단하여 시동을 바로 꺼지게 해주어 이 현상을 방지해준다.

>>> 디젤링, Dieseling or Over run(Run on)

19 감압 장치(De-Compression Device)

>>> 기관을 수동으로 회전시키거나 정지시키고자 할 때 캠축의 운동에 관계없이 흡기 또는 배기 밸브를 열어 실린더 내의 압축 압력을 감압하여 기관의 회전을 쉽게 하는 장치를 말한다.

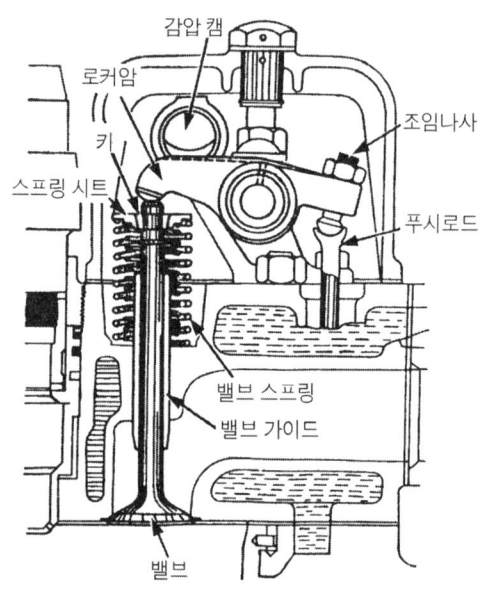

◐ 감압 장치의 구조

20. 에어공구를 사용할 때 쓰는 공기 압축기의 점검사항 6가지를 쓰시오.

>>> 1) 급유식의 경우 윤활유의 유무를 매일 점검한다.
2) 동절기에는 충분한 워밍업 후에 규정 압력으로 서서히 높여간다.
3) 공기탱크 내의 드레인을 매일 실시한다.
4) 윤활유의 산화 오일을 제거하기 위한 필터를 붙이고 애프터 쿨러를 설치한다.
5) 공기탱크를 설치해서 압력의 급 변동을 피하고 최대한 온도의 안정을 유지한다.
6) 정기 점검을 실시한다.

21. 공기 압축기 설치 조건 5가지를 쓰시오.

>>> 1) 환기 장치가 충분할 것
2) 수평하고, 깨끗한 장소
3) 열원이 근처에 없을 것
4) 충격을 줄 사물이 근처에 없을 것
5) 안전규칙에 따른 방호장치를 갖출 것

섀시 Chassis

클러치 · 변속기 · 드라이브 라인 및 타이어
구동력 제어 장치 · 제동 장치 · 조향 장치
현가 장치 · 선회 성능 · 주행 성능
휠 얼라인먼트 · 안전 · 검사

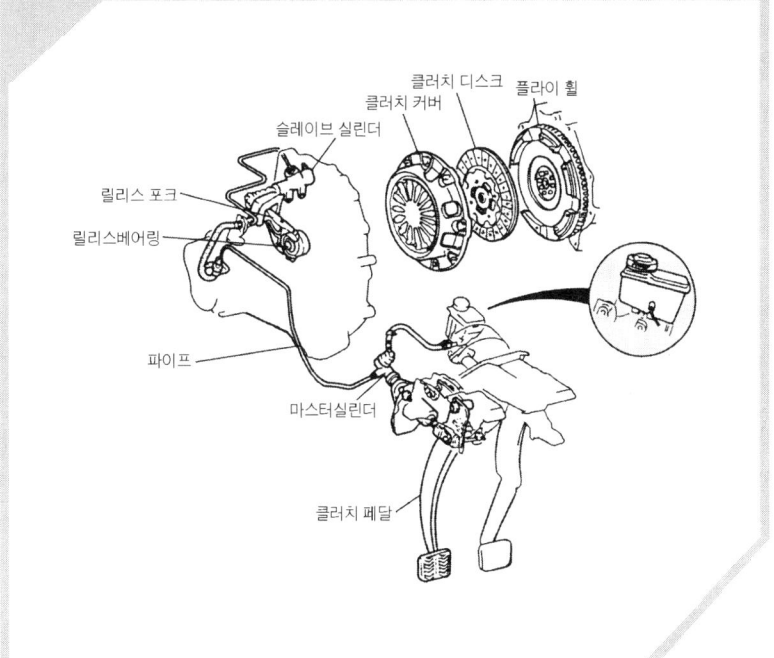

클러치

01 토크 컨버터의 기능

>>> 1) 엔진의 토크를 변속기에 원활하게 전달하는 기능
2) 토크를 변환시키는 기능
3) 토크를 전달 때 충격 및 크랭크 축의 비틀림 완화 기능

02 토크 컨버터 3요소와 1단 2상을 설명하라.

>>> 3요소 : 펌프, 터빈, 스테이터
1단 : 펌프와 터빈이 한 조를 이룬 상태를 말한다.
2상 : 스테이터의 작용상태를 말하는 것으로서 스테이터가 전혀 회전하지 않는 것을 단상, 터빈의 회전력이 일정수준에 도달하면 스테이터가 회전하는 경우와 같이 오버러닝 클러치 형태로 되어있는 것을 2상이라 한다.

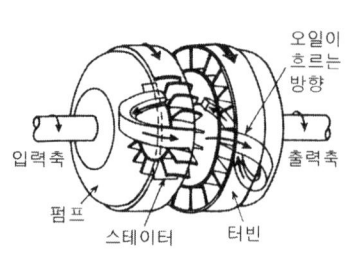

(a) 토크 컨버터의 오일 순환 운동

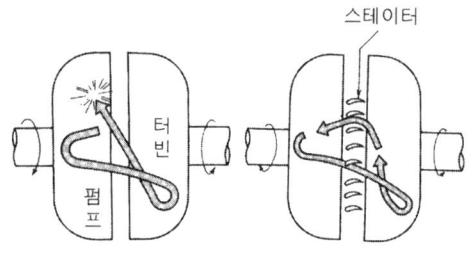

(b) 스테이터가 없는 경우 오일의 흐름 (c) 스테이터가 있는 경우 오일의 흐름

◬ 토크 컨버터의 오일 흐름

03 클러치 판의 구성품 중 비틀림 코일 스프링의 기능

>>> 클러치 판이 플라이 휠에 접속될 때 회전충격을 흡수하는 일을 한다.

04 유체 클러치의 구성품과 기능

>>> 1) 가이드 링 : 유체의 흐르는 방향을 유도하여 유체의 충돌로 인한 맴돌이 흐름을 방지, 클러치 효율이 저하되지 않게 한다.
2) 터빈 런너 : 변속기 입력 축에 연결되어 있으며 펌프에서 발생된 유체 에너지를 기계적 에너지로 변환하여 변속기에 동력을 전달하는 기능을 한다.
3) 펌프 임펠러 : 크랭크 축에 연결되어 있으며 회전하면서 기계적 에너지를 유체의 운동 에너지로 바꾸어 준다.

05 토크 컨버터의 스테이터 기능(역할)

>>> 터빈으로부터 되돌아오는 오일의 회전방향을 펌프의 회전방향과 같도록 바꾸어 오일의 운동에너지가 최대가 되도록 함으로서 최대의 토크 증대 효과를 얻도록 한다.
1) 회전력(torque) 증대
2) 오일의 흐름 방향을 바꿔 주는 역할
3) 정방향으로는 가속을 하되 역방향으로는 영향을 주지 않게 한다. 즉 one way clutch 부품이 이 기능을 한다.

06 클러치 라이닝의 구비 조건

>>> 1) 마찰 계수가 적당해야 한다.
2) 내열성이 우수해야 한다.
3) 내 마모성이 우수해야 한다.

07 클러치의 필요성

1) 시동 시 기관을 무부하 상태로 할 수 있다.
2) 기어 변속을 원활히 한다.
3) 관성 주행을 할 수 있다.

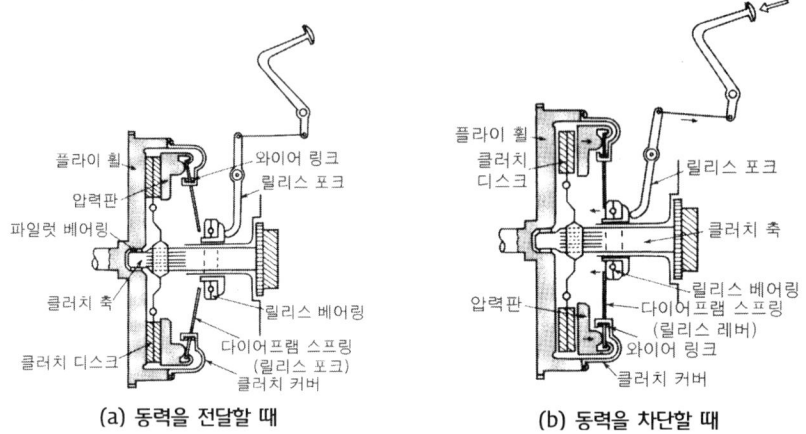

▲ 클러치 작동

08 클러치의 구비 조건

1) 동력 차단이 신속하고 확실해야 한다.
2) 회전 평형이 좋아야 한다.
3) 방열이 잘 되어야 한다.
4) 회전 관성이 작을 것
5) 구조가 간단하고 고장이 적을 것

09 클러치 고장의 발생 원인

1) 릴리스 베어링의 주유 부족
2) 급격히 클러치를 연결할 때
3) 반 클러치를 사용할 때
4) 클러치 마스터 및 릴리스(슬레이브) 실린더 피스톤 컵의 불량
5) 오일 누출

10 클러치 판의 점검 항목

1) 클러치 판 스프링의 변형이나 파손 상태
2) 클러치 판의 런 아웃 상태
3) 페이싱의 리벳 깊이

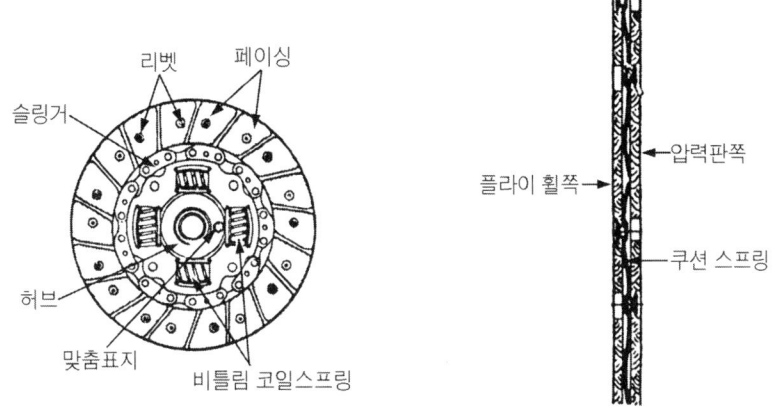

▲ 클러치 디스크의 구조

11 클러치 릴리스 베어링의 종류

1) 볼 베어링형 - 가장 많이 사용되고 있다.
2) 앵귤러 콘택트형
3) 카본형

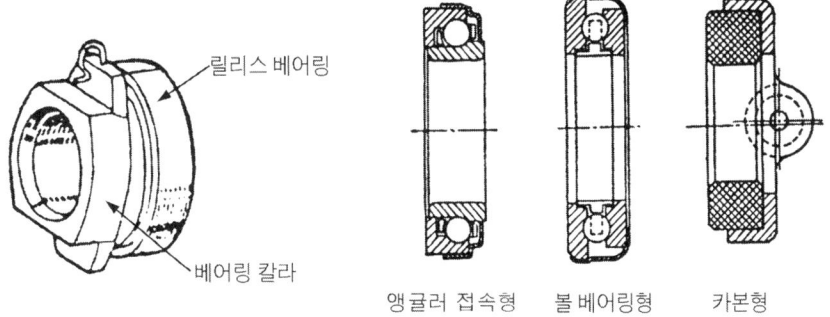

▲ 릴리스 베어링의 구조와 종류

12 클러치를 차단할 때 클러치가 끌리는 원인

>>> 1) 클러치 판이나 압력판의 변형
2) 링키지의 조정 불량
3) 릴리스 레버 높이 조정 불량
4) 클러치 판 리벳의 체결 불량
5) 클러치 판 허브의 고착

13 클러치 미끄러짐의 원인

>>> 1) 클러치 페이싱의 기름 부착
2) 클러치 스프링의 쇠약 또는 파손
3) 클러치 페달 자유 간극이 없을 때
4) 클러치 페이싱의 과대 마멸
5) 클러치 페달 또는 링키지의 리턴 불량
6) 클러치 압력판 또는 플라이 휠의 손상
7) 마스터 실린더나 릴리스(슬레이브) 실린더 불량

14 클러치 발진시 진동(채터링, Chattering) 현상의 원인

>>> 1) 클러치 디스크 페이싱 리벳 풀림
2) 디스크 비틀림 코일 스프링 파손
3) 클러치 커버 설치 상태 불량
4) 디스크 허브와 변속기 스플라인 부의 섭동 불량
5) 플라이 휠 접촉면의 변형 또는 편 마모
6) 클러치 압력판의 변형 또는 편 마모
7) 릴리스 레버의 높이 불균형
8) 기관이나 변속기 설치 불량
9) 조인트나 휠 조립 상태 불량
10) 브레이크가 끌릴 때

15. 클러치의 순간적인 잡아당김(그래빙, Grabbing) 현상의 원인

1) 클러치 판에 기름이 묻었을 때
2) 클러치 판 리벳의 노출 또는 헐거울 때
3) 클러치 라이닝의 재질 불량
4) 클러치 스프링의 장력이 클 때
5) 링키지의 불량
6) 플라이 휠이나 압력판의 변형

16. 클러치 다이어프램 스프링의 장점 5가지를 쓰시오.

1) 고속 회전 시 원심력에 의한 스프링의 압력 변화가 적다.
2) 회전 시 평형상태가 양호하고 압력판에 압력이 균일하게 작용한다.
3) 구조가 간단하다.
4) 클러치 면이 어느 정도 마멸되어도 압력판에 가해지는 압력의 변화가 적다.
5) 클러치 페달의 답력이 작다.

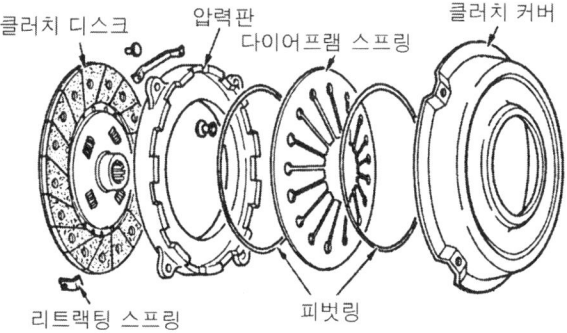

◎ 다이어프램 스프링 형식의 구조

17 유압식 클러치 조작 기구의 장점

1) 조작력이 작아도 된다.
2) 작동이 신속하다.
3) 클러치의 설치가 자유롭다.
4) 기관의 설치가 유연하다.

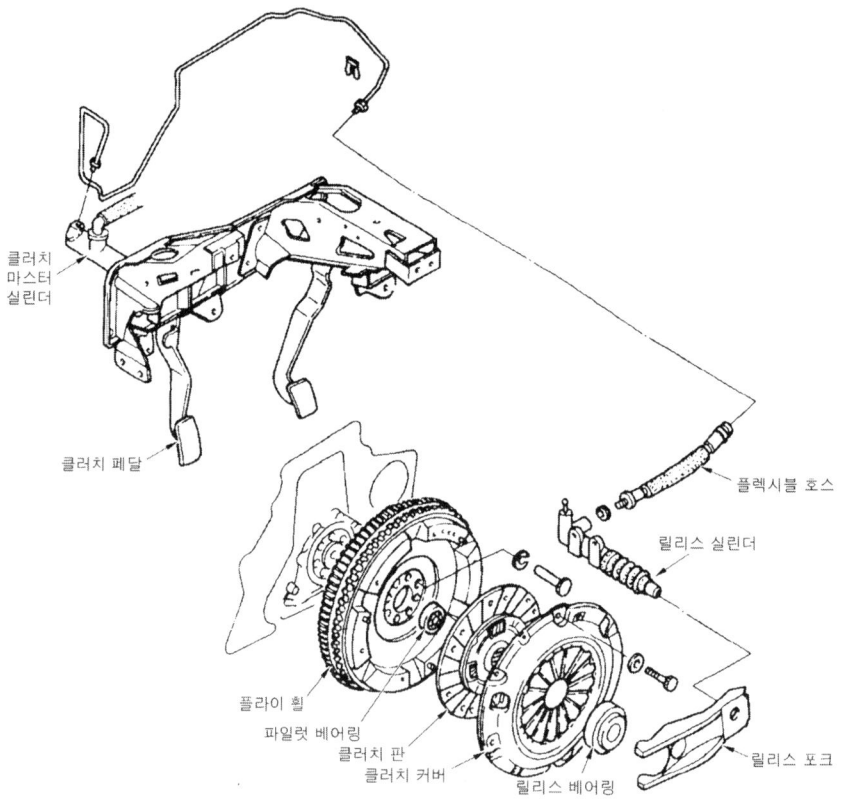

○ 유압식 클러치의 구조

18 유압식 클러치 조작 기구의 단점

1) 구조가 복잡하다.
2) 제작비가 많이 든다.
3) 오일 누출이나 공기 혼입시 작동이 불량해진다.

19 클러치 단속이 안되는 원인

>>> 1) 클러치 페달의 유격이 너무 크다.
2) 클러치 마스터 실린더 또는 릴리스(슬레이브) 실린더 불량
3) 클러치 유압 계통에 공기 혼입 또는 오일 누설
4) 릴리스 레버의 조정 불량
5) 클러치 압력 판의 변형
6) 클러치 디스크의 변형 또는 런 아웃 과대
7) 클러치 축의 휨
8) 클러치 축과 파일럿 베어링 고착
9) 클러치 디스크 허브와 클러치 축 스플라인부의 섭동 불량

20 클러치 차단 시 소음이 발생되는 원인

>>> 1) 릴리스 베어링의 마멸이나 고착
2) 파일럿 베어링의 마멸이나 파손
3) 릴리스 레버의 작동불량
4) 리트랙팅 스프링의 약할 때

21 자동변속기 차량에서 정속주행 중 신호대기를 위해 정차 시 엔진 시동이 꺼지는 현상이 발생할 경우 원인이 될 수 있는 클러치를 적으시오.

>>> 댐퍼 클러치, 토크 컨버터 내의 원웨이 클러치

22 클러치 점검 항목

>>> 1) 클러치 스프링 장력   2) 클러치 스프링 자유고
3) 클러치 스프링 직각도   4) 클러치 리벳 깊이(클러치 판 마모)
5) 클러치 판의 비틀림   6) 클러치 레버의 높이
7) 클러치 페달 유격   8) 릴리스 베어링의 손상

23 클러치 커버의 종류

>>> 1) 반 원심력형 2) 오번 형
3) 이너 레버형 4) 다이어프램형
5) 아웃 레버형

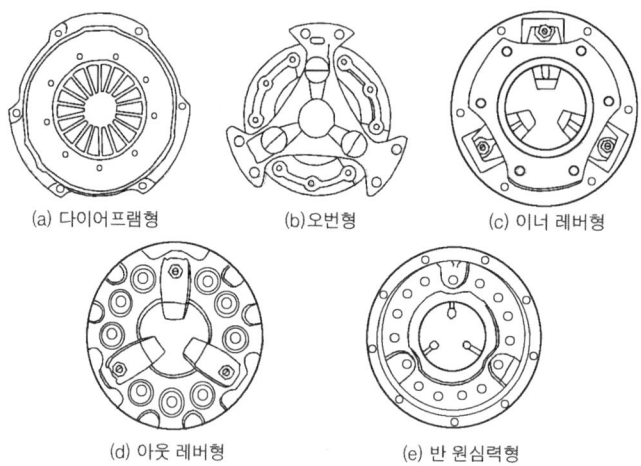

▲ 클러치 커버의 종류

24 릴리스 실린더(슬레이브 실린더, 오페라 실린더)

>>> 1) 마스터 실린더에서 공급된 유압을 기계적 운동으로 바꾸어 릴리스 베어링이 릴리스 레버를 밀어 클러치를 차단한다.
2) 유압식 클러치에 사용하는 오일은 브레이크 오일이며 세척할 때는 브레이크 오일이나 알코올을 사용하여야 한다.
3) 분해 정비시 컵, 실(Seal) 등 고무제품은 항상 교환한다.

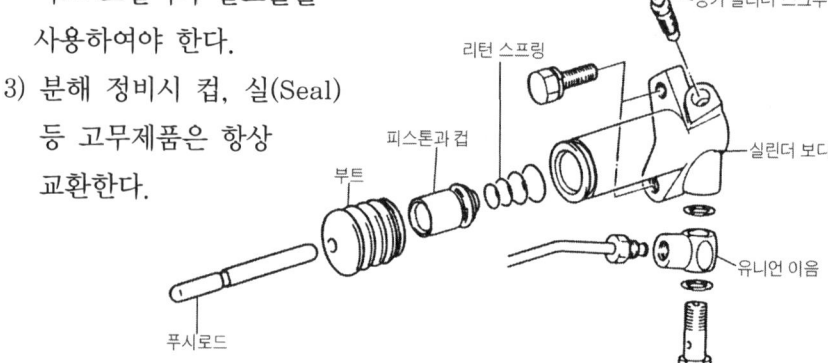

▲ 릴리스 실린더의 구조

25 클러치가 미끄러질 때 영향

>>> 1) 라이닝의 마모가 증대 된다.
2) 라이닝 타는 냄새가 난다.
3) 가속, 등판 시 기관 속도는 증가되나 자동차의 속도는 높아지지 않는다.
4) 연료 소비량이 증가 한다.
5) 클러치 페달의 자유 유격이 작아진다.

26 클러치 단절 불량으로 인한 조작이 어렵거나 소음이 발생하는 원인

>>> 1) 클러치 페달의 자유 유격이 과도함
2) 유압 계통에 오일이 누설, 공기유입 혹은 막힘
3) 클러치 디스크가 심하게 떨림
4) 릴리스 레버 불량
5) 클러치 디스크 스플라인이 심하게 마모, 부식

27 클러치 댐퍼 스프링의 파손 원인

>>> 1) 급격한 클러치의 조작으로 인한 충격에 의한 것
2) 과적재 후 내리막길에서 기관 브레이크를 사용할 때
3) 과적으로 인해 디스크에 과부하가 걸릴 때

28 클러치 판에 오일이 묻게 되는 원인

>>> 1) 크랭크 축 오일 실(Seal) 의 파손
2) 변속기 입력축의 오일 실(Seal) 파손
3) 릴리스 베어링이나 파일럿 베어링으로 부터의 오일 누출

29 댐퍼 클러치의 비 작동 범위

>>> 1) 1속 및 후진 시, 기관 브레이크 작동 시
2) 유온이 60℃ 이하일 때
3) 냉각수 온도가 50℃ 이하일 때
4) 기관 회전수 800rpm 이하일 때
5) 기관 회전수 2,000rpm 이하에서 스로틀 밸브의 열림이 클 때
6) 3단에서 2단으로 시프트 다운 시

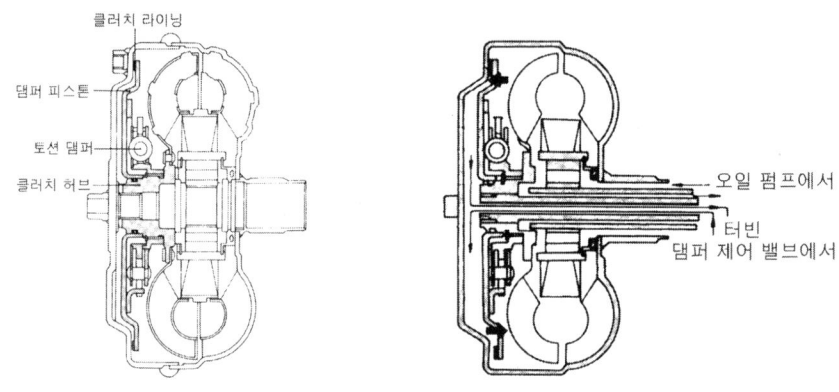

○ 댐퍼 클러치

30 클러치가 급격하게 접속되는 원인

>>> 1) 클러치 판에 오일이 부착되었을 때
2) 클러치 판의 과도한 마멸에 의해 리벳이 노출될 때
3) 클러치 판의 비틀림 스프링이 파손되었을 때

31 클러치가 미끄러지는 원인 4가지와 그 결과 3가지를 쓰시오.

>>> 1) 원인 : ① 클러치 페달 간극 조정 불량 ② 클러치 디스크 마모
③ 디스크에 오일 부착 ④ 반 클러치 사용
2) 결과 : ① 출력 및 구동력 저하 ② 클러치 디스크 마모 촉진
③ 연료소비 증가

32. 정지 상태에서 클러치 슬립 점검 방법

1) 주차 브레이크를 작동시켜 놓고 변속 레버를 중립으로 한다.
2) 앞, 뒤 바퀴에 고임목을 받친다.
3) 기관을 시동하고 워밍업 시킨 후 클러치를 밟고 1단 기어를 넣는다.
4) 브레이크 페달과 액셀러레이터 페달을 같이 밟으면서 클러치 페달을 서서히 놓는다.
5) 이때 기관이 바로 정지하면 클러치는 정상이고 늦게 정지하거나 정지하지 않으면 클러치의 슬립이 발생되고 있는 것이다.

변속기

01 변속기의 구비 조건

>>> 1) 조작하기 쉽고 신속, 정숙하게 작동될 것
2) 단계 없이 연속적인 변속이 가능할 것
3) 전달 효율이 좋을 것
4) 소형 경량이고 고장이 적으며 다루기 쉬울 것

02 동기 물림식(싱크로메시 기구) 변속기의 장점 5가지를 쓰시오.

>>> 1) 원활한 기어 물림이 가능하고 변속조작이 신속 용이하다.
2) 다른 방식보다 가속 성능을 크게 향상시킬 수 있다.
3) 변속 소음이 거의 없다.
4) 기어가 보호되어 수명이 길다.
5) 헬리컬형 기어를 사용함으로서 하중 부담 능력이 크다.

03 자동변속기 인히비트 스위치의 역할

>>> 변속 선택 레버 위치가 P나 N에서는 기관의 시동이 되고, 다른 주행 레인지(Range)에서는 시동이 되지 않게 하는 안전 스위치 기능을 한다.
① P와 N 레인지에서만 기관의 시동이 가능하도록 한다.
② R 레인지에서 후진등이 점등되게 한다.
③ 변속 단계 설정, 유지 및 해제를 제어 한다.

| 04 | **변속 기어가 잘 들어가지도 않고 빠지지도 않는 이유**

>>> 1) 클러치의 차단이 불량할 때
2) 인터록 볼의 파손
3) 변속 레버 및 시프트 레버의 작동 부위 마멸
4) 싱크로 메시 기구의 마멸이나 파손
5) 원격 변속 조작 기구의 접속부의 마모
6) 주축 베어링이나 부축 베어링의 과대 마멸

| 05 | **유성 기어 장치의 구성 부품**

>>> 1) 선 기어　　　　　 2) 링 기어
3) 캐리어　　　　　　 4) 유성 기어

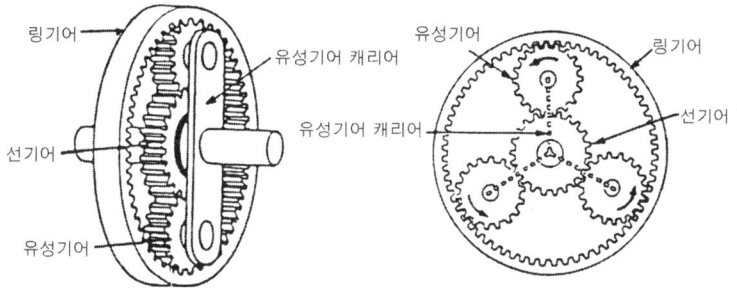

▲ 유성 기어 장치의 기본 구조

| 06 | **유성 기어의 변속상태**

>>> 1) **직결** : 선 기어, 캐리어, 링 기어 3요소 중에 2개의 요소가 일체로 되어 회전하면, 다른 한 요소도 같은 방향 같은 속도로 일체가 되어 회전한다.
2) **중립** : 선 기어, 캐리어, 링 기어의 3요소 중 어느 것도 고정되지 않은 상태로 동력 전달이 어렵다.
3) **감속** : 유성기어 캐리어를 피동으로 하면 감속 상태가 된다.
4) **증속** : 유성 캐리어를 고정하면 역전이 된다.

07 선택 기어식 변속기에서 기어가 빠지는 이유

>>> 1) 클러치 허브 및 슬리브가 마멸되었을 때
2) 록킹 볼 스프링의 장력 감소나 록킹 볼의 마멸
3) 주축이나 부축 베어링이 마멸되었을 때
4) 각 기어가 과도하게 마멸되었을 때
5) 기어 시프트 레버가 마멸되었을 때
6) 싱크로메시 기구가 마멸되었을 때

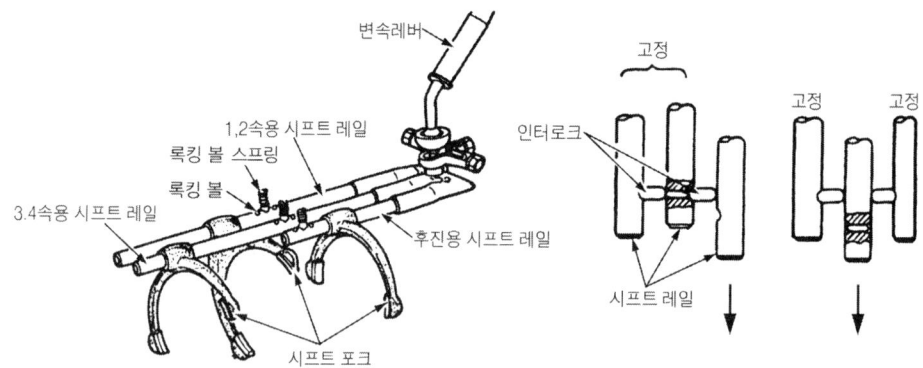

△ 록킹 볼과 인터 로크

08 유성기어 장치를 이용한 오버 드라이브 장치

>>> 1) **선 기어** : 변속기 출력축에 베어링을 사이에 두고 설치되어 보통 때에는 유성기어 캐리어와 일체로 회전하나 오버 드라이브시는 고정된다.
2) **유성기어 캐리어** : 변속기 출력축 스플라인에 끼워져 구동력을 링 기어에 전달한다.
3) **유성 피니언 기어** : 선 기어와 링 기어 사이에 설치되어 유성기어 캐리어에 의해서 공전한다.
4) **링 기어** : 안쪽에 유성기어와 맞물려 있고 뒤쪽은 추진축과 연결되어 있다.

09 수동변속기 후진 오조작 방지 기구를 무엇이라 하며, 어떤 원리로 작동되는가?

>>> 1) 명칭 : 스토퍼

2) 원리

5단용 트랜스액슬이 탑재된 자동차에서는 5단에서 중립으로 변속 시 오버 시프트(over shift)에 의해 후진 기어와 아이들 기어의 치면이 크게 손상될 우려가 있기 때문에 후진 오작동을 방지할 목적으로 컨트롤 샤프트에 **스토퍼**가 장착되어 있어 5단에서 후진으로의 변속이 되지 않도록 하고 있다.

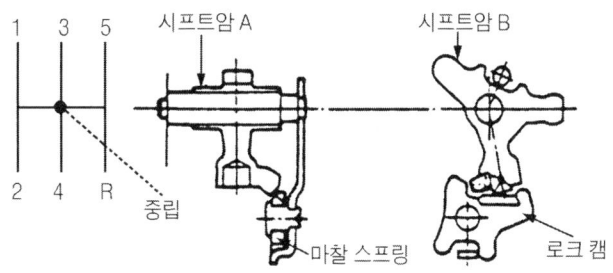

▲ 후진 오조작 방지 기구

10 싱크로메시 기구의 구성 요소

>>> 1) 싱크로나이저 링   2) 싱크로나이저 키
3) 클러치 허브   4) 클러치 기어

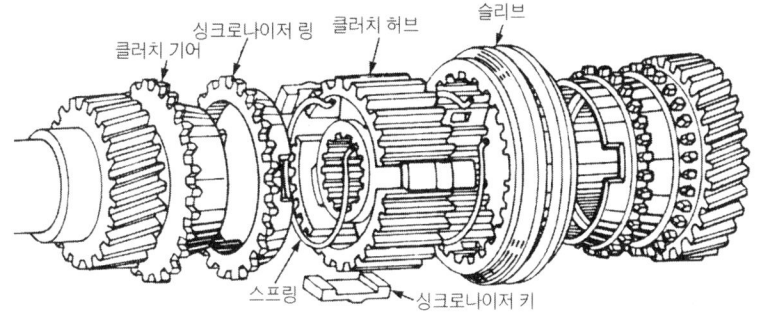

▲ 동기 물림식 변속기의 구조

11. 변속기용 컴퓨터(TCU)에 의해 제어되는 부품

1) **댐퍼 클러치 컨트롤 솔레노이드** : TCU의 제어 신호에 의해 댐퍼 클러치에 작용하는 유압을 제어한다.
2) **변속 제어 솔레노이드** : TCU가 2개의 변속제어 솔레노이드 밸브에 작용하는 라인압을 조절한다.
3) **압력 조절 솔레노이드** : TCU의 제어 신호에 의하여 작동 요소에 공급되는 유압을 조절하여 변속시 발생되는 충격을 방지한다.

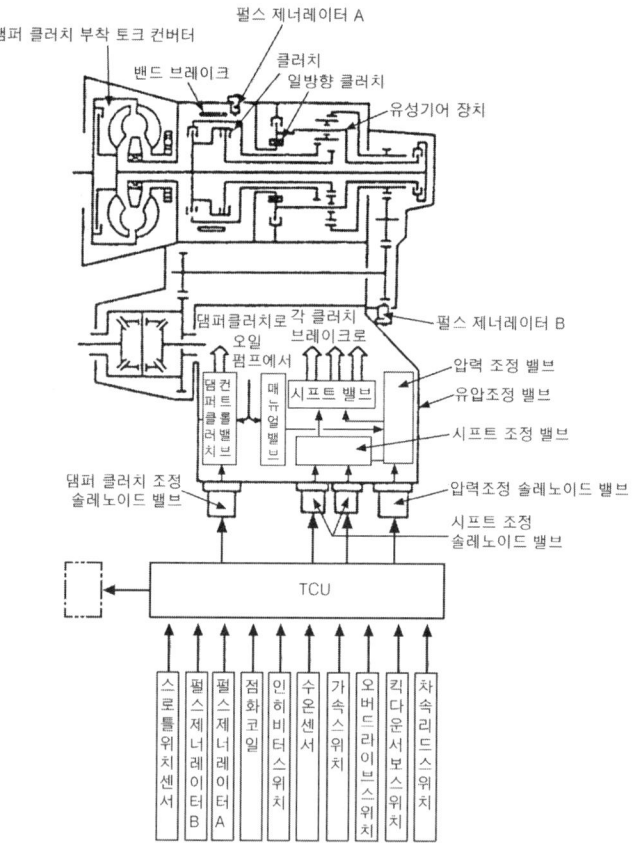

▲ 자동변속기의 전자 제어 장치 구성도

12. 자동변속기 차량에서 ECU가 TCU로 전달하는 CAN신호 5가지를 쓰시오.

>>> 1) 엔진 회전수
2) 냉각수 온도
3) 엔진 토크
4) 가속 페달 신호
5) 오토 크루즈 컨트롤 작동 신호

13. 자동변속기 고장 시 주행가능한 상태로 보정해 주는 기능 이름

>>> 페일세이프(Limp Home Mode, 림프 홈 모드)

14. 오토 크루즈 컨트롤 시스템(Auto Cruise Control System) 구성품

>>> 1) **ECU** : 정속 주행에 필요한 신호를 받아 액추에이터를 제어하는 부품으로 세트 제어, 가속 제어, 코스트 제어, 해제 기능을 한다.
2) **액추에이터** : ECU의 제어 신호에 따라 유성기어 장치를 동작시킨다.
3) **차속 센서** : 변속기 출력축의 회전속도를 감지하여 펄스 신호로 변환한 후에 ECU에 차속 정보를 준다.
4) **해제 스위치** : 정속 주행하던 고정 속도의 해제 신호를 ECU에 준다.

15. 고속으로 기어 변속 시 소음이 발생되는 원인

>>> 1) 클러치 디스크 런 아웃의 과대
2) 클러치 유압 계통의 오일 누출시
3) 클러치 페달의 유격이 클 때
4) 싱크로나이저의 고장

16. 동기 물림 방식 변속기의 구성요소 중 하나로 주축기어의 원뿔부분에 끼워져 있으며, 기어를 변속할 때 시프트 포크가 클러치 슬리브를 미끄럼 운동시키면 원뿔 부분과 접촉하여 클러치 작용을 한다. 이 부품의 명칭은?

>>> 싱크로나이저 링

17. 수동 변속기 소음의 원인

>>> 1) 변속기 오일의 부족
2) 변속 기어의 마모
3) 주축 스플라인의 마모
4) 주축, 부축 지지 베어링의 마모

18. 3단 변속 시 기어소음이 발생하고 기어 체결이 불량할 때 고장원인

>>> 1) 3단 싱크로나이저 링과 기어 콘의 접촉이 불량하거나 마모됨
2) 싱크로나이저 스프링이 약화됨

19. 자동변속기 유압제어 장치

>>> 1) **오일 펌프** : 기관이 작동 중에 유압을 발생시켜 토크 컨버터와 유압제어 기구에 유압을 공급한다.
2) **거버너 밸브** : 자동변속기 출력축에 설치되어 차속에 따라 라인 압력을 거버너 압력으로 변환시키는 밸브이다.
3) **밸브 보디** : 압력 제어밸브, 방향 전환밸브, 유량 제어밸브가 설치되어 오일의 흐름 방향 변환, 유량 조정 압력 조정 등을 하는 역할

20 매뉴얼 밸브

>>> 운전석에 있는 선택 레버에 의하여 P. R. N. D. 2. L 등의 각 레인지로 유로를 전환시키는 역할을 하는 수동 조작 밸브

21 다운 시프트 밸브

>>> 자동차 속도와 흡기 다기관의 부하 정도에 따라 유성기어 장치의 클러치나 브레이크 밴드 등에 라인 압력을 유도하여 변속이 이루어지도록 한다.

22 자동변속기 오일 점검 방법

>>> 1) 차량을 평지에 주차시킨다.
2) 선택 레버를 P레인지에 위치시키고 주차 브레이크를 작동시킨 후 기관 시동을 건다.
3) 오일이 정상온도에 이를 때까지 공회전 시킨다.
4) 선택 레버를 P - R - N - D - 2 - L의 순서와 역순(逆順)으로 움직여 클러치나 서보 등에 오일을 채운 후 N이나 P레인지 위치에 놓는다.
5) 오일 레벨 게이지를 빼내 깨끗이 닦는다.
6) 오일 레벨 게이지를 삽입 후 다시 빼낸 후 오일량이 COLD와 HOT 사이에 있으면 정상이다.

23 미션오일 부족 시 변속기 내부에서 발생하는 현상 4가지를 쓰시오.

>>> 1) 충격 완화 작용을 못해주므로 변속 충격
2) 클러치 디스크 슬립에 의한 발열
3) 클러치 디스크, 피스톤, 밸브 등 각부 마모
4) 출력 부족

24 자동변속기에서 킥 다운의 의미와 킥 다운 스위치의 역할

>>> 1) 킥 다운 : 자동변속기 차량이나 오버 드라이브 장착 차량에서 가속 페달을 전 스로틀 부근까지 급격히 밟았을 때 기어를 한 단계 내리는 현상을 말한다.
2) 킥 다운 스위치의 역할 : 킥 다운을 위하여 강제로 감속시키는 스위치며 가속 페달 뒷부분에 부착되어 있어 가속 페달을 완전히 밟으면 스위치는 ON으로 되어 킥 다운이 된다.

25 업 시프트

>>> 자동변속기 차량에서 주행 중에 주행속도가 **증가**(增加)됨에 따라 기어가 한 단계 **상승**(上昇)되는 현상

26 다운 시프트

>>> 자동변속기 차량에서 주행 중 주행속도가 **감속**(減速)됨에 따라 기어가 한 단계 **하강**(下降)되는 현상

27 스톨 테스트

>>> 자동변속기 차량에서 선택 레버를 D레인지 또는 R레인지에서 스로틀 밸브를 완전히 개방시켰을 때 기관의 최대 회전속도를 측정하여 토크 컨버터, 오버 러닝 클러치의 작동과 클러치나 브레이크 등의 성능을 점검하는 것

28 자동변속기 오일량이 부족할 때 나타나는 현상

>>> 1) 회로에 기포(氣泡)가 발생
2) 다판 클러치가 슬립을 발생
3) 브레이크 밴드가 슬립을 발생
4) 유체 클러치(토크 컨버터)의 작용이 불량

29. 자동변속기 제어부품과 센서

>>> 1) 인히비터 스위치 : 선택 레버 위치 검출
2) 유온 센서 : 자동변속기 오일 온도 검출
3) 가속 스위치 : 액셀러레이터 ON, OFF 검출
4) 오버 드라이브 스위치 : 오버 드라이브 선택 검출
5) 킥 다운 서보 스위치 : 킥 다운 피스톤 위치 검출
6) 차속 센서 : 자동차 속도(速度) 검출
7) 수온 센서 : 냉각수 온도(溫度) 검출

30. 자동변속기 오일의 색에 의한 점검 방법

>>> 1) 엷은 황색 : 정상
2) 우유색 : 냉각수 혼입
3) 검정색 : 오일이 열화(슬러지) 또는 디스크의 마모
4) 금속 분말의 혼입 : 변속기 내부의 마멸

31. 자동변속기 TCU에 주는 기본 정보

>>> 1) 스로틀 위치 센서 : 스로틀 밸브의 열림량을 검출하여 변속시기, 댐퍼 클러치 작동 영역 등을 제어
2) 인히비터 스위치 : P와 N레인지에서만 기관 시동이 되도록 하기 위하여 선택 레버의 위치를 검출 한다.
3) 유온 센서 : 자동변속기 내의 오일 온도를 검출하여 댐퍼 클러치 비작동 영역 검출 및 변속시 유압 제어를 한다.
4) 차속 센서 : 자동차 주행속도를 검출하기 위하여 스피드 미터 드라이브 기어의 회전수를 검출 한다.

32 다음 보기의 ( ) 안에 알맞은 용어를 쓰시오.

자동변속기 유온 센서는 자동변속기 내부의 오일온도를 검출하여 변속을 제어하거나 초기 유압설정 제어, (①)제어, (②)제어, (③)제어 등 각종 제어에 활용한다.

≫ ① 댐퍼 클러치 ② 고온 방지 ③ 극저온 모드

33 오버 드라이브(Over Drive) 장치

≫ 평탄한 도로를 주행할 때 기관의 여유 출력을 이용하여 추진축의 회전속도를 기관의 회전속도보다 **빠르게** 하여 연료의 절감 및 기관의 운전을 정숙하도록 하게 한 장치이다.

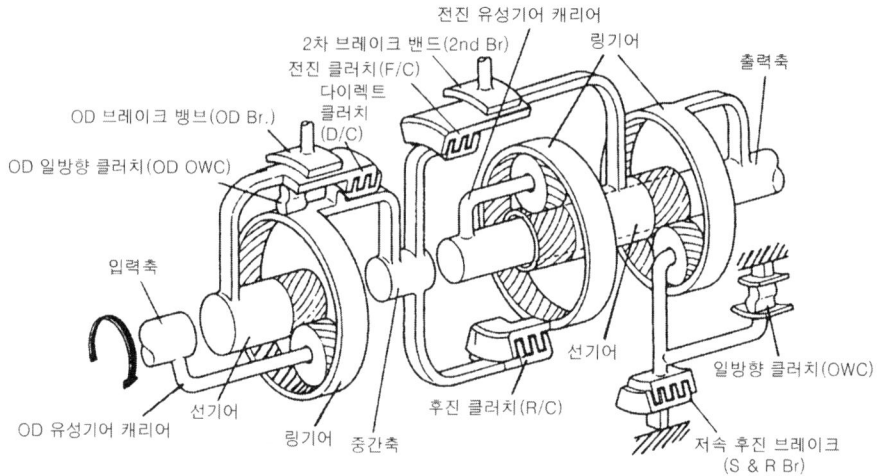

● 자동변속기 제어 요소

34 오버 드라이브(Over Drive)의 장점

≫ 1) 기관의 수명 연장   2) 연료의 절감
3) 차량 주행 속도 증대   4) 기관의 운전 정숙
5) 타이어의 마멸 감소

35 변속기의 필요성

>>> 1) 기관을 무부하 상태로 할 수 있다.
2) 회전력을 증대시킬 수 있다.
3) 장비를 후진시킬 수 있다.

36 자동변속기 오일의 구비조건

>>> 1) 적절한 마찰 계수가 있을 것
2) 기포 발생이 적을 것
3) 저온 유동성이 우수할 것
4) 점도 지수가 높을 것
5) 노폐물 발생이 적을 것
6) 실(Seal) 재에 악 영향이 없을 것

37 스톨시험 전 안전 조치사항

>>> 1) 주차 브레이크를 확실히 작동
2) 앞/뒤 바퀴 고임목 설치
3) 엔진을 충분히 워밍업 하여 ATF 온도를 60~80℃ 정도로 유지한다.
4) 점검 전 냉각수, 엔진 오일, 자동변속기 오일량을 확인하고 부족 시 보충
5) 차량이 갑자기 움직일 수 있으므로 차량 앞, 뒤에는 사람이 서지 않도록 한다.

38 자동변속기에서 라인 압력을 높였을 때 나타나는 현상

>>> 변속 레버를 D, 2, L 또는 R 위치에서 업 시프트시 변속 쇼크가 발생되거나 변속점이 높아진다.

39 자동변속기에서 라인 압력이 너무 낮을 때 나타나는 현상

▶▶▶ D 레인지나, R 레인지에서 스톨 포인트가 높아져 클러치에 슬립이 발생하며 업 시프트가 불량하거나 지연되며 킥 다운시 쇼크가 발생된다.

40 자동변속기 스톨 시험 방법

▶▶▶ 1) 방법
 ① 앞, 뒤 바퀴 앞뒤에 고임목을 받친다.
 ② 주차 브레이크를 완전히 당긴다.
 ③ 타코미터를 설치한다.
 ④ 브레이크 페달을 밟는다.
 ⑤ 기관을 시동한다.(기관 냉각수의 온도와 자동변속기 오일의 온도가 정상 온도가 될 때까지 기관을 워밍업 시킨다.)
 ⑥ D 레인지에 변속 레버를 위치시킨다.
 ⑦ 액셀러레이터 페달을 완전히 밟았을 때 기관의 최대 rpm을 읽는다.(5초 이상 액셀러레이터 페달을 밟지 않는다.)
 ⑧ R레인지에 위치하고 위와 같은 방법으로 측정한다.
 ⑨ 규정값과 비교하여 이상 여부를 판정한다.

2) 판 정
 ① D 레인지에서 스톨 회전수가 규정 이상시 – 리어 클러치 또는 유성기어 Assy의 원웨이 클러치에서 슬립 발생
 ② R 레인지에서 스톨 회전수가 규정 이상시 – 프런트 클러치 또는 리버스 브레이크에서 슬립 발생
 ③ D 레인지와 R 레인지에서 스톨 회전수가 동일하며 높을 경우 – 라인압력이 낮다.
 ④ D 레인지와 R 레인지에서 스톨 회전수 동일하며 낮은 경우 –기관의 실화나 점화 시기 불량 등으로 기관출력 저하

42. 자동변속기의 압력점검 요소 6가지를 적으시오.

1) DCCSV(Damper Clutch Control Solenoid Valve) : 댐퍼 클러치 작동제어
2) PCSV(Pressure Control Solenoid161 Valve) : 변속시 오일 압력 제어
3) LRBSV(Low & Revers Brake Solenoid Valve) : 1속 및 후진시 제어
4) UDSV(Under Drive Solenoid Valve) : 1 ~ 3속 변속 제어
5) 2ND BSV(Second Brake Solenoid Valve) : 2,4속 퀵다운 제어
6) ODSV(Over Drive Solenoid Valve) : 오버 드라이브(3속 이상) 제어

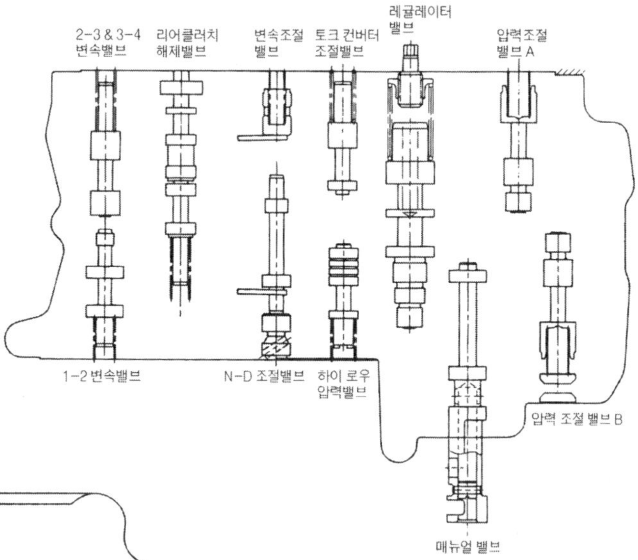

◎ 위 밸브 보디의 구조

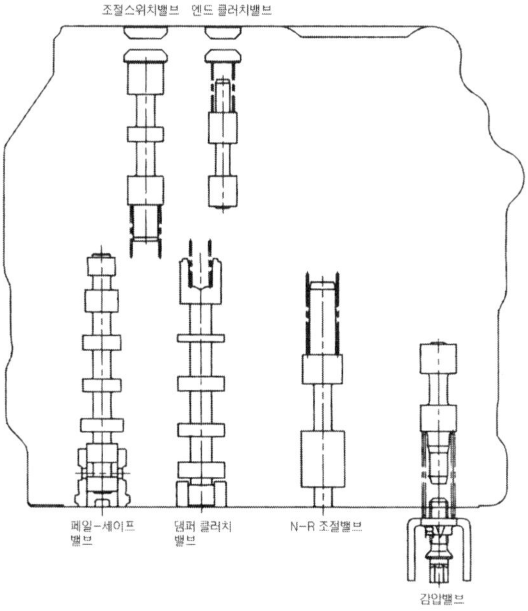

◎ 아래 밸브 보디의 구조

41 엔진오일 압력스위치는 기관이 시동을 멈추면 (   )되고 시동을 걸면 (   )된다.

▶▶▶ 엔진오일 압력스위치는 기관이 시동을 멈추면 (**점등**)되고 시동을 걸면 (**소등**)된다.

43 자동변속기 유압이 전체적으로 낮은 원인 4가지를 쓰시오.

▶▶▶ 1) 오일 필터 막힘
2) 레귤레이터 밸브 고착
3) 오일 실 불량
4) 오일 기어 펌프 불량

44 스톨시험에서 엔진 회전수가 규정값 보다 높을 때 점검해야 하는 부품

▶▶▶ 1) 원웨이 클러치
2) 프런트 클러치
3) 로 & 리버스 브레이크

45 자동변속기에서 3단 Hold가 되는 경우를 기록하시오.

▶▶▶ 1) 매뉴얼 링키지의 조정 불량
2) 프런트 클러치 리테이너의 내부 마모 또는 클러치 작동 불량
3) 오일의 양이 너무 적거나 오일 점도가 너무 낮을 때
4) 라인 압력이 너무 낮을 때
5) 밸브 바디의 작동 불량
6) 리어 클러치 또는 피스톤의 작동 불량
7) 킥 다운 밴드 또는 피스톤의 작동 불량
8) 엔드 클러치 또는 피스톤의 작동 불량
9) 펄스 제너레이터 커넥터 A, B가 바뀌었을 때

46 자동변속기 성능을 시험하기 전 점검 사항

>>> 1) 오일(Oil)양을 점검한다.
2) TPS 출력을 점검한다.(케이블식 킥다운 장치인 경우 스로틀 케이블을 점검한다.)
3) 킥다운 케이블을 점검한다.
4) 기관의 공회전 속도를 점검한다.

47 자동변속기 1차 스로틀 압력은 흡입 진공도에 따라 어떻게 변화하는가?

>>> 흡입 진공도가 증가하면 반대로 감소한다.

48 자동변속기 프라이밍 밸브(Priming Valve)의 역할

>>> R 레인지로 주행한 다음, D 레인지로 주행할 때 오일 펌프의 유로에 있는 공기를 신속하게 배출하여 오일의 흡입을 용이하게 하고 주행 초기의 변속 점이 불안정하게 되는 것을 방지해 준다.

49 자동변속기의 장점

>>> 1) 주행 중 기어 변속이 필요 없어서 운전자의 부담이 경감된다.
2) 승차감이 좋다.
3) 유체의 댐퍼 역할로 차량의 수명이 연장된다.
4) 클러치 마모 및 소음이 적다.
5) 기관 스톨 현상이 발생되지 않기 때문에 안전 운전이 된다.
6) 운전이 미숙해도 시동이 꺼지지 않는다.

50　자동변속기의 단점

>>> 1) 가격이 비싸다.
2) 중량이 무겁다.
3) 연료 소비가 많다.
4) 정비가 어렵고 수리비가 많이 든다.
5) 밀어서 기관의 시동이 안된다.

51　자동변속기에서 록업이 작동 되지 않는 이유

>>> 1) 1속 및 후진 시
2) 기관 회전속도가 800rpm 이하 시
3) 기관 회전 속도가 낮고 스로틀 밸브의 열림이 클 때
4) 3단에서 2단으로 기어가 바뀔 때
5) 냉각수의 온도가 50℃ 이하일 때

드라이브 라인 및 타이어

01 뒤차축이나 트랜스액슬에서 직진 주행시나 선회 시 소음이 발생되는 원인

1) 차동 기어 케이스 내 베어링의 심한 마멸
2) 구동 피니언과 링 기어의 백래시 과다
3) 링 기어의 런아웃 과다
4) 기어의 접촉 불량
5) 오일의 부족이나 오일이 열화 되었을 때
6) 구동 피니언 기어의 프리로드 과대 또는 과소

02 추진축이 떨리는 이유

1) 추진축의 휨
2) 추진축이 찌그러져 축의 밸런스가 맞지 않을 때
3) 요크 설치 방향이 맞지 않을 때
4) 저널 베어링의 마모나 소손시
5) 플랜지와 연결 볼트가 이완되었을 때
6) 추진축 중간 베어링의 마멸이 심할 때

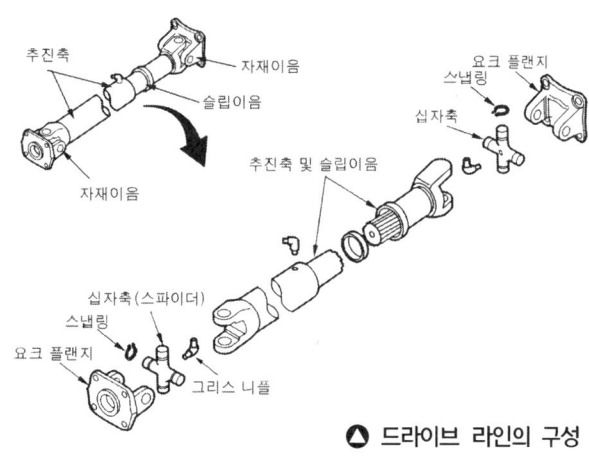

△ 드라이브 라인의 구성

03 자재 이음의 종류

1) 볼 앤드 트러니언 자재 이음
2) 십자축 자재 이음
3) 플렉시블 자재 이음
4) 등속(CV)자재 이음(벤딕스 와이스형, 트랙터형, 제파형, 파르빌레형)

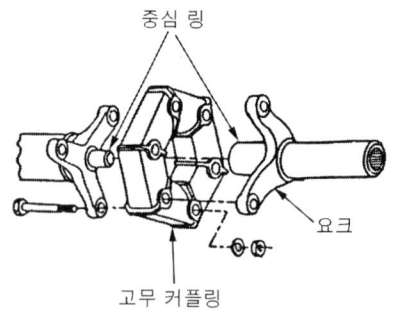

▲ 플렉시블 이음

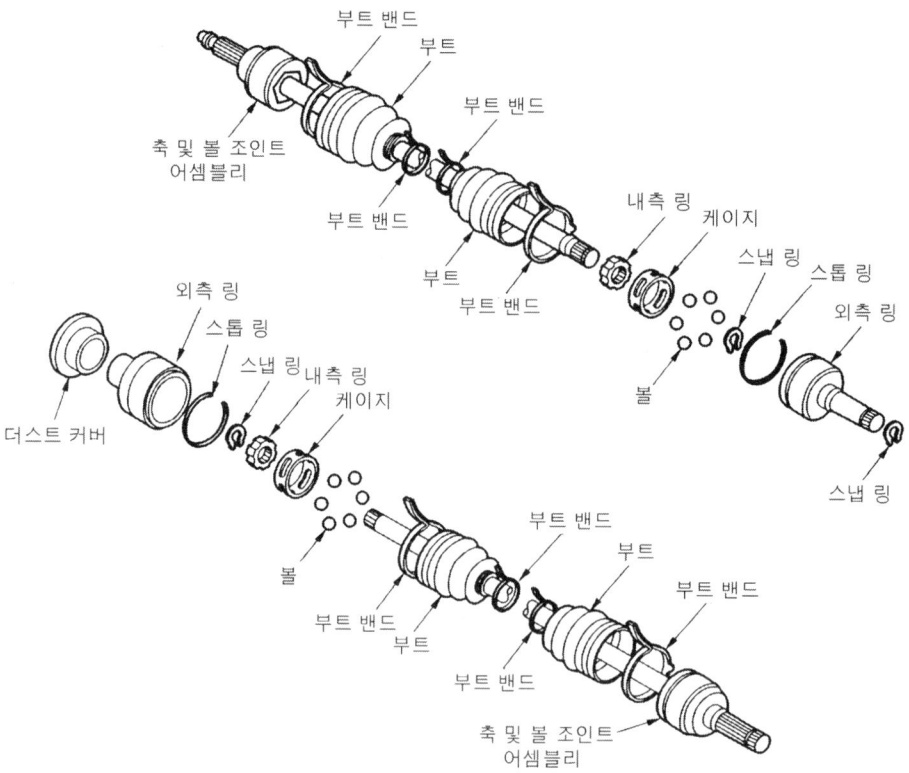

▲ 등속 자재 이음의 구조

04 일체식구동 후차축 형식은 차축 베어링 설치방식에 따라 분류할 수 있다. 그 종류 3가지를 쓰시오.

>>> 1) 전부동식
2) 반부동식
3) 3/4부동식

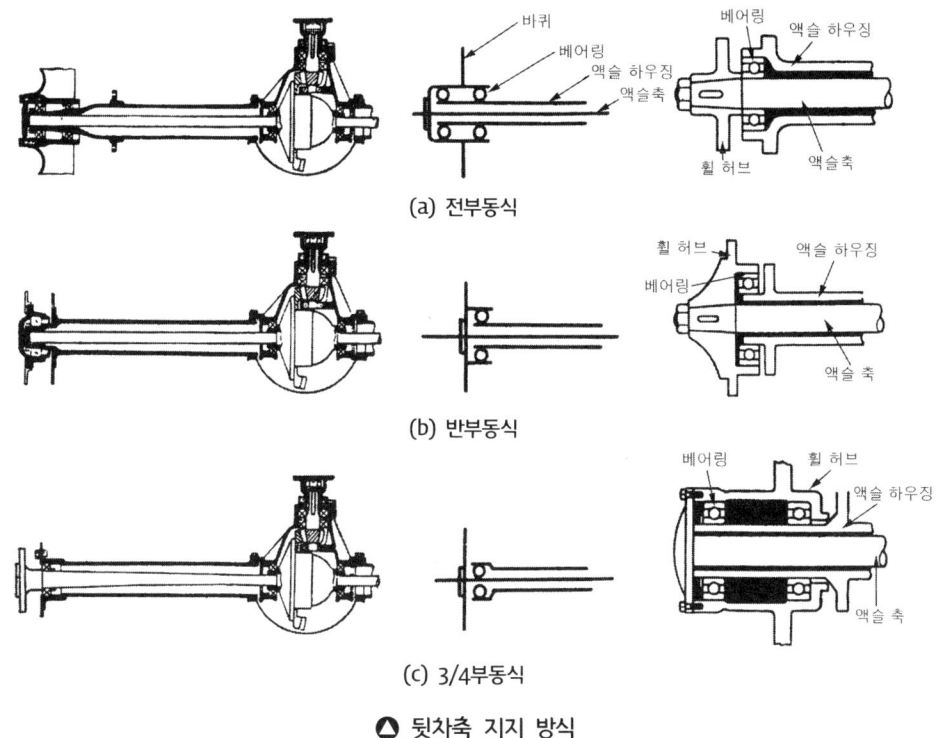

▲ 뒷차축 지지 방식

05 차체의 진동

>>> 1) **로드 스웨이** : 자동차가 고속으로 주행할 때 앞바퀴의 진동으로 차체의 앞부분이 상하 또는 좌우로 제어할 수 없을 정도로 흔들리는 현상
2) **트램핑** : 타이어의 정적(靜的) 불평형으로 인한 상하 진동
3) **시미** : 타이어의 동적(動的) 불평형으로 좌우로 떨리는 진동
4) **완더** : 차량이 출발할 때 한쪽 방향으로 쏠렸다가 다음 순간 반대쪽 방향으로 쏠리는 진동

06 뒤차축 구동 방식

1) **호치키스 구동 방식** : 판스프링을 사용하는 현가장치에서 바퀴의 구동력이 판스프링을 통하여 차체에 전달되는 형식이며, 리어 엔드 토크는 판스프링이 흡수
2) **토크 튜브 구동 방식** : 코일 스프링을 사용하는 현가장치에서 바퀴의 구동력은 토크 튜브를 통하여 차체에 전달되며, 추진축이 밖에서 보이지 않는 형태로 리어엔드 토크는 토크 튜브가 흡수한다.
3) **레디어스 암 구동 방식** : 코일 스프링을 사용하는 현가장치에서 바퀴의 구동력은 레디어스 암을 통하여 차체에 전달되며 리어 엔드 토크는 레디어스 암이 흡수한다.

07 정속 주행 장치(Auto Cruise Control)

운전자가 현재 주행하고 있는 속도로 계속 주행하고 싶을 때 스위치를 조작하여 세팅하면 가속 페달을 밟지 않고서도 자동적으로 세팅된 속도를 유지하며 정속주행을 할 수 있는 장치를 말한다. 클러치 페달을 밟거나 브레이크 페달 또는 가속 페달을 밟으면 기능은 해제된다.

08 정속 주행장치(Auto Cruise Control)의 장점

1) 장시간 고속 주행시 운전자의 피로가 격감된다.
2) 연료비가 절감된다.
3) 승차감이 양호하고 쾌적한 운행을 할 수 있다.

09 주행시 노면으로부터 발생한 충격에 의해 차체가 진동하는 원인

1) 현가장치 스프링이 약할 때
2) 판스프링의 섀클 부분이 마모 또는 절손 되었을 때
3) 쇽업소버가 불량할 때

10. 등속 자재이음 (Constant Velocity Joint)

>>> 드라이브 각도가 크게 변화되어도 동력 전달효율이 높고 구동축과 피동축 사이에 회전속도의 변동이 없다. 따라서 동력 전달이 균등히 행하여지므로 앞 구동식의 구동 액슬과 뒷 구동식의 현가장치가 독립 현가식인 구동 액슬축과 같이 큰 각도로 동력을 전달하는 구동축으로 사용된다. 30°이상의 각도에서도 동력 전달이 가능하다. 구조가 복잡한 것이 단점이다.

11. 후차축 케이스에서의 오일 누출 원인

>>> 1) 오일량이 과대할 때
2) 오일 실(Seal)이 파손 되었을 때
3) 허브 베어링이 마멸 되었을 때
4) 체결, 조립 나사가 풀렸을 때

12. 구동 피니언 기어와 링 기어 접촉 상태 수정 방법

>>> 1) 플랭크 접촉 : 구동 피니언을 밖으로 링 기어를 안쪽으로
2) 힐 접촉 : 구동 피니언을 안쪽으로 링 기어를 밖으로
3) 토 접촉 : 구동 피니언을 밖으로 링 기어를 안쪽으로
4) 페이스 접촉 : 구동 피니언을 안쪽으로 링 기어를 밖으로

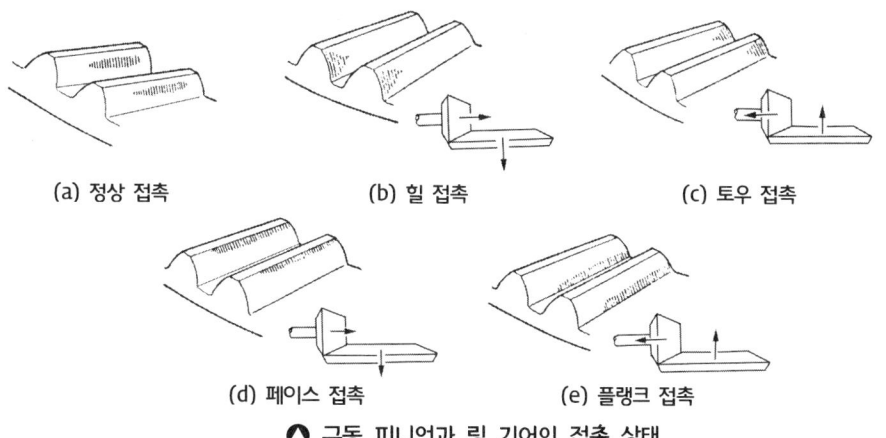

(a) 정상 접촉   (b) 힐 접촉   (c) 토우 접촉
(d) 페이스 접촉   (e) 플랭크 접촉

◎ 구동 피니언과 링 기어의 접촉 상태

13 추진축의 유니버설 조인트와 슬립 조인트의 기능

>>> 1) **유니버설 조인트** : 동력 전달시 추진축의 각도 변화에 대응한다.
(12 ~ 18°)
2) **슬립 조인트** : 동력 전달시 추진축의 길이 방향 변화에 대응한다.
(0 ~ 30mm)

14 타이어에 열이 발생하는 원인

>>> 1) 차량의 주행 속도
2) 차량의 하중
3) 타이어 공기압

15 타이어에 편 마모가 발생되는 원인

>>> 1) 앞바퀴 정렬의 불량
2) 타이어 공기압의 부적당
3) 쇽업소버의 기능 불량
4) 현가 스프링의 피로나 절손

16 주행 중 타이어 휠의 평형이 불량할 때 발생되는 현상

>>> 1) **정적 불균형** : 트램핑
2) **동적 불균형** : 고속 시미
3) **공기압 불균형** : 스탠딩 웨이브, 하이드로 플래닝

17 직진으로만 주행한 타이어 트레드가 가운데만 마모된 원인 2가지

>>> 1) 타이어 공기압이 과도하다.
2) 쇽업소버가 불량하다.

18. 타이어 기본 구조에 해당하는 부분 선택

[보기] 트레드, 숄더, 튜브, 리브, 카커스, 브레이커, 레이디얼, 림, 비드

>>> ① 트레드, ② 카커스, ③ 브레이커, ④ 비드

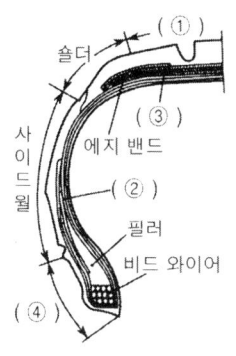
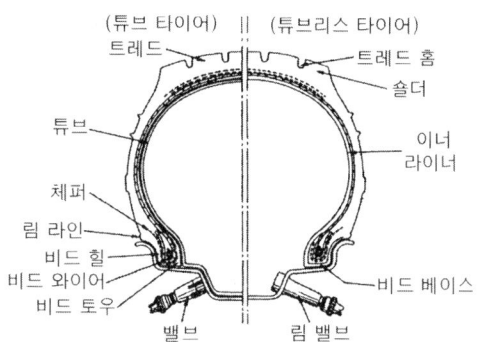

▲ 타이어 구조

19. 레이디얼 타이어의 특징

>>> 1) 타이어 접지 면적이 크다. 2) 하중에 대한 저항력이 크다.
3) 선회시 안정성이 있다.   4) 로드 홀딩이 향상된다.
5) 스탠딩 웨이브 현상이 적다. 6) 충격을 잘 흡수하지 못한다.
7) 승차감이 좋지 않다.   8) 수명이 길다.
9) 연료 소비율이 감소된다.
10) 고속 주행시 안전성이 우수하다.

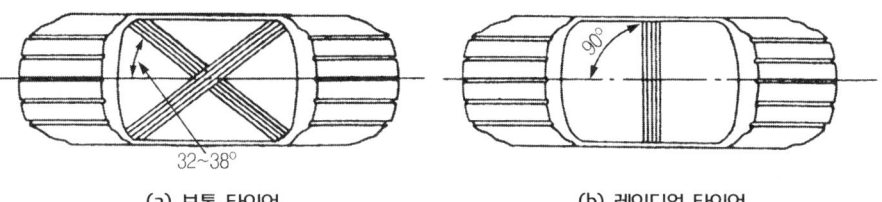

(a) 보통 타이어   (b) 레이디얼 타이어

▲ 코드의 차이

20 튜브리스 타이어의 장점

▶▶▶ 1) 펑크 수리가 쉽다.
2) 고속 주행 시 발열이 적다.
3) 펑크가 나도 공기가 잘 새지 않는다.
4) 튜브가 없어 가볍다.

21 바퀴의 밸런스가 불량할 때 차체에 미치는 영향

▶▶▶ 1) 저속 시 핸들의 시미현상
2) 차체의 진동
3) 트램핑 현상 발생
4) 핸들의 진동

22 휠 밸런스 테스터기 취급 시 주의 사항 5가지를 적으시오.

▶▶▶ 1) 휠 밸런스 테스터기의 고정 여부 확인
2) 휠의 정확한 제원 입력 확인
3) 회전 시 강제로 정지시키지 않는다.
4) 안전 커버를 꼭 닫는다.
5) 휠을 테스터기에 확실히 고정한다.

23 하이드로 플래닝을 예방하기 위한 대책을 타이어 트레드 패턴 면에서 3가지를 설명하시오.

▶▶▶ 1) 리브 패턴의 타이어를 사용한다.
2) 트레드를 카프[Calf(V형)]로 가공한 타이어를 사용한다.
3) 트레드 마멸이 적은 타이어를 사용한다.

24. 하이드로 플래닝(Hydro Planing) 현상과 그 방지책

1) 현상

물이 괴어 있는 도로를 고속(90km/h 이상) 주행하는 경우 타이어의 트레드가 노면의 물을 밀어 내지 못하여 타이어는 노면위의 물의 얇은 막 위에서 떠 있게 된다. 이와 같이 되면 타이어는 물위를 미끄러지고 있는 것이 되므로 타이어의 점착력이 상실된다. 이와 같은 현상을 **수막 현상**이라고도 한다.

2) 방지 대책

① 트레드 마모가 적은 타이어를 사용한다.
② 타이어 공기압을 높인다.
③ 속도를 감속한다.
④ 배수 효과가 좋은 타이어를 사용한다.
⑤ 트레드 패턴을 카프(Calf)형으로 세이빙(Shaving) 가공한 것을 사용한다.
⑥ 리브 패턴의 타이어를 사용한다.

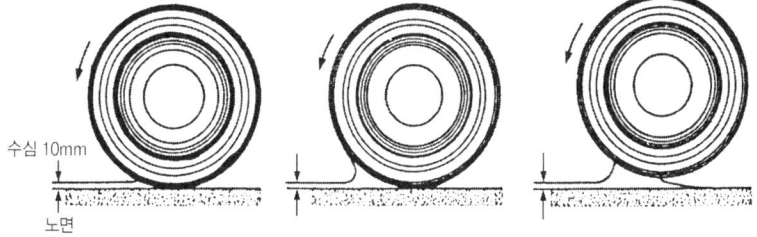

△ 하이드로 플래닝 진행 과정

25. 스탠딩 웨이브(Standing Wave) 현상

고속 주행시 타이어의 트레드가 받는 원심력과 타이어 내부의 공기압에 의하여 타이어에 주름 파형이 생기고 이 파형이 원주방향으로 전달되는 현상이다.

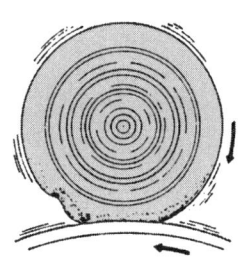

△ 스탠딩 웨이브 현상

26 스탠딩 웨이브(Standing Wave)현상 방지 대책

>>> 1) 저속 주행을 한다.
2) 타이어의 공기압을 높인다.
3) 강성이 큰 타이어를 사용한다.
4) 편평비가 낮은 타이어나 레이디얼 타이어를 사용한다.

27 타이어 호칭이 다음과 같을 때 각 항목별로 쓰시오

보기 : 235 / 60 R 16

>>> 1) 타이어 폭(mm) : 235
2) 편평비(%)   : 60%
3) 구성(R)   : 레이디얼
4) 림 직경(inch) : 16 inch

TIP
- 0413의 의미 : 13년 4주차 생산
  단면 높이 = 편평비 × 단면 폭

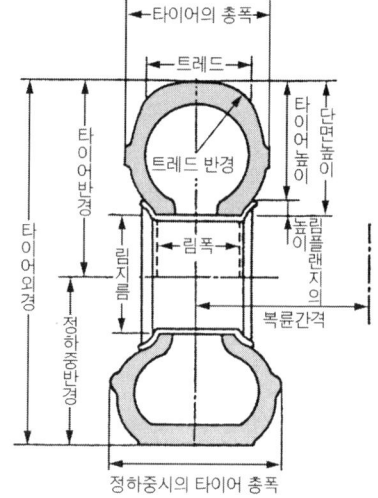

◐ 타이어 제원

28 휠(Wheel)의 평형이 불량한 원인

>>> 1) 타이어의 편 마모   2) 타이어의 수리 불량
3) 과도한 사이드슬립 현상 발생   4) 앞바퀴 정렬의 불량
5) 림의 불량   6) 타이어의 이물질 부착
7) 타이어의 변형

29 광폭 타이어의 장점

>>> 1) 회전시 안전성이 좋다.
2) 제동 성능이 좋다.
3) 승차감이 좋다.

30 일반적인 장비 타이어 취급과 선택에 있어서 주의해야 할 점

>>> 1) 공기압을 규정값으로 한다.
2) 급제동, 급출발, 급선회를 금지한다.
3) 트레드의 마모가 동일한 타이어를 사용한다.
4) 동일 회사 제품을 사용한다.
5) 림의 휨이 없어야 한다.
6) 스노타이어 사용 시 전체 바퀴를 같이 장착한다.
7) 정기적으로 규정 시기에 타이어의 위치를 교환한다.
8) 타이어의 안전한 장착을 확인한다.

31 타이어 트레드 패턴의 필요성

>>> 1) 구동력 및 선회 성능을 향상시킨다.
2) 타이어에 발생한 열을 방출한다.
3) 주행 중 타이어가 옆 방향이나 주행 방향으로 미끄러지는 것을 방지해 준다.
4) 트레드에서 발생한 손상 부분의 확대를 방지한다.

32 타이어 트레드가 한쪽면만 마모되는 주요 원인

>>> 1) 캠버의 부정확
2) 토의 부정확
3) 베어링 또는 킹핀의 유격 과대

33 스노타이어를 사용할 때 주의 사항

1) 급제동을 하지 말 것
2) 출발을 서서히 할 것
3) 경사로 주행시 서행 할 것
4) 트레드가 50% 이상 마모되면 체인을 함께 사용할 것
5) 구동륜에 작용하는 하중을 크게 할 것

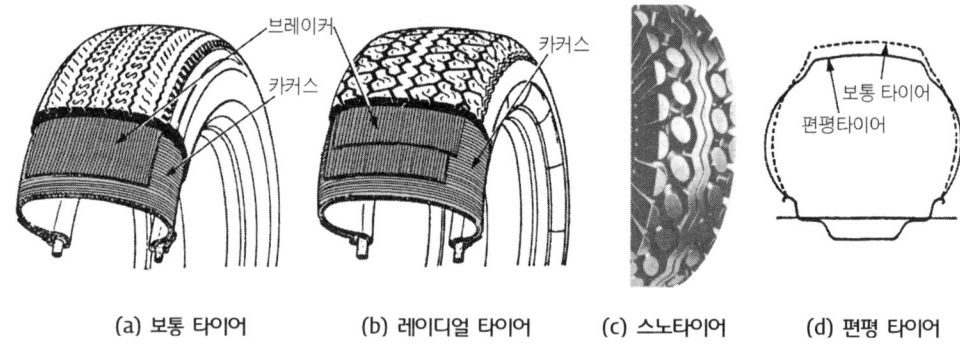

△ 형상에 따른 타이어의 분류

구동력 제어 장치

01 후륜 구동장치(FR)의 동력전달 순서에 맞게 쓰시오.

클러치 - (①) - 추진축 - 종감속기어 / (②) - 액슬축 - (③)

>>> ① 변속기 ② 차동장치 ③ 구동바퀴

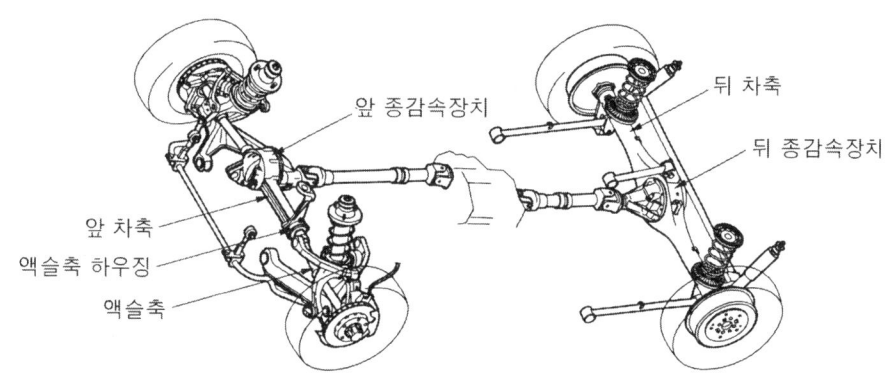

● 앞·뒤 차축 조립체의 구조(4륜 구동 방식)

02 전자제어 구동력 조절장치 TCS의 기능 2가지 쓰시오.

>>> 1) 슬립(Slip) 제어 기능
2) 트레이스(Trace) 제어 기능

03 차동제한장치 LSD의 장점 3가지

>>> 1) 마찰력이 적은 구동바퀴로의 토크 전달 제한
2) 좌우 바퀴의 과도한 회전수 차이를 제한하여 요잉 방지
3) 험로 탈출에 유리

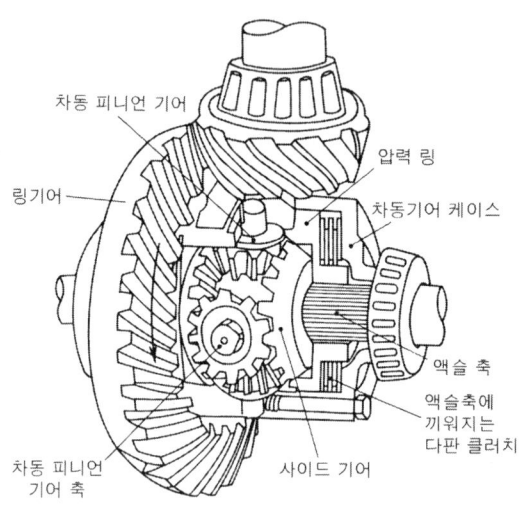

◆ 자동제한 차동장치의 구조

04 자동제한 차동기어 장치(Limited Slip Differential System)

>>> 1) 미끄러운 노면에서 출발이 용이하다.
2) 요철 노면을 주행할 때 후부 흔들림이 방지된다.
3) 가속, 커브길 선회 시 바퀴의 공전을 방지한다.
4) 타이어의 슬립을 방지하여 수명이 연장된다.
5) 급속 직진 주행에 안정성이 양호하다.
6) 한쪽 바퀴를 들고 동력을 전달해도 앞으로 진행하므로 잭으로 한쪽 바퀴를 들어 올렸어도 동력을 전달해서는 안된다.

05 종 감속 장치에 하이포이드 기어를 사용할 때의 장점

1) 추진축의 높이를 낮게 할 수 있다.
2) 거주성이 향상된다.
3) 피니언 기어를 크게 만들 수 있어 강도가 증가한다.
4) 기어의 물림량이 크기 때문에 회전이 정숙해진다.

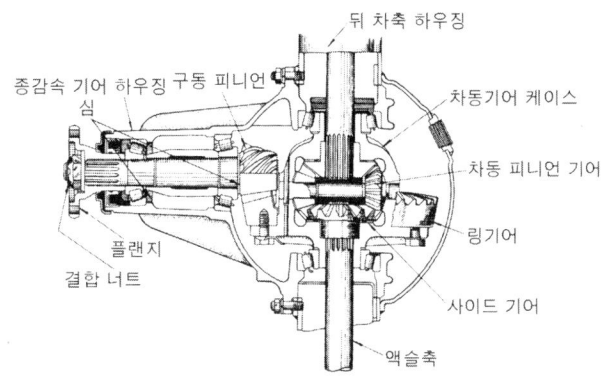

🔺 하이포이드 기어의 구조

제동 장치

01 브레이크 제동에 영향을 주는 요소

1) 차량 중량
2) 제동 속도
3) 노면 상태
4) 차량 속도

02 브레이크 작동 시 소음이 나는 원인

1) 브레이크 드럼의 마멸 또는 균열
2) 휠 베어링의 유격 과대
3) 브레이크 드럼의 편 마멸
4) 브레이크 패드나 라이닝 과대 마멸
5) 브레이크 드럼에 이물질이 들어 있을 때
6) 브레이크 라이닝의 경화
7) 디스크의 런 아웃 과대

03 제동 장치의 점검사항

1) 페달 높이, 페달 자유 간극 점검
2) 브레이크 마스터 실린더 점검
3) 브레이크 베큠 백 점검
4) 브레이크 유압 파이프 점검

04 브레이크 오일의 구비 조건

1) 화학적으로 안정될 것
2) 침전물이 생기지 않을 것
3) 적당한 점도를 가질 것
4) 점도 지수가 높을 것
5) 윤활성이 좋을 것
6) 빙점과 인화점이 높을 것
7) 베이퍼 록이 발생되지 않을 것
8) 빙점이 낮을 것
9) 금속, 고무 제품에 부식, 열화, 팽창을 일으키지 않을 것

05 브레이크 페달 행정이 큰 이유 4가지를 적으시오.

1) 브레이크 계통에 공기가 유입됨
2) 자동 간극 조정기의 작동불량
3) 브레이크 액이 누설됨
4) 푸시로드와 마스터 실린더 사이의 간극이 과대함

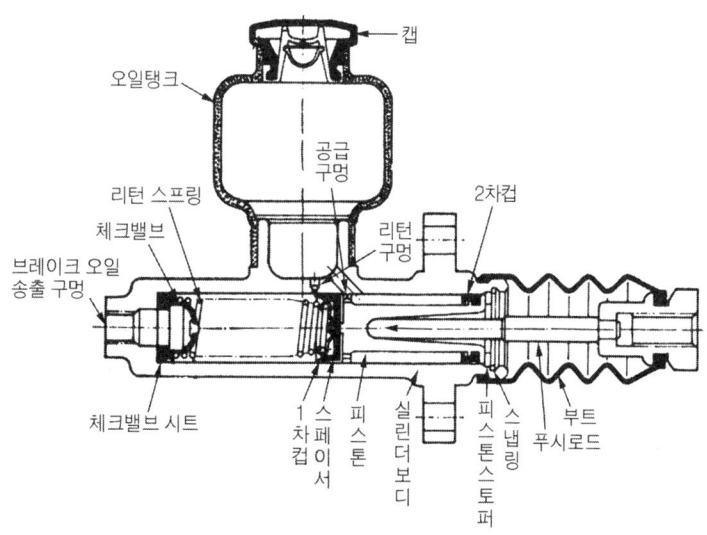

◯ 싱글 마스터 실린더의 구조

06 브레이크 페달이 낮아지는 원인

▸▸▸ 1) 브레이크 장치 회로 내에 공기가 찼을 때
2) 브레이크 라이닝과 드럼사이의 간극이 과대할 때
3) 브레이크 마스터 실린더 내의 첵 밸브가 불량할 때
4) 브레이크 마스터 실린더 내의 피스톤 컵이 심하게 마모되었거나 찢어졌을 때
5) 휠 실린더에서 오일이 누출 될 때
6) 브레이크 장치 회로에서 오일이 누출 될 때

07 제동력이 불충분한 원인

▸▸▸ 1) 브레이크 계통 내 공기 혼입
2) 브레이크 액의 부족 또는 열화
3) 브레이크 패드, 라이닝의 과대 마멸
4) 브레이크 배큠 백의 작동 불량
5) 브레이크 패드나 라이닝에 기름 부착
6) 자동 간극 조정 장치의 작동 불량
7) 브레이크 페이드 현상 발생
8) 브레이크 파이프 라인의 막힘
9) 베이퍼 록 현상 발생
10) 프로포셔닝 밸브 작동 불량

08 다음 괄호 안에 알맞게 쓰시오.

차체 제어 장치(EPS, Electronic Stability Program)는 전자제어 제동장치(ABS)와 구동력 제어장치(TCS)제어 뿐만 아니라 (①)제어와 (②)제어의 자동감속제어를 포함한 자동차 주행중의 자세를 제어한다.

▸▸▸ ① 제동력분배장치(EBD)
② 요 모멘트 제어(Yaw Moment Control)

09 유압식 브레이크 작동 시 제동력이 불충분한 이유를 쓰시오.

>>> 1) 브레이크액이 없거나 오염되었다.
2) 브레이크 계통에 공기가 유입 되었다.
3) 브레이크 부스터 작동이 불량하다.
4) 패드 혹은 라이닝의 접촉이 불량하다.
5) 패드 면에 그리스나 오일이 묻었다.
6) 자동 간극 조정기의 작동이 불량하다.
7) 패드나 라이닝이 끌려 브레이크 로터가 과열되었다.
8) 브레이크 라인이 막혔다.
9) 프로포셔닝 밸브의 작동이 불량하다.
10) 마스터 실린더 작동이 불량하다.
11) 휠 실린더가 고착되었다.

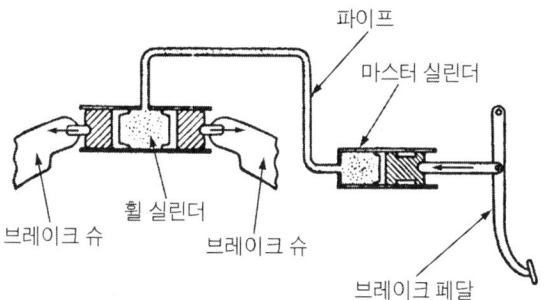

◐ 유압 브레이크 작동도

10 하이드로 백 브레이크 장치에서 페달을 밟으면 작동되는 기능

>>> 1) 진공 밸브는 닫히고 공기 밸브는 열린다.
2) 동력 피스톤 뒤쪽으로 대기압이 작용한다.
3) 동력 피스톤이 하이드로릭 실린더 방향으로 움직여 하이드로릭 피스톤을 밀어준다.
4) 하이드로릭 피스톤의 움직임에 따라 체크 밸브가 닫히며 유압이 발생되어 제동력을 배가 한다.

11 브레이크 페이드 현상 방지법

>>> 페이드(fade) 현상이란 브레이크 페달의 조작을 반복하면 드럼과 슈에 마찰열이 축적되어 제동력이 감소하는 현상이다.

1) 마찰계수 변화가 작은 라이닝을 사용한다.
2) 드럼의 방열성을 크게 할 것
3) 드럼의 열팽창이 작은 재질(材質)을 사용할 것
4) 기관 브레이크를 병용한다.

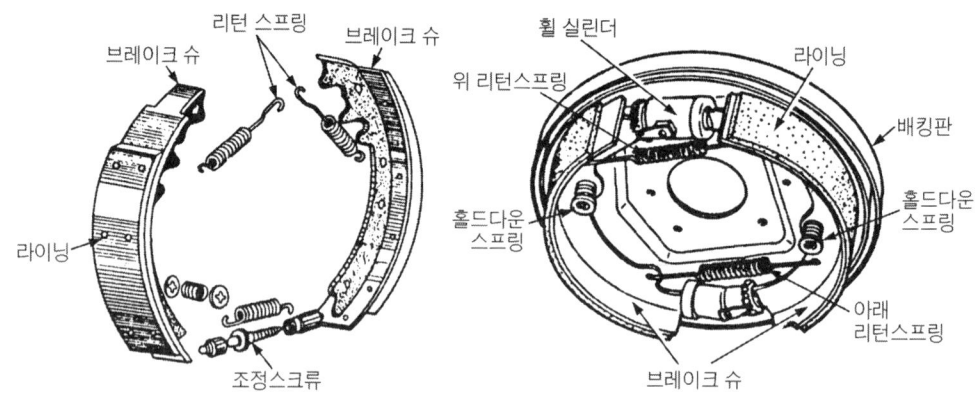

△ 브레이크 슈의 구조

12 브레이크를 작동 중 페달을 놓았을 때 브레이크가 풀리지 않는 원인

>>> 1) 마스터 실린더 리턴 포트의 막힘
2) 마스터 실린더 컵이 부풀었을 때
3) 브레이크 페달 자유 간극이 적을 때
4) 브레이크 페달 리턴 스프링이 파손, 피로할 때
5) 마스터 실린더 리턴 스프링이 불량할 때
6) 라이닝이 드럼에 소결되었을 때
7) 푸시로드를 길게 조정하였을 때

13. 디스크 브레이크의 특징

1) 방열성이 양호하여 베이퍼 록이 방지된다.
2) 페이드 현상이 방지되어 제동 성능이 안정된다.
3) 한쪽만 제동되는 일이 적다.
4) 점검 및 조정이 용이하고 간단하다.
5) 물이나 진흙이 묻어도 디스크로 부터 이탈이 쉽다.
6) 패드는 강도가 큰 재료로 만들어야 한다.
7) 자기 작동을 하지 않으므로 브레이크 페달을 밟는 힘이 커야 한다.

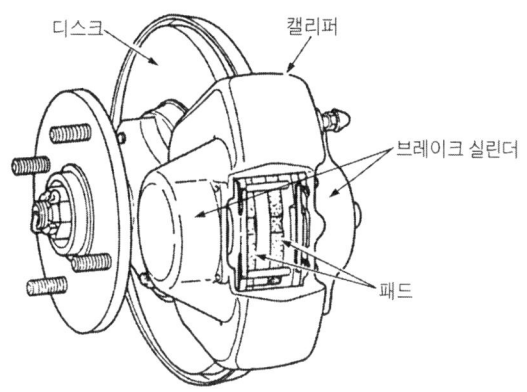

▲ 디스크 브레이크의 구조

14. 디스크 브레이크의 장점 7가지를 쓰시오.

1) 디스크가 대기 중에 노출되어 있어 방열성이 양호하다.
2) 페이드 현상이 방지되어 제동 성능이 안정된다.
3) 자기 배력이 없어 좌우 제동력이 안정돼 한쪽만 브레이크 되는 경우가 적다.
4) 반복 사용하여도 제동력의 변화가 적어 제동 성능이 안정된다.
5) 물이나 진흙 등이 묻어도 디스크로부터 이탈이 용이하다.
6) 디스크가 열에 의하여 거의 변형이 되지 않으므로 브레이크 페달을 밟는 거리의 변화가 적다.
7) 점검 조정이 용이하고 간단하다.

15 브레이크 라인에서 공기 빼기 순서

>>> 1) 마스터 실린더 오일 탱크에 오일을 보충한다.
2) 브리더 플러그에 비닐 호스를 끼운다.
3) 기관 시동을 건다.
4) 브레이크 페달을 몇 번 밟고 유압이 형성되면 밟은 상태를 유지하면서 브리더 플러그를 3/4회전 헐겁게 풀었다가 실린더 내의 유압이 낮아지기 전에 다시 조인다.
5) 오일속의 공기가 완전히 빠져 나올 때까지 반복한다.
6) 일반적으로 마스터 실린더에서 제일 먼 곳의 휠 실린더부터 행한다.

16 브레이크 라이닝

>>> 1) **위븐 라이닝** : 긴 섬유의 석면을 황동, 납, 아연선 등을 심으로 실을 짠 다음 광물성 오일과 합성수지로 가공하여 가열 성형한 것으로 유연성이 있고 마찰계수가 커서 외부 수축식 주차 브레이크에 주로 사용
2) **몰드 라이닝** : 짧은 섬유의 석면을 합성수지, 고무 등을 결합제와 혼합한 다음 고온, 고압하에서 성형하여 다듬질한 것으로 위븐 라이닝에 비하여 마찰계수는 적으나 내열성, 내 마멸성이 우수하여 주 브레이크에 사용

17 제동 시 자동차가 한쪽으로 쏠리게 되는 원인

>>> 1) 좌우 브레이크 라이닝과 드럼 간극 조정이 불량할 때
2) 좌우 타이어의 공기압이 불균형일 때
3) 한쪽 라이닝에 물이나 오일이 부착 되었을 때
4) 앞바퀴 정렬 불량시
5) 한쪽 휠 실린더의 고착시
6) 한쪽 브레이크 파이프 라인이 막혔을 때
7) 슈 리턴 스프링의 장력 약화나 절손시

Engineer Motor Vehicles Maintenance

18. 마스터 백의 특징

>>> 1) 하이드로 백보다 무게가 가볍다.
2) 마스터 실린더와 일체로 되어있어 설치 위치가 제한된다.
3) 하이드로 백보다 구조가 간단하다.
4) 마스터 실린더의 푸시로드를 미는 힘을 증가시킨다.
5) 탠덤 마스터 실린더를 설치하는데 적합하다.

19. 브레이크 계통에서 공기 빼기를 해야 되는 경우

>>> 1) 베이퍼 록 현상이 발생된 경우
2) 마스터 실린더를 교환한 경우
3) 휠 실린더를 분해 정비한 경우
4) 브레이크 파이프나 호스를 분리하고 정비한 경우

20. 공기 브레이크의 안전밸브 3가지를 적으시오.

>>> 1) **압력 조정 밸브** : 공기탱크 내의 압력을 일정하게 유지시키는 역할
2) **첵 밸브** : 공기탱크 내의 압축 공기가 누출되지 않도록 하는 역할
3) **안전 밸브** : 공기탱크 내의 압축 공기 압력이 규정보다 높을 때 탱크 내의 공기를 배출하여 탱크가 파괴되는 것을 방지

21. 공기 브레이크의 장점 6가지를 적으시오.

>>> 1) 차량 중량이 커도 사용할 수 있다.
2) 공기가 조금 새도 유압식 브레이크보다 덜 위험하다.
3) 브레이크 조작력이 작아도 된다.
4) 트레일러 견인시 브레이크 장치 연결이 쉽다.
5) 베이퍼 록 현상이 없다.
6) 공기 브레이크를 사용하면 윈드 실드 와이퍼와 병행 사용이 가능하다.

22 공기 브레이크에 사용되는 밸브

>>> 1) **언로더 밸브** : 공기탱크 내의 압력이 5~8kg/cm²가 되면 압축기의 흡기 밸브가 열려 압축 작용을 정지시킨다.
2) **퀵 릴리스 밸브** : 브레이크 페달을 놓을 때 공기를 신속하게 대기 중으로 배출시킨다.
3) **릴레이 밸브** : 브레이크 페달을 밟을 때 공기탱크의 압축 공기를 뒤 브레이크 체임버에 직접 공급한다.
4) **브레이크 밸브** : 브레이크 페달을 밟을 때 앞 브레이크 체임버와 릴레이 밸브에 압축 공기를 공급한다.

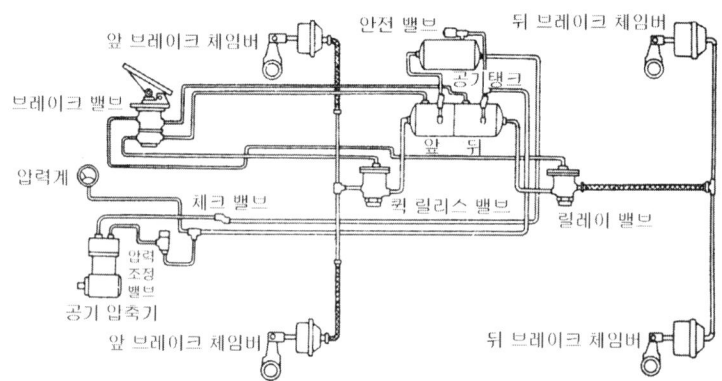

○ 공기 브레이크의 배관 및 구조

23 감속장치(제3의 브레이크) 장점 5가지를 쓰시오.

>>> 1) 풋 브레이크를 사용하는 횟수가 줄어들기 때문에 주행 시의 안전도가 향상되고 운전자의 피로를 감소시킬 수 있다.
2) 풋 브레이크 장치에서의 브레이크 라이닝과 드럼 혹은 타이어의 마모가 감소된다.
3) 빗길, 눈길 등의 미끄러운 상태의 노면에서 타이어의 미끄럼을 감소시킬 수 있다.
4) 클러치의 사용 횟수가 적어지므로 클러치 관계 부품의 마모가 감소된다.
5) 제동 작동시 불쾌음의 발생이 없으므로 정숙한 제동 작용을 발휘할 수 있다.

24. 전자제어 제동장치의 기능

>>> 1) 조향 안정성 유지
2) 제동거리 최소화

25. ABS(Anti-lock Brake System) 브레이크의 장점

>>> 1) 방향 안전성과 조종성 확보
2) 조향 성능 향상
3) 노면의 조건에 따라 균일한 제동력 부여

26. 전자제어 ABS브레이크에서 기계식 브레이크와 다른 구성품 3가지를 쓰시오.

>>> 1) ABS ECU
2) 하이드롤릭 유닛
3) 휠 스피드 센서

27. ABS 브레이크의 기능에 대해 쓰시오.

>>> ABS(Anti-Lock Brake System)는 급제동시나 눈길, 빗길과 같이 미끄러지기 쉬운 노면에서 제동 시 발생되는 차륜의 슬립을 감지하여 브레이크 유압을 조절함으로써 차륜의 잠김에 의한 슬립을 방지하여 제동 시 직진성과 조향 안정성을 유지하고 제동거리의 단축을 유도하는 장치이다.

28. 브레이크 드럼의 구비 조건

>>> 1) 정적, 동적 평형을 이룰 것
2) 변형되지 않을 충분한 강성을 유지할 것
3) 열용량 및 방열성이 좋을 것
4) 경량일 것

29 브레이크 베이퍼록(Vapor Lock) 발생 원인을 4가지 쓰시오.

>>> 1) 긴 내리막길에서 과도하게 풋 브레이크를 사용할 때
2) 브레이크 드럼과 라이닝의 끌림에 의하여 과열되었을 때
3) 마스터 실린더, 브레이크 슈 리턴 스프링 쇠손에 의한 잔압이 저하되었을 때
4) 브레이크 오일의 변질에 의한 비등점이 저하된 불량한 오일을 사용할 때

30 ABS 브레이크의 구성부품

>>> 1) **휠 스피드 센서** : 차륜의 회전 상태를 감지하는 것으로 영구자석 및 코일로 구성되어 있다. 전륜은 너클 스핀들에 의해, 후륜은 뒤 허브 스핀들에 의해 장착되어 있다. 앞 구동축과 뒤 브레이크 드럼에 부착되어져 있는 센서로서 로터의 회전을 스피드 센서가 감지하여 차륜의 회전 신호를 ECU로 보낸다.
2) **ABS 컴퓨터(ECU)** : 휠 스피드 센서의 신호에 의해 차륜 속도를 검출하고 차륜 상황을 파악함과 함께 소정의 이론에 의해 차륜 상황을 예측하여 차륜이 고정되지 않도록 하이드롤릭 유닛 내의 마그네트 밸브, 모터 등에 작동 신호를 보낸다. 또한 고장시 페일 세이프(Fail Safe) 기능을 작동시키면 4W, ABS 경고등이 점등된다.
3) **하이드롤릭 유닛** : 마스터 실린더 부근에 설치되어 하이드롤릭 유닛이 작동하는 동안 마스터 실린더의 압력과는 상관없이 휠 실린더까지의 브레이크 오일을 감소시키거나 유지하는 기능을 한다.
4) **마스터 백** : 브레이크 페달에 가해진 힘을 진공을 이용하여 증대시켜주는 역할을 한다. 다이어프램 플레이트는 실린더의 체임버를 진공 체임버와 워킹 체임버로 나누고 있다.
5) **탠덤 마스터 실린더** : 보통의 실린더처럼 진공 부스터에 플랜지로 부착되어 있으며 실린더 내부에 내장된 스틸 센트럴 밸브에 의해 작동된다.

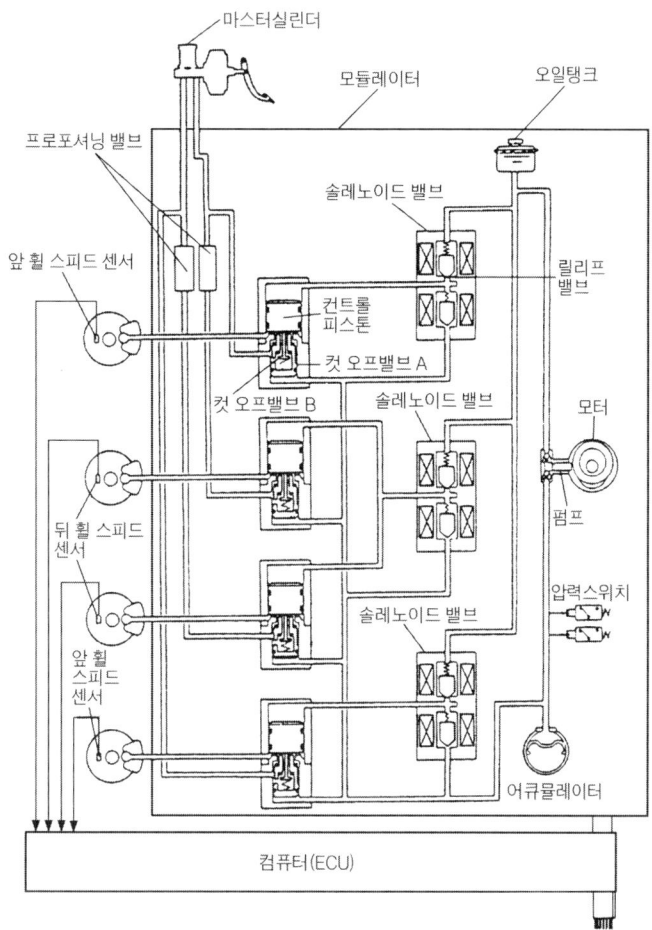

● ABS 구성도

31 진공 배력식 브레이크에서 페달을 밟아도 딱딱하고 주행상태가 불가능한 이유

1) 마스터 실린더 바이 패스 통로가 막힘
2) 하이드롤릭 피스톤 시트와 첵 볼의 장착 불량
3) 진공 누설
4) 진공 호스의 막힘
5) 베큠 백 다이어프램의 파손
6) 첵 밸브의 불량

32. 브레이크 페달의 스펀지 현상의 발생 원인과 대책

>>> 1) 원 인
① 긴 내리막길에서 과도한 브레이크의 사용
② 드럼과 라이닝의 끌림 현상으로 Vapor Lock 현상이 발생 되었을 때
③ 브레이크 슈 리턴 스프링의 소손에 의한 잔압의 저하
④ 불량 오일 사용시
⑤ 첵 밸브가 불량할 때

2) 대 책
① 라이닝 간극을 규정으로 조정한다.
② 마스터 실린더의 보상 구멍의 막힘을 확인한다.
③ 리턴 스프링이 약할 경우 교환하여 잔압을 높인다.
④ 양질의 오일을 사용한다.
⑤ 기관 브레이크를 사용한다.
⑥ 첵 밸브를 교환한다.

33. 제동력 측정 전 준비사항을 5가지 쓰시오.

>>> 1) 시험기 롤러에 오일이나 흙이 묻어 있으면 깨끗이 닦아낸다.
2) 차량의 브레이크 오일량과 누유 여부를 확인한다.
3) 브레이크 캘리퍼와 패드의 상태를 확인한다.
4) 점검 차량의 타이어 공기압이 규정 값인지를 확인하고 트레드의 마모상태와 이물질을 확인한다.
5) 점검 차량은 공차상태에서 운전자 1인이 승차하여 시험한다.

34. 유압 브레이크 회로에 잔압을 두는 이유

>>> 1) 베이퍼 록 방지
2) 브레이크의 신속한 작동
3) 휠 실린더의 오일 누출 방지

35. 브레이크 제동력 테스터기 없이 브레이크 장치를 점검하는 방법

1) 기밀기능 점검
① 방법 : 엔진을 1~2분 정도 운전을 하다가 정지시킨 후 페달을 여러 번 밟는다.
② 판정 : 이때 페달이 들어갔다가 점차 상승하면 정상이다. 만약 불량한 경우 체크 밸브 및 진공호스를 점검한다.

2) 작동 점검
① 방법 : 엔진의 시동을 정지시킨 상태에서 브레이크 페달을 여러 번 밟았을 때 페달의 높이가 변화하지 않는가를 점검한 후 브레이크 페달을 밟은 상태로 엔진의 시동을 건다.
② 판정 : 이때 페달이 약간 하강하면 정상이다. 그러나 페달이 상승하면 부스터는 손상된 것으로 판단한다.

3) 부하 기밀 기능 점검
① 방법 : 엔진을 가동시킨 상태에서 브레이크 페달을 밟고 엔진 가동을 정지시킨 후 30초 동안 페달을 밟고 있는다.
② 판정 : 페달의 높이가 변화하지 않으면 부스터는 양호한 상태이며, 만약 페달이 내려가면 하이드로백(부스터)이 새거나 마스터 실린더의 작동이 불량한 것으로 판단한다.

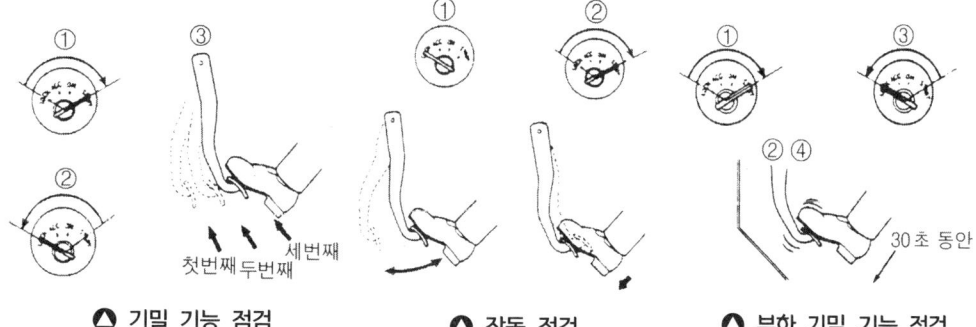

▲ 기밀 기능 점검   ▲ 작동 점검   ▲ 부하 기밀 기능 점검

36. 브레이크 잔압을 두는 이유 4가지를 쓰시오.

>>> 1) 브레이크 작동 시 지연을 방지한다.
2) 베이퍼 록을 방지한다.
3) 유압 회로 내에 공기가 유입되는 것을 방지한다.
4) 휠 실린더 내의 오일이 누출되는 것을 방지한다.

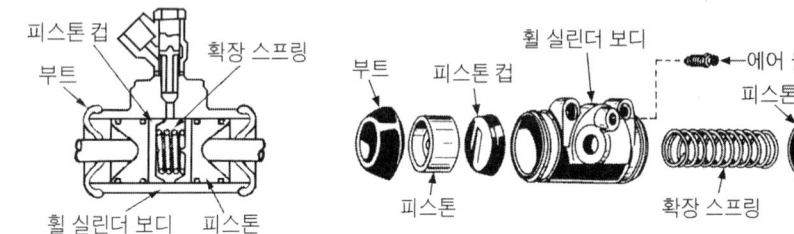

▲ 휠 실린더 분해도

37. 브레이크 압력 유지를 위한 부품

>>> 1) 첵 밸브
2) 슈 리턴 스프링, 캘리퍼 피스톤 실(Seal)
3) 마스터 실린더 피스톤 컵

38. 브레이크 오일이 갖추어야 할 조건 5가지를 쓰시오.

>>> 1) 화학적으로 안정되고 침전물이 생기지 않을 것
2) 적당한 점도를 가지고 윤활성이 있으며 온도 변화에 대하여 점도 변화가 적을 것
3) 비점이 높고 베이퍼 록을 일으키지 않을 것
4) 빙점이 낮고 인화점이 높을 것
5) 금속이나 고무에 대하여 부식, 열화, 팽창 등의 영향을 주지 않을 것

39. 브레이크 작동이 불량한 원인

>>> 1) 브레이크 오일에 공기가 들어 있을 때
2) 브레이크 오일의 누설
3) 마스터 실린더 피스톤 컵 불량 시
4) 브레이크 라이닝과 드럼의 간극이 너무 클 때
5) 라이닝에 기름이 묻었을 때
6) 진공이나 공기 부스터의 작동 불량
7) 페이드 현상이 발생되었을 때
8) 휠 실린더 불량

40. BAS (Brake Assist System)

>>> 제동력 보조 장치로 긴급 제동 상황 시 최대치의 제동력을 발생시킬 수 있도록 도와주는 장치로 브레이크를 페달을 밟는 시간과 강도를 상황을 파악해 운전자가 브레이크 페달을 밟은 발에서 힘을 빼도 최대 제동력을 유지함

41. 전자 제동력 분배장치(EBD) 제어의 효과

>>> 1) 제동거리 단축
2) 제동시 안정성 확보
3) 브레이크 페달 밟는 답력 감소
4) 브레이크 패드 마모 감소
5) 프로포셔닝 밸브 사용하지 않아도 된다.

42. 전자 제동력 분배 장치(EBD, Electronic Brake force Distribution)의 기능을 설명하시오.

>>> 1) 적재 하중의 변화가 큰 차량에서 사용하며, 승차인원, 적재량 등 적재상황의 변화에 따라 적절한 뒤 바퀴의 제동력 배분을 수행한다.
2) 전자제어 브레이크 압력 분배장치(Electronic Brake force Distribution)는 전, 후륜 제동압력을 이상적으로 배분하기 위하여 제동 유압 라인에 솔레노이드 밸브를 설치하여 제동압력을 전자적으로 제어함으로서 급제동 시 스핀을 방지하고 제동 성능을 향상시켜 안정적인 제동이 가능하도록 한 장치이다.

43. 브레이크가 풀리지 않는 원인

>>> 1) 마스터 실린더 리턴 포트가 막혔을 때
2) 마스터 실린더 피스톤 컵이 부풀었을 때
3) 브레이크 페달 자유 간극이 없을 때
4) 브레이크 슈 리턴 스프링 절손
5) 마스터 실린더 첵 밸브 불량
6) 휠 실린더 고착
7) 주차 브레이크 조정이 불량하다.
8) 브레이크 페달 자유 간극이 없다.

44. 계기판 주차 브레이크 등이 켜지는 조건 3가지를 쓰시오.

>>> 1) 주차 브레이크 작동 시
2) 브레이크 오일 누유 또는 부족 시
3) 브레이크 패드 과다 마모 시

조향 장치

> **01** 선회시 롤링 억제 방법

>>> 1) 스태빌라이저 부싱 및 고무 정비
  2) 스프링 정수가 큰 스프링 사용

> **02** 주행 중 차량 핸들이 한쪽으로 쏠리는 이유

>>> 1) 좌, 우 타이어 공기압의 불평형
  2) 뒷 차축 중심선과 트러스트 선이 일치하지 않을 때
  3) 차륜 정렬이 불량 할 때
  4) 판 스프링의 절손이나 쇽업소버 불량
  5) 브레이크 라이닝과 드럼 간극 조정의 차이가 있을 때
  6) 일체식 차축에서 센터 볼트의 이완이나 U 볼트 이완으로 차축과 스프링 고정 상태가 불량 할 때

> **03** 주행 중 조향핸들이 한 쪽으로 쏠리는 원인 6가지를 쓰시오.

>>> 1) 조향기어의 유격 과다
  2) 휠 얼라인먼트 불량
  3) 조향 너클 마모
  4) 타이로드 엔드 볼 과다 마모
  5) 로워암 볼 과다 마모
  6) 브레이크 라이닝 간극 불량

04 조향 핸들 쏠림 이유 5가지를 쓰시오.

>>> 1) 타이어 공기압이 부족하다
2) 브레이크 한쪽이 고착 되었다
3) 휠 얼라인먼트 정렬 불량(캐스터, 캠버, 토인)
4) 현가 스프링이 절손되었다.
5) 스태빌라이저가 절손되었다.

05 조향 장치의 원리

>>> 차량이 선회할 때 양쪽 바퀴가 옆 방향으로 미끄러지거나 조향 핸들을 돌릴 때 큰 저항이 있으면 안되며, 이를 방지하려면 각각의 바퀴가 동심원을 그리며 선회하도록 하여야 한다.
이에 따라 안쪽 바퀴의 조향 각이 바깥쪽 바퀴의 조향 각보다 크게 되어 뒷차축 연장선의 한 점을 중심으로 동심원을 그리게 되어 있는 원리를 이용한 것이다.

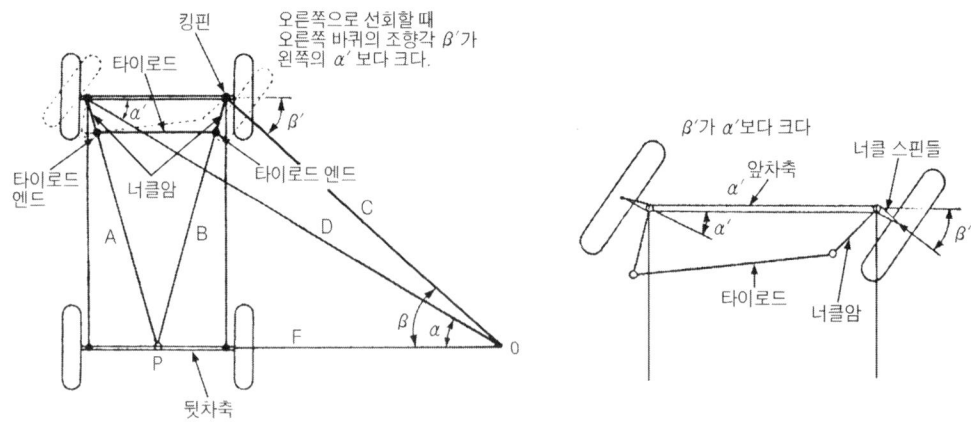

◆ 조향 원리(애커먼 장토식)

Engineer Motor Vehicles Maintenance

06 조향 핸들의 유격이 크게 되는 원인

>>> 1) 조향 기어가 마모되었을 때
2) 조향 기어의 유격 조정이 불량할 때
3) 조향 링키지 볼 조인트의 접속부가 헐거울 때
4) 조향 링키지의 볼 조인트가 마멸되었을 때
5) 허브 베어링이 마멸되었을 때

07 조향의지 센서 2개

>>> 1) 조향 각 센서
2) 회전 방향과 속도를 감지하는 조향 토크 센서

08 전동식 동력 조향장치(MDPS)의 장점 4가지를 적으시오.

>>> 1) 유압식에 필요한 오일을 사용하지 않으므로 환경 친화적이다.
2) 유압 발생기구나 유압 파이프 등이 없어 부품수가 감소하여 조립성 향상 및 경량화를 꾀할 수 있다.
3) 경량화로 인한 연비를 향상시킬 수 있다.
4) 전동 모터의 최적 제어를 통해 운전조건에 적합한 조작력 제어가 가능하여 고속 주행안정성 및 조향성능을 향상 시킬 수 있다.

09 조향 기어비가 클 때의 영향

>>> 1) 핸들의 복원력이 작아진다.
2) 조향 핸들의 조작력이 작아진다.
3) 조향 기어 및 링키지의 마모가 쉽게 된다.
4) 신속한 조향 조작이 어렵다.

TIP

조향기어비 = $\dfrac{\text{조향핸들이 움직인 각}}{\text{피트먼암이 움직인 각}}$

chapter 2. 섀시 199

10 조향 장치의 구비 조건

>>> 1) 조향 조작이 주행상태에 영향을 받지 않을 것
2) 조향 조작이 쉽고 방향 전환이 용이 할 것
3) 최소 회전반경이 작을 것
4) 핸들의 안정성이 있을 것
5) 핸들의 조작력이 좌우가 동일 할 것
6) 선회시 좌우 회전각 관계가 일정 할 것

11 최소 회전반경이란 무엇인지 쓰시오.

>>> 자동차의 핸들을 최대로 회전시킨 상태에서 선회할 때 바퀴가 그리는 동심원 중 바깥쪽 바퀴가 그리는 원의 반지름을 말하며, 이 최소 회전반경이 작을수록 좁은 도로에서 회전하는 등 이동이 편리하다.

> **TIP**
>
> $$R = \frac{L}{\sin\alpha} + r$$
>
> R : 최소 회전반경 [m]　　　　　　L : 축간 거리(축거 ; Wheel Base) [m]
> $\sin\alpha$: 가장 바깥쪽 앞바퀴의 조향 각도 [°]　r : 바퀴 접지면 중심과 킹핀과의 거리 [m]

12 핸들 조작을 가볍게 하는 방법

>>> 1) 타이어 공기압을 높인다.
2) 앞바퀴 얼라인먼트 조정을 정확히 한다.
3) 조향 기어의 조정을 정확히 한다.
4) 장비의 하중을 작게 한다.
5) 조향 기어 박스의 베어링 프리 로드를 규정대로 조정한다.

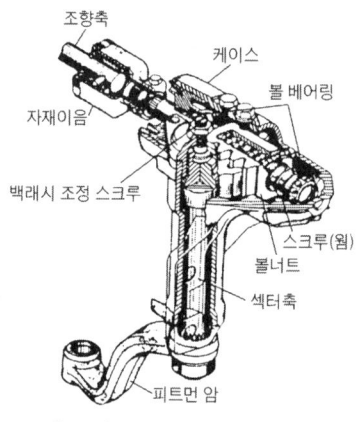

○ 조향 기어 박스(볼-너트형)

13. 동력 조향 핸들의 복원이 잘 안 되는 이유

1) 오일 펌프 축 베어링이 불량한 경우
2) 호스가 찢어진 경우
3) 오일 압력 조절 밸브의 손상
4) 타이로드 엔드 볼 조인트의 파손
5) 피니언 베어링의 손상
6) 조향 기어박스 불량

14. 주행 중 핸들에 충격을 느끼게 되는 원인

1) 타이어의 공기압이 너무 높을 때
2) 조향 기어의 백래시 조정이 불량할 때
3) 쇽업소버의 작동이 불량하여 충격 흡수가 불량할 때
4) 조향 링키지의 마모, 손상, 변형을 일으켰을 때
5) 앞바퀴 정렬이 불량할 때
6) 휠이 변형 또는 밸런스가 불균형 할 때
7) 타이어가 편 마모되었을 때

15. 조향 장치에서 핸들이 무거워지는 원인

1) 타이어의 공기압이 너무 낮아 노면과의 접지면적이 증가되었을 때
2) 조향 기어의 조정이 바르지 못하여 백래시가 너무 적을 때
3) 휠 얼라인먼트가 맞지 않을 때
4) 조향 링키지나 조향 너클에 변형이 발생했을 때
5) 타이어의 규격이 너무 큰 것을 사용했을 때
6) 조향기어나 볼 조인트의 윤활이 불량할 때

16 동력 조향 장치 안전 체크 밸브

>>> 안전 체크 밸브는 제어밸브 내에 설치되어 기관이 정지 되었을 때 또는 오일 펌프의 고장 및 회로에서의 오일 누출 등으로 유압이 발생되지 못할 때 조향 휠의 작동을 수동으로 할 수 있도록 하는 역할을 한다.

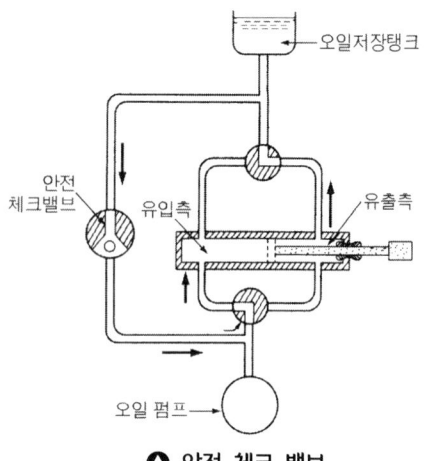

△ 안전 체크 밸브

17 핸들이 한 쪽으로 쏠리는 원인

>>> 1) 앞 차축 또는 프레임의 변형   2) 휠 허브 베어링의 마모
3) 양쪽의 축거가 서로 다를 때   4) 타이어 공기압의 불균일
5) 현가 스프링의 절손, 쇠손   6) 브레이크 간극의 조정 불량
7) 쇽업소버의 작동 불량
8) 앞바퀴 얼라인먼트의 조정 불량

18 파워 스티어링 장치에서 스티어링 휠이 무거워지는 원인 8가지를 쓰시오.

>>> 1) 스티어링 펌프 구동벨트 장력이 약하거나 손상됨
2) 스티어링 오일 수준이 낮음
3) 오일라인 내에 공기가 유입됨
4) 스티어링 호스가 뒤틀리거나 손상됨
5) 오일펌프의 압력부족
6) 컨트롤 밸브의 고착
7) 기어박스의 랙 및 피니언에서 과도한 오일이 누설됨
8) 기어박스 혹은 밸브가 휘거나 손상됨

19. 동력 조향 장치에서 오일 펌프의 압력을 측정하는 방법

1) 오일 펌프에서 압력 호스를 분리시키고 오일 펌프와 압력 호스 사이에 특수 공구를 연결한다.
2) 공기 빼기를 하고 기관 시동을 건 후 스티어링 휠을 몇 번 돌려 오일온도를 약 50℃로 올린다.
3) 기관 회전수를 1000rpm으로 증가시킨다.
4) 특수 공구로 차단 밸브를 닫고 열며 유압이 규정치 내에 있는가를 확인한다.
   ① 항 목 : 릴리이프 압력
   ② 규정치 : $80kg/cm^2$
5) 특수 공구를 탈거하고 압력 호스를 규정 토크로 조인다.
   ① 항 목 : 조임 토크
   ② 규정치 : SOHC - 4.0~5.0kg.m
              DOHC - 1.6~2.4kg.m

20. 앞차축 너클 지지 방식의 종류

1) 엘리옷 형
2) 역 엘리옷 형
3) 마몬 형
4) 르모앙 형

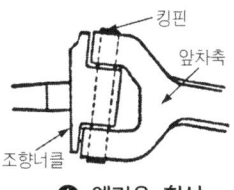

▲ 엘리옷 형식

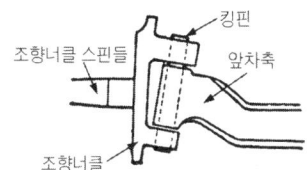

▲ 역 엘리옷 형식

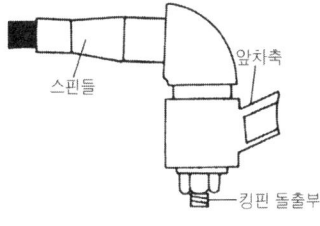

▲ 마몬 형식

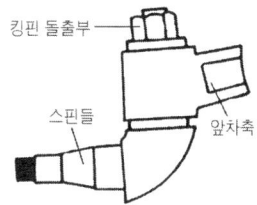

▲ 르모앙 형식

21 조향 기어의 종류

>>> 1) 웜 섹터 형
2) 볼 너트 형
3) 스크루 너트 형
4) 래크 피니언 형
5) 웜 섹터 롤러 형
6) 캠 레버 형
7) 스크루볼 형

22 섀시 구성품 중 조향장치에 대해 다음 번호에 맞게 쓰시오. (공란에 맞는 명칭 쓰기)

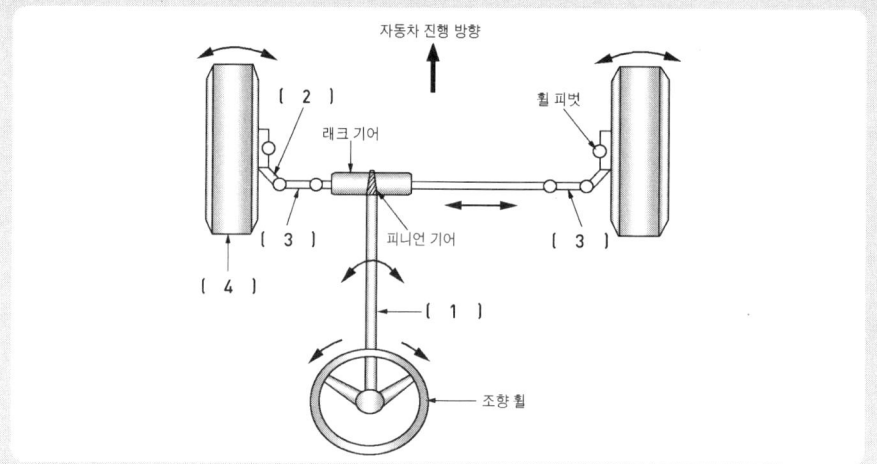

>>> 1) 조향축
2) 너클암
3) 타이로드
4) 구동륜

23 조향 장치 점검 항목

>>> 1) 핸들 유격
2) 피트먼 암과 드래그 링크 상태 점검
3) 조향 기어박스 웜 기어의 프리 로드
4) 파워 실린더 설치 상태와 오일 누출 여부
5) 회전 반경
6) 킹핀 및 볼 조인트의 마멸

24. 동력 조향 장치의 구성

>>> 1) **동력 장치** : 유압을 발생시키는 장치
2) **작동 장치** : 유압을 기계적 에너지로 바꾸어 조향력을 발생하는 장치
3) **제어 장치** : 조향 휠의 조작에 따라 작동 장치의 유압 회로를 개폐하는 장치

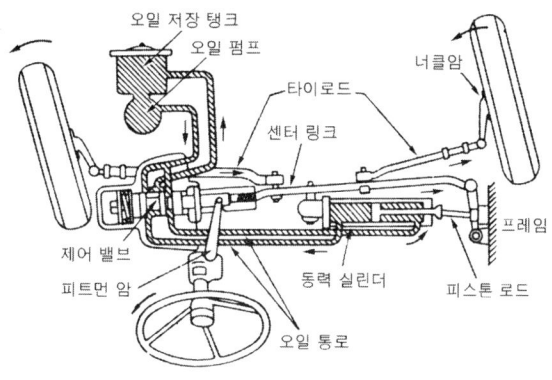

▲ 동력 조향장치의 구조

25. 전동방식 동력 조향 장치의 종류

>>> 1) 칼럼 구동방식
2) 피니언 구동방식
3) 래크 구동방식

현가 장치

01 현가 장치의 점검 항목

>>> 1) 연결 및 부식 상태 점검   2) 스프링 파손 상태 점검
3) 섀클 핀 부싱 상태 점검   4) 볼 조인트 체결 상태 점검
5) 쇽업소버 상태 점검

02 맥퍼슨 형식 현가 장치의 특징

>>> 1) 위시본 형식에 비해 구조가 간단하고 부품수가 적다.
2) 스프링 아래 질량이 작아 로드 홀딩이 우수하다.
3) 엔진 룸의 유효 면적을 넓게 할 수 있다.

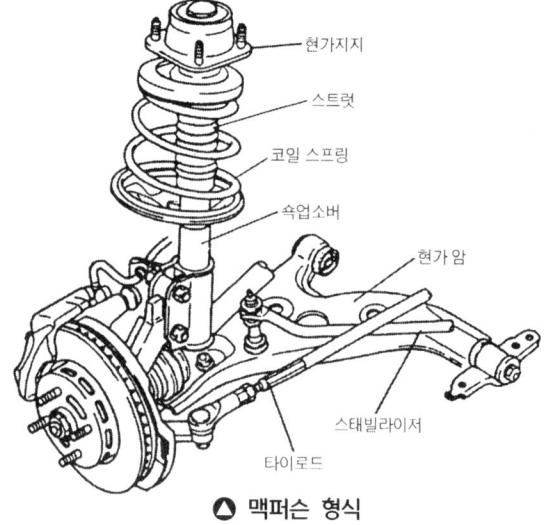

△ 맥퍼슨 형식

03 감쇠력과 쇽업소버

>>> 1) **오버 댐핑** : 감쇠력이 너무 큰 것으로 진동을 흡수하지 못하여 승차감이 딱딱하게 느껴진다.
2) **언더 댐핑** : 감쇠력이 너무 작은 것으로 진동이 너무 유연하여 승차감이 저하되는 현상

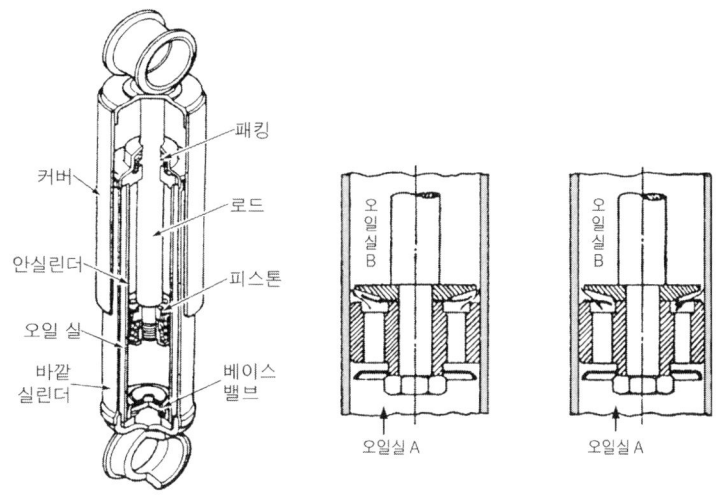

▲ 드가르봉식 쇽업소버

04 쇽업소버의 기능

>>> 1) 스프링의 상하 운동 에너지를 열에너지로 변환시켜 스프링의 고유 진동을 흡수
2) 스프링의 피로를 감소시켜 승차감을 향상
3) 로드 홀딩이 향상

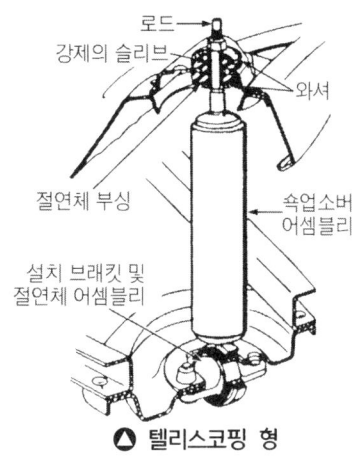

▲ 텔리스코핑 형

| 05 | **차축 현가장치의 특징 7가지를 쓰시오.**

▶▶▶ 1) 부품수가 적기 때문에 구조가 단순하고 보수도 비교적 쉽다.
2) 강성을 크게 할 수 있어 코너링 시 차체가 기울지 않고 안정적으로 반응할 수 있다.
3) 바퀴의 상, 하 운동에 의한 휠 얼라인먼트의 변화가 적어 타이어의 마모가 적다.
4) 단차가 있는 도로에서는 한쪽 바퀴의 작동이 반대쪽 바퀴에 영향을 미치기 때문에 차체의 움직임이 커져 승차감이 나쁘다.
5) 스프링 아래 질량이 크기 때문에 승차감, 조종 안정성에는 불리하다.
6) 좌우 차륜의 움직임이 운동하기 때문에 횡 방향 진동이 발생하기 쉽다.
7) 액슬이 움직일 수 있는 공간이 필요해 차실 공간 면에서 불리하다.

| 06 | **판 스프링의 장점**

▶▶▶ 1) 큰 진동을 잘 흡수한다.
2) 자체의 강성으로 차축을 정 위치에 유지할 수 있다.
3) 구조가 간단하다.
4) 판간 마찰에 의하여 진동 감쇠 작용이 크다.
5) 비틀림과 휨에 강하다.

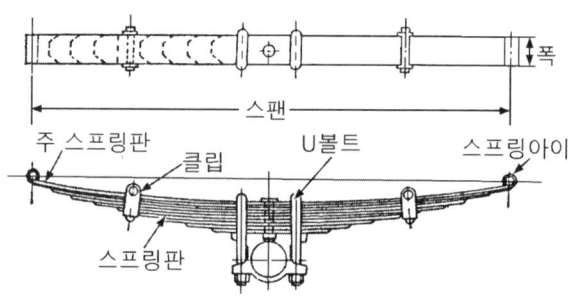

△ 판 스프링의 구조

07 섀클(Shackle)의 종류

>>> 1) **고무 섀클**(Rubber Shackle) : 스프링 아이와 행어 사이에 고무 부싱을 설치한 것으로 피벗 운동은 고무 부싱에 의해 흡수되며 주유하지 않는다.
2) **나사 섀클** : U자형 섀클의 양끝 부분에 완만한 나사로 가공되어 있으며 스프링 아이와 행어에 강재의 부싱을 사이에 두고 설치하므로 그리스를 주입해야 한다.
3) **청동 섀클** : 청동 부싱이 스프링 아이와 섀클 핀 사이에 설치되며 주기적으로 주유를 해야 한다.

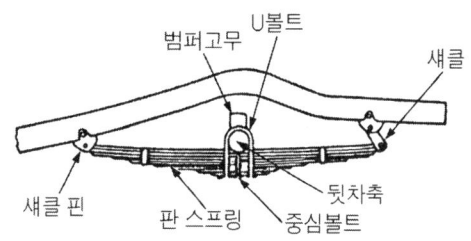

🔺 판 스프링의 설치 상태

08 판스프링 스프링 갭이란

>>> 닙에 의해 발생되는 스프링과 스프링 사이의 간극을 말한다.

09 판스프링의 닙이란

>>> 스프링의 끝 부분이 휘어진 상태를 말하며 판스프링에 있어서 판간 마찰을 증대시키고 스프링과 스프링 사이에 먼지 모래 등의 이물질이 유입되는 것을 방지한다.

10 판스프링의 스팬이란

>>> 스프링 아이와 아이 중심 간의 수평거리를 말한다.

11 판스프링의 스프링 아이란

>>> 1번 스프링(주 스프링)양 끝에 만들어진 둥근 부분으로 프레임이나 차체의 섀클 핀에 의해 설치되는 부분을 말한다.

12 공기 스프링이 금속 스프링에 비해 좋은 이유

>>> 1) 고유 진동을 작게 할 수 있어 스프링 효과를 유연하게 할 수 있다.
2) 공기 자체가 감쇠성이 있어 작은 진동도 흡수할 수 있다.
3) 승객의 증감에 관계없이 항상 차체의 높이를 일정하게 유지 할 수 있다.

13 판 스프링이 부러지는 이유

>>> 1) 차량에 과적을 하였을 경우
2) 판스프링의 센터 볼트나 U 볼트가 이완되었을 경우
3) 과도한 코너링을 할 경우
4) 요철 도로를 과속으로 주행할 경우
5) 판스프링의 노후로 재질이 피로 한계에 도달한 경우

14 일체식 현가장치의 특징

>>> 1) 부품 수가 적어 구조가 간단하다.
2) 선회할 때 차체의 기울기가 적다.
3) 스프링 및 질량이 커 승차감이 불량하다.
4) 앞 바퀴에 시미(Shimmy)가 발생하기 쉽다.
5) 평행 판스프링 형식에서는 스프링 정수가 너무 큰 것은 사용하기 어렵다.

15. 과적을 목적으로 판스프링을 구조 변경하여 매수를 추가시켜 설치할 경우의 문제점

>>> 1) 충격흡수 불량으로 인한 프레임의 변형 발생
2) 스프링이 부러지기 쉽다.
3) 스프링 브래킷 이완
4) 기관 및 섀시 각 부의 수명 단축
5) 추진축 높이가 높아짐으로 차체의 떨림 현상 발생

16. 공기 스프링의 장점

>>> 1) 스프링의 세기가 하중에 비례한다.
2) 금속 스프링에 비해 유연하다.
3) 작은 진동도 잘 흡수한다.
4) 스프링의 고유 진동을 작게 할 수 있다.

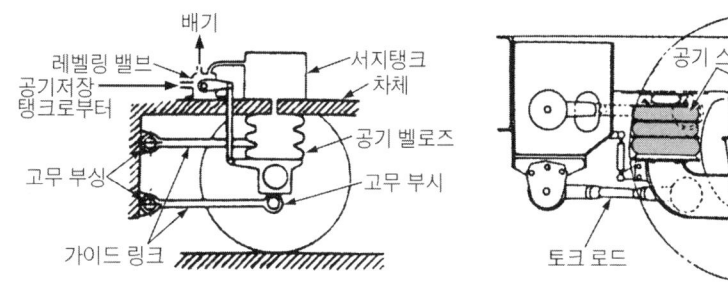

▲ 서지 탱크와 공기 스프링의 구조

17. 공기 스프링의 단점

>>> 1) 공기 밸브, 레벨링 밸브, 공기 압축기 등을 설치하므로 구조가 복잡하다.
2) 제작비가 비싸다.

18. 액티브 전자제어 현가장치(ECS)의 의미와 기능을 나열하시오.

1) 의미 : 액티브 전자제어 현가장치는 ECU, 센서, 액추에이터 등을 자동차에 설치하여 노면의 상태, 주행조건 운전자의 선택 등에 따라서 자동차의 높이 및 현가 특성이 ECU 에 의해서 자동적으로 제어되는 현가장치를 말한다.

2) 기능
   ① 안티 다이브(Anti Dive) : 급제동시 노스다운(Nose Down) 방지
   ② 안티 로울링(Anti Rolling) : 급선회 시 원심력에 의한 차체의 기울어짐 방지
   ③ 안티 바운싱(Anti Bouncing)
   ④ 안티 쉐이크 (Anti Shake)
   ⑤ 안티 스쿼트 (Anti Squat)
   ⑥ 노면으로 부터의 차량 높이 조정
   ⑦ 노면의 상태에 따라 승차감 조정
   ⑧ 차속 감응 제어(Vehicle Speed Control)

19. 독립 현가 장치의 종류

1) 위시본 형식 - SLA 형식, 평행사변형 형식
2) 맥퍼슨 형식
3) 트레일링 링크 형식
4) 스윙 차축 형식

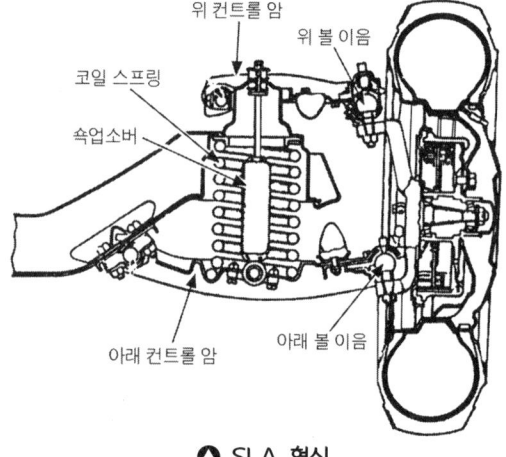

◆ SLA 형식

20 액티브 전자제어 현가장치의 자세제어 기능 7가지를 쓰시오.

>>> 1) 앤티 롤 제어
2) 앤티 스쿼트 제어
3) 앤티 다이브 제어
4) 앤티 피칭/바운싱 제어
5) 앤티 시프트 스쿼트 제어
6) 고속 주행 안정성 제어
7) 악로 주행 제어

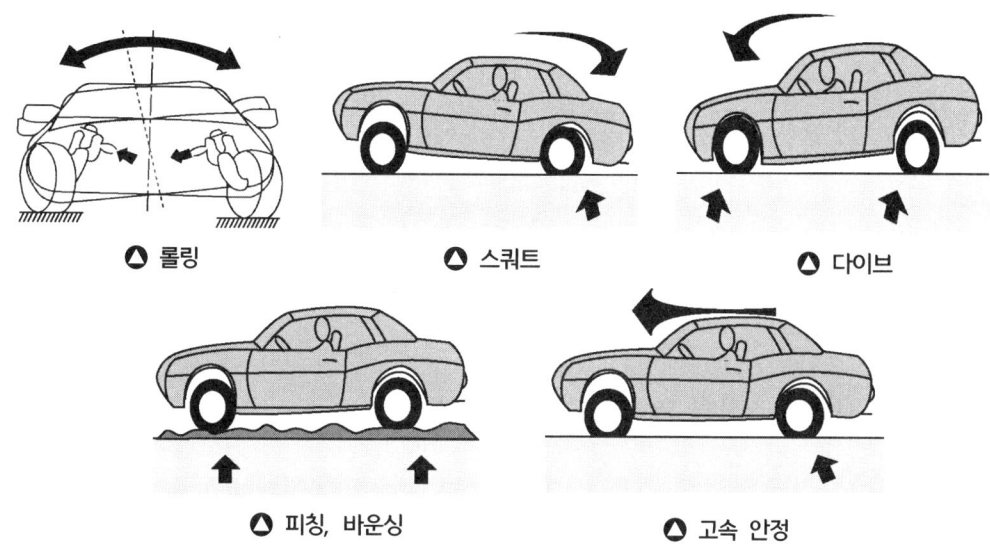

○ 롤링　　○ 스쿼트　　○ 다이브

○ 피칭, 바운싱　　○ 고속 안정

21 현가 장치의 필요성

>>> 노면으로 부터의 충격을 자체에 직접 전달되지 않도록 하여 승차감을 향상시키고 차량 각 부분의 손상을 방지하는 역할을 한다.

22 자동차 스프링 위 질량 진동의 종류 4가지를 쓰시오.

>>> 1) **바운싱**(Bouncing ; 상하 진동) : 차체가 Z축 방향과 평행 운동을 하는 고유 진동이다.
2) **피칭**(Pitching ; 앞·뒤 진동) : 차체가 Y축을 중심으로 하여 회전운동을 하는 고유 진동이다.
3) **롤링**(Rolling ; 좌우 진동) : 차체가 X축을 중심으로 하여 회전운동을 하는 고유 진동이다.
4) **요잉**(Yawing ; 차체 후부 진동) : 차체가 Z축을 중심으로 하여 회전운동을 하는 고유 진동이다.

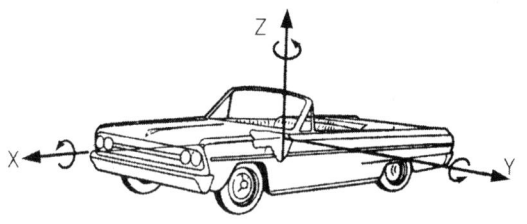

▲ 스프링 위 질량 진동

23 자동차 스프링 아래 질량 진동의 종류

>>> 1) **휠 홉**(Wheel Hop) : 차축이 Z방향의 상하 평행 운동을 하는 진동이다.
2) **휠 트램프**(Wheel Tramp) : 차축이 X축을 중심으로 하여 회전운동을 하는 진동이다.
3) **와인드 업**(Wind Up) : 차축이 Y축을 중심으로 회전 운동을 하는 진동이다.

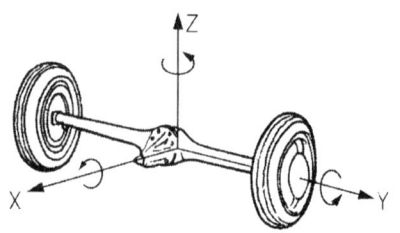

▲ 스프링 아래 질량 진동

24. 요잉 모멘트(스프링 상부에 발생)로 인해 일어나는 현상 5가지를 쓰시오.

>>> 1) 요잉 2) 롤링
3) 피칭 4) 언더 스티어링
5) 오버 스티어링

25. ECS의 구성 부품

>>> 1) 컨트롤 유닛 2) 차속 센서
3) 앞 솔레노이드 밸브 4) 뒤 솔레노이드 밸브
5) 앞 스러스트 유닛 6) 컴프레서 릴레이
7) 헤드램프 릴레이 8) 전, 후 차고 센서
9) 컴프레서 10) 배기 솔레노이드 밸브
11) 리저버 탱크 12) 에어 공급 탱크
13) 압력 스위치 14) 발전기 L 단자
15) 정지등 스위치 16) 도어 스위치
17) 에어 액추에이터 18) TPS 센서
19) 조향 휠 각 속도 센서 20) E.C.S 인디케이터 패널
21) 자기 진단 출력 커넥터

26. 자동차 승차감과 진동수

>>> 1) 80~120 사이클/분 : 가장 좋은 승차감
2) 120 사이클/분 이상 : 딱딱한 느낌
3) 60 사이클/분 이하 : 멀미를 느끼게 됨

27. 독립 현가 장치의 장점

1) 스프링 정수가 작은 것도 사용이 가능하다.
2) 스프링 질량이 작아서 승차감이 우수하다.
3) 바퀴의 시미 현상이 적고 로드 홀딩이 우수하다.

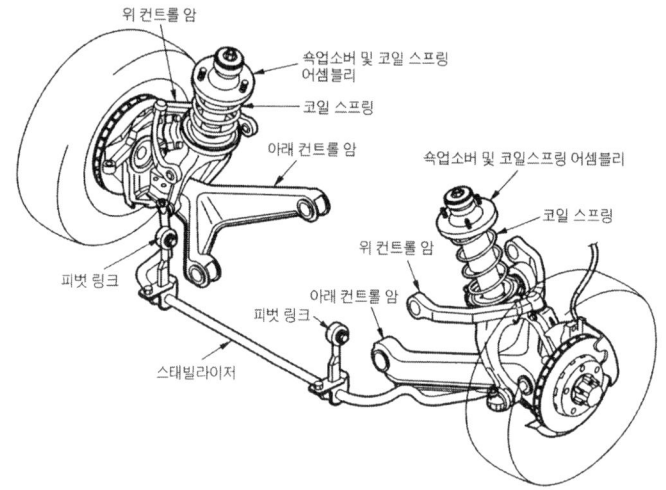

(a) 앞 현가장치

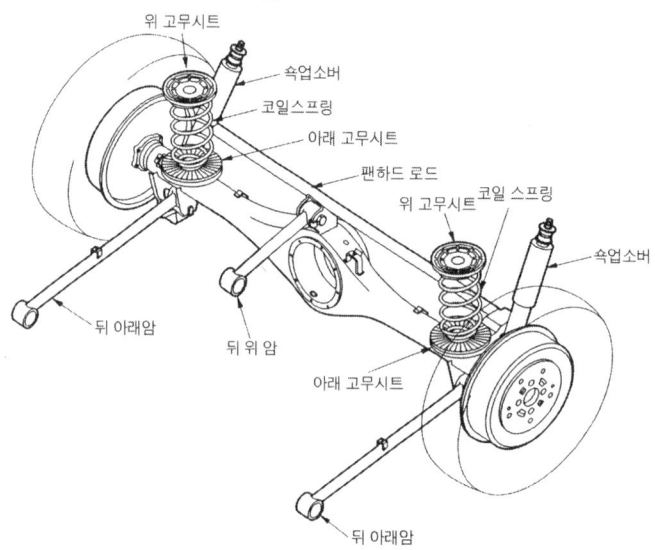

(b) 뒤 현가장치

▲ 독립 차축 현가장치

선회 성능

01 저속 시미 현상의 원인

>>> 시미(Shimmy)란 바퀴의 좌우 진동을 말하며, 고속 시미와 저속 시미가 있다. 바퀴의 동적 불평형일 때 고속 시미가 발생한다.

저속에서 시미가 발생하는 원인은 다음과 같다.
1) 앞바퀴 정렬의 불량
2) 타이어 및 휠의 변형
3) 앞 스프링의 쇠약 또는 절손
4) 조향 링키지의 마모 및 접속부의 유격 과대

02 장비의 주행 저항을 감소시키거나 동력전달 계통의 전달 효율을 향상시키고 연료 소비율을 억제시킬 수 있는 점검 개소

>>> 1) 타이어 공기압을 규정으로 한다.
2) 바퀴 정렬 상태를 점검한다.
3) 브레이크 끌림 상태를 점검한다.
4) 기어 오일의 점도가 적당한지를 점검한다.
5) 클러치의 슬립 상태를 점검한다.
6) 기어 백래시 및 프리 로드 상태를 점검한다.
7) 베어링 마멸 상태를 점검한다.

03 코너링 포스 (Cornering Force)

>>> 차량이 선회할 때 원심력과 평행되는 힘을 말하며 타이어가 미끄러지려는 작용력에 의해 발생된다.(바퀴 진행방향에 대한 직각 방향의 성분으로 자동차가 선회할 때 중요한 힘이다.)

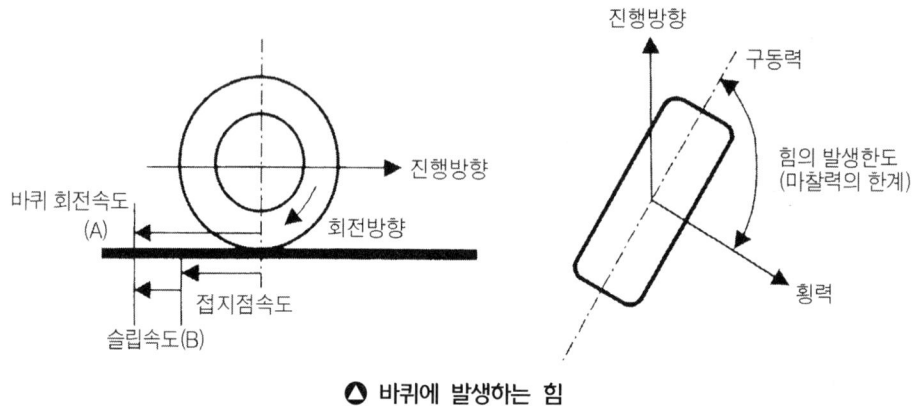

◎ 바퀴에 발생하는 힘

04 오버 스티어링 (Over Steering)

>>> 앞바퀴에 발생하는 코너링 포스가 커지면 차량의 선회 반경이 작아지는 현상

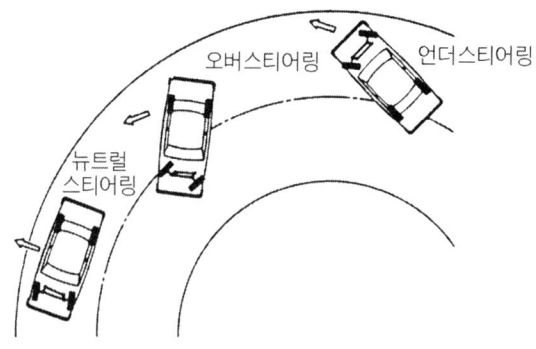

◎ 언더 · 오버 및 뉴트럴 스티어링

Engineer Motor Vehicles Maintenance

05 좌회전 선회 중에 오버 스티어가 발생했을 때 ESP에서 제동을 한다면 어떤 바퀴를 제동할까?(바퀴 한 개만 선택)

>>> 오른쪽 앞바퀴에 제동력을 가해준다.

06 **언더 스티어링**(Under Steering)

>>> 뒷바퀴에 발생하는 코너링 포스가 커지면 차량의 선회 반경이 커지는 현상

주행 성능

01 주행 저항의 종류

>>> 1) **공기 저항** : 자동차가 도로를 주행할 때 진행하는 방향과 반대쪽의 풍압 또는 공기력으로 공기와 접촉하는 투영 단면적에 의해 발생되는 저항
2) **가속 저항** : 자동차를 가속할 때 차량 중량과 타이어 접지면의 마찰에 의해 발생하는 저항
3) **구름 저항** : 자동차 바퀴가 노면을 굴러갈 때 차량 중량에 의해 타이어의 마찰이나 변형으로 인하여 발생하는 저항
4) **구배 저항** : 자동차가 경사지를 올라갈 때 중력이 경사면에 평행인 분력이 가해지는 저항

02 구름 저항 계수

>>> 1) 콘크리트 포장 도로 : 약 0.015
2) 비포장 도로 : 약 0.04
3) 아스팔트 포장 도로 : 약 0.010
4) 자갈을 깐 도로 : 약 0.12
5) 점토질 도로 : 약 0.2~0.3
6) 돌이 깔린 도로 : 약 0.08

휠 얼라인먼트

01 토인의 필요성

>>> 1) 선회시 앞바퀴를 평행하게 회전시킨다.
2) 캠버에 의한 토 아웃(Toe-Out)을 방지한다.
3) 사이드슬립(Side Slip)과 타이어의 마멸을 방지한다.

02 캠버의 필요성

>>> 1) 앞차축의 휨을 방지한다.
2) 핸들의 조작력을 가볍게 한다.

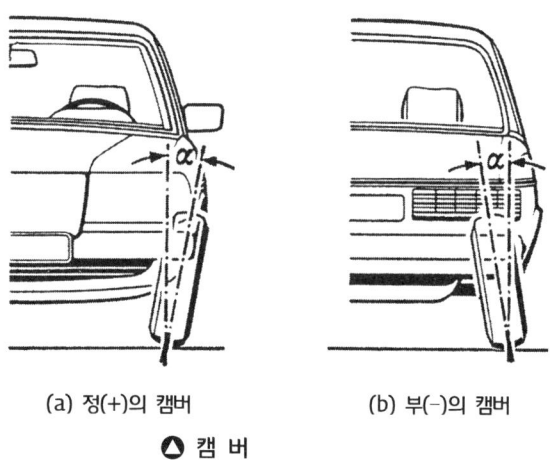

(a) 정(+)의 캠버   (b) 부(-)의 캠버

◎ 캠 버

03 캐스터의 필요성

>>> 1) 핸들에 복원력을 준다.
2) 직진성을 부여한다.
3) 안정성을 부여한다.

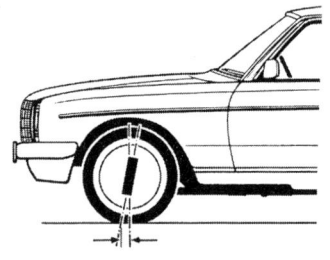
▲ 캐스터

04 킹핀 각의 필요성

>>> 1) 핸들에 복원성을 준다.
2) 핸들의 조작력을 가볍게 한다.

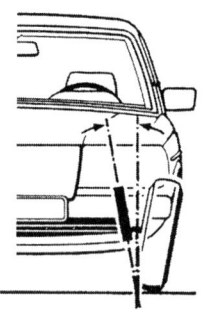
▲ 킹핀 경사각

05 차륜 정렬이 필요한 이유

>>> 1) 타이어의 이상 마모방지   2) 안전성과 승차감 향상
3) 현가장치 부품의 수명연장   4) 연료의 절감
5) 핸들 복원성 부여   6) 핸들 조작력 감소

06 얼라인먼트(Alignment)의 요소

>>> 1) 캠버   2) 캐스터
3) 킹핀 경사각   4) 토
5) 셋백   6) 협각
7) 트러스트 각

Engineer Motor Vehicles Maintenance

07 휠 얼라인먼트 스러스트 각이 클 때 문제점 3가지를 쓰시오.

▶▶▶ 1) 자동차 진행 방향이 비스듬해져 게걸음 형태의 바퀴 궤적을 그린다.
2) 조향 휠의 중심이 틀어지게 되는 등 운전 감각이 흐트러진다.
3) 좌우 선회 시 한 쪽은 오버 스티어, 한쪽은 언더 스티어가 일어나기 쉬워지게 된다.

08 휠 얼라인먼트 측정 전 점검사항을 쓰시오.

▶▶▶ 1) 볼 이음 부분의 헐거움
2) 허브 베어링의 유격
3) 쇽업소버의 누유상태
4) 타이어의 공기압과 마멸 상태
5) 프레임의 변형상태
6) 핸들 유격
7) 로워암 부싱 마멸
8) 차량의 수평 상태
9) 타이어의 규격 동일 여부
10) 타이어에 이물질 부착
11) 차량을 몇 번 흔들어 바운싱시켜 차량의 위치 안정

09 휠 얼라인먼트 전용 리프트를 사용하기 전 점검사항 3가지를 쓰시오.

▶▶▶ 1) 리프트에 정차시킨 차량의 바퀴에 고임목을 설치하여 차량이 구르지 않도록 한다.
2) 리프트를 작업 높이만큼 수평이 되도록 올린 후 잠금 위치에서는 반드시 좌우·앞뒤가 수평 상태임을 전제로 한다.
3) 측정할 차량이 리프트 답판 중앙에 위치하도록 하고 밀림 방지 고임목을 받친다.

10 핸들이 떨리는 이유

>>> 1) 타이어 공기압이 맞지 않을 때
2) 타이어의 마모 상태가 고르지 못할 때
3) 차륜 정렬이 맞지 않을 때
4) 스프링의 절손이나 스프링 탄성이 부족할 때
5) 쇽업소버의 상태가 불량할 때
6) 휠 밸런스가 맞지 않을 때

11 사이드슬립 테스터기에 의해 장비를 검사할 경우 측정 전 점검 사항

>>> 1) 타이어 공기압 상태
2) 허브 베어링 유격
3) 공차 상태
4) 볼 조인트 및 킹핀, 타이로드 엔드 유격
5) 차축과 판스프링 이완 상태

12 앞바퀴 사이드슬립 측정 전 검사장비의 준비사항 8가지를 쓰시오.

>>> 1) 타이어 공기압이 규정 압력인가 확인한다.
2) 바퀴를 잭(Jack)으로 들고 허브 유격과 엔드 볼 및 링키지를 확인한다.
3) 보닛을 위·아래로 눌러보아 현가 스프링의 피로를 점검한다.
4) 자동차는 공차상태에서 운전자 1인이 승차한 상태로 한다.
5) 답판, 자동차 바퀴 등의 이물질을 제거한다.
6) 사이드슬립 테스터의 답판 고정 장치를 해제한다.
7) 지시장치의 표시가 0점에 있는가를 확인하고 영점 조정을 한다.
8) 자동차가 측정기와 정면에서 진입할 수 있도록 한다.

안전 · 검사

01 속도계 측정 시 준비 사항

>>> 1) 측정 장소가 수평일 것
2) 자동차의 축중은 측정기의 허용 축중을 초과하지 않을 것
3) 시험기 롤러를 청결히 하고 윤활 상태를 확인할 것
4) 타이어 트레드에 묻은 오일이나 이물질 등을 제거할 것
5) FR 형식의 차는 앞바퀴에 고임목을, FF 형식의 차는 뒷바퀴에 고임목을 받친다.
6) 타이어 공기압을 규정으로 한다.

02 속도계의 지시 오차가 규정 이상 일 때의 원인

>>> 1) 속도계 시험기 불량이나 계기판의 속도계 불량시
2) 속도계 구동기어나 피동기어의 과대 마멸
3) 타이어가 규격품이 아니거나 공기압이 부적당할 때

03 안전기준 화물 및 특수자동차 제외 일반차량의 차량총중량은(①), 축중(②), 윤중(③)을 초과하여서는 안 된다.

>>> ① 20톤 ② 10톤 ③ 5톤

04 안전기준에 의거하여 다음에 답하시오.

>>> 1) 최소 회전반경 : 12m이내
2) 최저 지상고 : 12cm이상

05 각도법에 필요한 공구 두 가지와 작업순서에 대해 적으시오.

>>> 1) 공구 : 토크 렌치, 토크 앵글 게이지
2) 작업순서 : 체결 볼트를 토크 렌치를 사용하여 규정 토크로 조인 후 앵글 게이지를 사용하여 일정 각도로 더 조인다.

06 각도법 종류

>>> 1) 탄성역 각도법 : 볼트 자체의 변형이 이루어지기 전까지 볼트 체결력을 가하여 체결하는 법
2) 소성역 각도법 : 볼트 자체의 변형이 일어나면서 볼트 체결이 이루어짐

07 토크렌치 사용 시 주의사항 3가지를 쓰시오.

>>> 1) 조일 때만 사용한다.
2) 같은 곳을 여러 번 사용하지 않는다.
3) 정기적으로 검사와 교정을 받는다.

08 회전 부품 유의사항

>>> 1) 장갑이나 작업복 소매 등이 닿지 않게 주의한다.
2) 보호 커버를 꼭 설치한다.
3) 회전 중에 주유나 정비 작업을 하지 않는다(전원 스위치를 꼭 off 하고 정비 할 것).

| 09 | 자동차 정비사가 정비 중 임의로 구조변경을 못하는 법적 제한사항 8가지를 쓰시오.

>>> 1) 구조변경 승인 없이 HID(가스방전식) 전조등 설치
2) 소음기(머플러) 불법 개조
3) 야간에 미등과 따로 조작되는 번호판등
4) 자동차 등록번호판 및 봉인의 탈락 및 훼손
5) 자동차에 철재 범퍼가드 불법장착
6) 등화장치 색상변경 및 설치 위치 부적정
7) 타이어 돌출, 하체 높임 등 차량의 길이, 너비, 높이 임의변경
8) 의자, 창문 등의 구조 임의변경

| 10 | 일반자동차는 크기 기준 얼마를 초과하면 안 되는가?

>>> 1) 길이 : 13m(연결 자동차의 경우 16.7m)
2) 너비 : 2.5m
3) 높이 : 4m

| 11 | 공차상태 조건이 아닌 것을 보기에서 모두 고르시오.

[보기] 예비타이어, 연료, 예비부품, 냉각수, 승차원, 윤활유, 기타 휴대품, 공구

>>> 예비부품, 승차원, 기타 휴대품, 공구

TIP
자동차에 사람이 승차하지 아니하고 물품(예비 부분품 및 공구 기타 휴대 물품을 포함함)을 적재하지 아니한 상태로서 연료·냉각수 및 윤활유를 만재(滿載)하고 예비 타이어(예비 타이어를 장착할 수 있는 자동차에 한함)를 설치하여 운행할 수 있는 상태를 말한다.

12 종합검사대행자 및 지정사업자의 검사기기 품목을 기록하시오.

>>> 1) 자동차 배출가스(CO, HC 및 NOx)·공기과잉률 측정기 및 그 부속기기 1조 이상
2) 부분유량 채취방식 광투과식 매연측정기 1대 이상
3) 교정용 표준가스(O_2, CO, HC, CO_2 및 NOx) 1조 이상
4) 교정용 표준 필터(40%, 60% 및 80%) 1조 이상
5) 소형차대 동력계(차량총중량 5.5톤 이하 자동차 부하검사용) 및 그 부속기기 1조 이상
6) 대형차대 동력계(차량총중량 5.5톤 초과 자동차 부하검사용) 및 그 부속기기 1조 이상
7) 엔진 회전속도계 2조 이상(휘발유, 가스, 알코올 자동차용, 경유자동차용 각 1조 이상)
8) 검사 장면 촬영용 카메라
9) 매연 포집 시설
10) 엔진 전자제어 진단기 1조 이상
11) 가스누출 탐지기와 소음 측정기

13 다음 괄호 안에 알맞게 쓰시오.

승용차와 차량 총중량 3.5톤 이하인 승합 화물 특수 자동차에는 자동차 공기압 경고 장치 (①)를 설치해야 한다. 이는 시속 (②) km/h에서 최고 시속 범위에서 작동 되어야 한다.

>>> ① TPMS ② 40

전기 Electricity

**기초 전기 · 반도체 · 자동차 센서 · 축전지
기동장치 · 점화장치 · 발전기 · 등화장치
경음기 및 와이퍼 · 냉방장치 · 에어백
안전장치 · 예열장치 · 하이브리드**

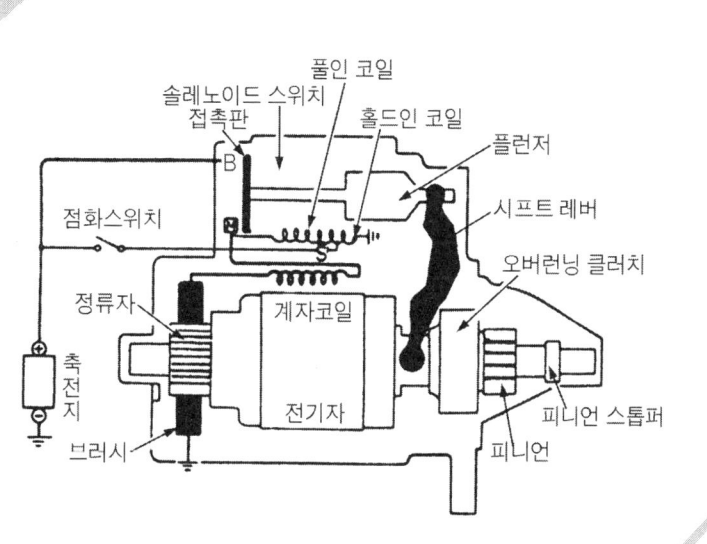

기초 전기

01 전기장치 중 전기에너지를 열에너지로 변환하여 사용하는 장치 4가지를 쓰시오.

>>> 1) 예열 플러그
2) 스티어링 열선
3) 시트 열선
4) 리어 글래스 열선

02 아날로그 방식과 디지털 방식 센서의 특징을 각각 두 가지씩 쓰시오.

>>>

아날로그	디지털
• 구조가 단순하다. • 내구성이 양호하다. • 가격이 저렴하다. • 디지털 신호 변환기가 필요하다. • 노이즈 내성이 취약하다.	• 디지털 신호 변환기가 없어도 된다. • 노이즈 내성이 좋다. • 구조가 복잡하다. • 상대적 내구성이 약하다.

03 멀티미터 사용 시 절환 스위치 확인을 확실히 해야 하는 이유를 쓰시오.

>>> 테스터 전원에 의한 오작동으로 센서를 보호하기 위하여

04 전기 장치를 정비할 때의 안전 수칙

>>> 1) 각종 전기 장치 스위치를 끈다.
2) 축전지 케이블을 먼저 제거한다.
3) 배선 손상으로 인한 쇼트 발생을 방지한다.
4) 규정 용량의 퓨즈를 사용해야 한다.
5) 커넥터의 연결을 확실하게 한다.
6) 전기 장치에 물이 들어가지 않게 한다.
7) 테스터기 사용 시 정확한 부위를 점검해야 한다.

05 전기 퓨즈의 용단의 원인 3가지를 적으시오.

>>> 1) 회로 합선으로 인해 과대 전류가 흐를 때
2) 잦은 On/Off 반복으로 피로가 누적되었을 때
3) 퓨즈 홀더의 접촉 저항 발생에 의한 발열 때

06 퓨즈 재료의 합금 조성

>>> 1) 퓨즈는 단락(Short)으로 인하여 전선이 타거나 과대 전류가 부하로 흐르지 않도록 하는 안전장치이며, 퓨즈의 접촉이 불량하면 전류의 흐름이 저하되고 끊어진다.
퓨즈는 회로에 직렬로 연결된다.
2) 재료는 카드뮴 12%정도, 창연 50%정도, 납 25%정도, 주석 13%정도의 합금으로 조성되어 있다.

07 전기 장치 정비 시 접지선을 먼저 제거하는 이유

>>> 차체에는 접지선에 전류가 흐르고 있으므로 전기 장치의 보호와 스파크에 의한 위험을 방지하기 위해서이다.

08 전기 장치 점검 항목

>>> 1) 퓨즈블 링크 2) 발전기
3) 기동 전동기 4) 축전지
5) 릴레이 6) 계기류
7) 전동 팬 8) 전구류
9) 스위치

09 스위치 접촉 저항을 감소시킬 수 있는 방법

>>> 1) 접촉 압력 증가
2) 접촉 면적 증가
3) 접촉 부위 청소
4) 단자의 도금

10 배선의 병렬 결선의 특징

>>> 1) 합성 저항은 각 저항의 역수의 합의 역수와 같다.
2) 각 저항에서 동일한 전압이 형성된다.
3) 합성 저항값은 각 저항의 값보다 작다.
4) 용량이 큰 전원이 필요하다.

$$\frac{1}{R} = \frac{1}{R_1} + \frac{1}{R_2} + \frac{1}{R_3} + \cdots\cdots + \frac{1}{R_n}$$

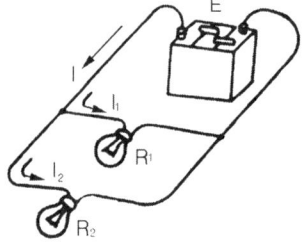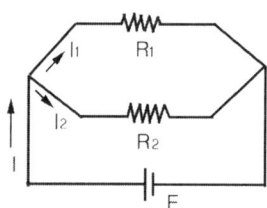

◎ 저항의 병렬접속 방법

11. 배선의 직렬 결선의 특징

>>> 1) 전압이 나뉘어져 저항으로 흐른다.
2) 어떠한 저항에서든지 같은 전류가 흐른다.
3) 전체 합성 저항의 값은 각 저항의 합과 같다.

$$R = R_1 + R_2 + R_3 + \cdots + R_n$$

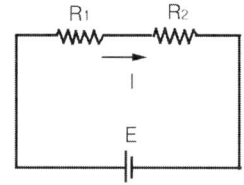 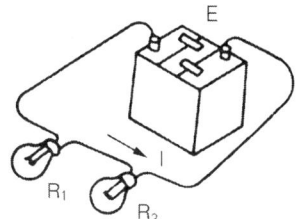

▲ 저항의 직렬접속 방법

12. 전류의 3대 작용

>>> 1) 발열 작용
2) 화학 작용
3) 자기 작용

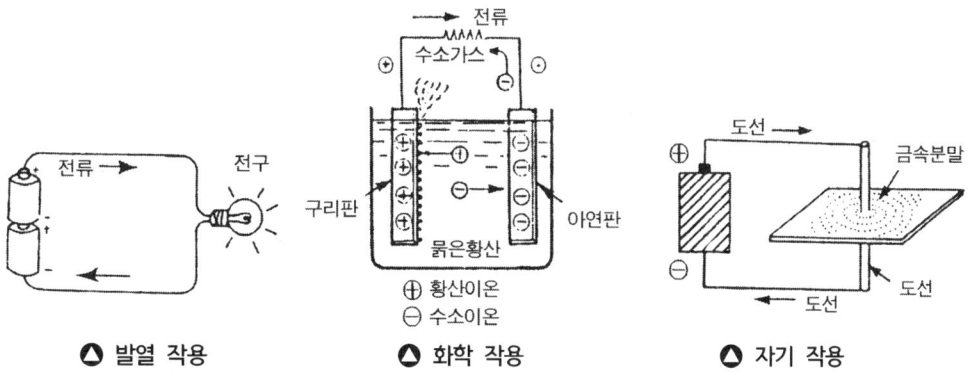

▲ 발열 작용　　▲ 화학 작용　　▲ 자기 작용

| 13 | **저항의 연결 방법 종류**

>>> 1) **직렬 접속** : 몇 개의 저항을 한 줄로 접속하는 방법이며 합성 저항의 값은 각각의 저항의 합과 같다.
2) **병렬 접속** : 몇 개의 저항을 여러 통로로 연결하는 방법이며 합성 저항의 값은 각 저항의 역수를 합한 값의 역수와 같다.
3) **직·병렬 접속** : 직렬 접속과 병렬 접속을 혼합한 방법이다.

| 14 | **논리 회로의 종류 (1 : ON, 0 : OFF)**

>>> 1) **OR회로(논리합 회로)** : 회로 중에 스위치 2개를 병렬로 접속한 회로를 말하는데 1개의 스위치만 1이 되어도 출력은 1이 된다. 2개의 스위치가 모두 2가 되어야 출력이 2가 된다.
2) **AND회로(논리적 회로)** : 회로 중에 스위치가 동시에 1이 되어야 출력도 1이 되는 회로 즉, 어느 한 스위치가 2이면 출력도 2가된다.
3) **NOT회로(부정 회로)** : 입력이 1이면 출력은 2이고, 입력이 2이면 출력은 1이 되는 부정 회로
4) **NOR회로(부정 논리합 회로)** : OR회로의 출력이 2이면 NOT회로의 출력은 1이 되고 OR회로의 출력이 1이면 NOT회로의 출력은 2가 되는 회로

| 15 | **다음 그림의 논리회로에 대해 쓰시오.**

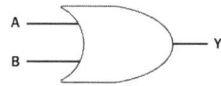

>>> 기호 : 논리합 회로(OR)

입출력 :

A	B	Y
0	0	0
1	0	1
0	1	1
1	1	1

| 16 | **논리 게이트 NAND 진리표에 답하시오.** |

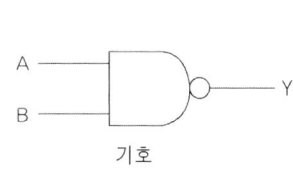

입력		출력
A	B	Y
0	0	1
0	1	1
1	0	1
1	1	0

A = 0 B = 0 Y = 1
A = 0 B = 1 Y = ①
A = 1 B = 0 Y = ②
A = 1 B = 1 Y = ③

>>> ① 1   ② 1   ③ 0

| 17 | **차량에서 발생되는 전파 잡음의 원인** |

>>> 1) 고압 케이블에서 발생되는 고주파 잡음
2) 발전기에서 발생되는 고주파 잡음
3) 와이퍼 모터에서 발생되는 고주파 잡음
4) 점화 코일에서 발생되는 고주파 잡음

반도체

01 반도체 소자(트랜지스터)의 장점

>>> 1) 소형이고 경량이다.
2) 내부의 전력 손실이 적다.
3) 예열 시간이 아주 짧다.
4) 수명이 길다.

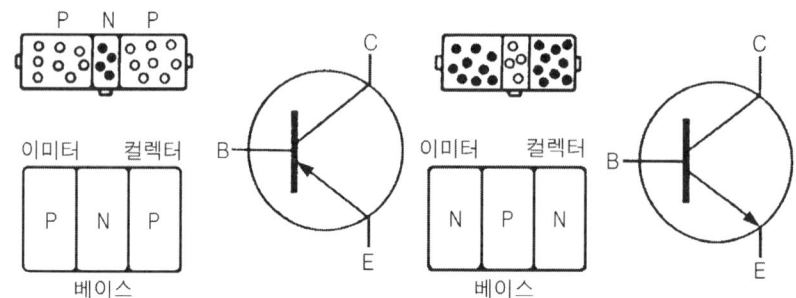

● 트랜지스터의 구조

02 반도체 소자(트랜지스터)의 단점

>>> 1) 열에 약하다.
2) 높은 전압에서는 사용이 불가능하다.
3) 습기, 충격에 약하다.
4) 전류가 정격 값 이상이 되면 파괴되기 쉽다.
5) 역내압이 낮다.

03 포토 트랜지스터

>>> 1) PN접합의 2극 소자와 PNP의 3극 소자가 있으며 빛이 베이스 전류 대용으로 사용 되므로 베이스 단자가 없는 형식이다.
2) 빛에 의해 컬렉터 전류가 제어되는 스위치 기능을 하는 트랜지스터로서 조향 휠 각속도 센서에 이용된다.

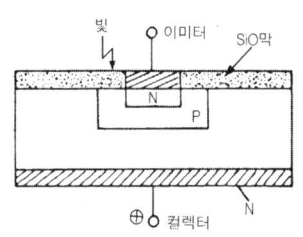
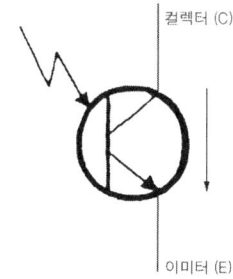

▲ 포토트랜지스터의 구조

04 포토 다이오드

>>> PN접합부에 빛을 가하면 역방향으로 전류가 흐르는 다이오드로서 배전기 내의 크랭크 각 센서와 TDC 센서에 이용되고 있다.

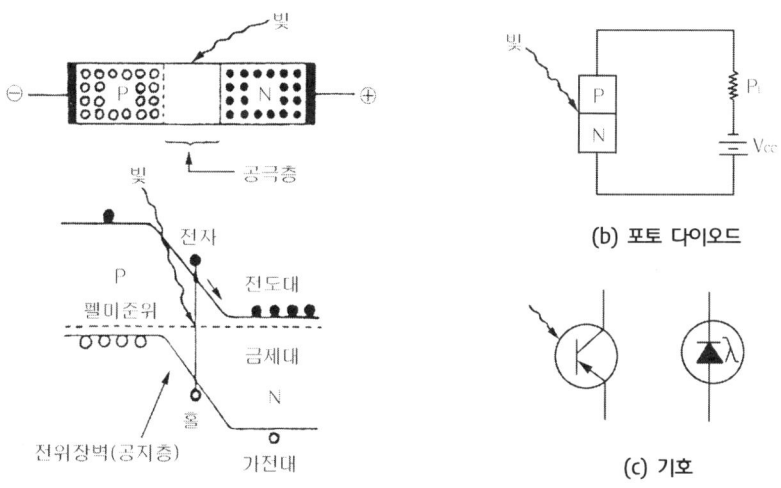

(a) 포토 다이오드의 원리 및 구조

▲ 포토 다이오드의 구조와 기호

05 서미스터(Thermistor)

>>> 1) 온도의 변화에 따라 저항값이 변하는 일종의 가변 저항기로서 온도가 높아지면 저항값이 커지는 정특성 서미스터와 온도가 높아질수록 저항값이 작아지는 부특성 서미스터가 있다.

2) 서미스터는 온도 보상 기능도 한다.

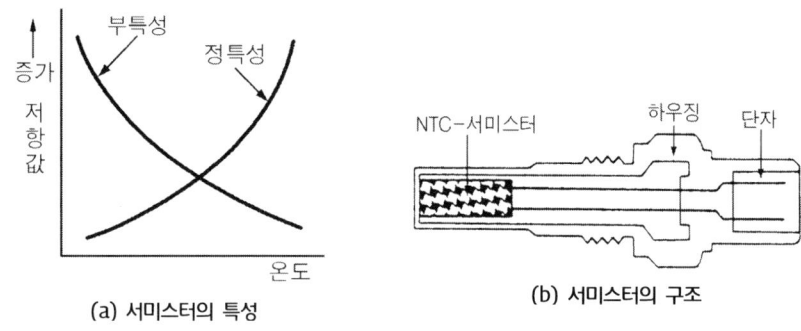

▲ 서미스터의 구조

06 부특성 저항체의 온도에 따른 저항변화를 쓰시오.

>>> 1) 온도가 올라가면 : 저항은 감소한다.
2) 온도가 내려가면 : 저항은 증가한다.

07 밸러스트 저항

>>> 온도에 따라 저항이 비례하는 가변 저항기이며 과도한 전류가 흐를 때 점화 코일이 발열되어 점화 코일의 성능이 저하되는 것을 방지하는 역할을 한다.

만일 밸러스트 저항이 불량하면 저속 운전시 과대 전류로 점화 코일이 발열되어 점화 성능이 저하되고 고속시에는 전류의 흐름이 나빠져 실화될 수 있다.

08 사이리스터(Thyristor)

>>> 순방향으로 부성 저항을 가진 NPNP, PNPN의 4층 구조로 된 제어 정류기를 말한다.

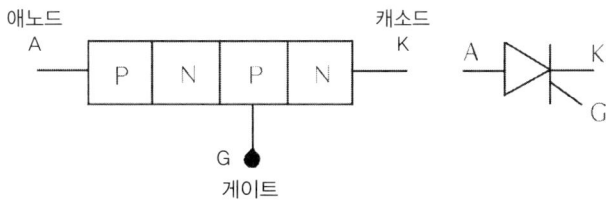

▲ 사이리스터의 구조

자동차 센서

01 크랭크 각 센서(CKP)의 파형이 측정되지 않았다. 원인 두 가지를 쓰시오. (단, 톤휠과 진단장비는 정상)

>>> 1) 크랭크 각 센서 불량
2) 크랭크 각 센서 커넥터 접촉 불량

02 압력 센서의 종류

>>> 1) 권선 저항형 센서(LVST) : 압력의 변화를 코어의 변위로, 코어의 변위를 전압의 변화로 출력시키는 센서
2) 반도체 다이오드 압력 센서 : 실리콘 또는 게르마늄 등의 반도체가 압력을 받으면 압력에 대응하여 고유 저항이 변화되는 현상을 이용하여 전기 저항을 검출하는 센서
3) 용량형 센서 : 알루미나제 다이어프램과 알루미나제 기반을 접근시켜 나열하여 전기 용량을 형성하고 다이어프램 상하의 압력차에 의해서 전기 용량이 변하는 성질을 이용하여 압력에 비례하는 전기 신호를 얻는 센서

03 압력 센서 중 용량형 센서

>>> 알루미나제 다이어프램과 알루미나제 기반을 접촉 나열해서 전기 용량을 형성하고 다이어프램 상하의 압력 차이에 의해서 전기 용량이 변하는 성질을 이용하여 압력에 비례하는 전기적 신호를 얻는 센서를 말한다.

04 차량에서 사용되는 초음파 센서에 대해 쓰시오.

>>> 사람의 귀에 들리지 않을 정도로 높은 주파수(약 20 KHz 이상)의 소리인 초음파가 가지고 있는 특성을 이용한 센서로 발진 소자에서 방사된 초음파가 검지대상물에 반사하여 수신소자로 돌아오기까지의 시간차로부터 대상물까지의 거리를 측정한다. 대표적으로 후방 감지 센서로 쓰인다.

05 서모센서 (Thermo Sensor)

>>> 온도가 상승함에 따라 저항이 감소하는 가변 저항으로 기관의 냉각수 온도를 감지하여 컴퓨터에 정보를 줌으로서 연료 분사량을 보정할 수 있게 한다.

06 반도체 피에조 저항 센서

>>> 결정체에 압력이나 장력을 가하면 결정이 변형하여 결정 단면에 정전하가 발생된다. 이것을 이용한 센서를 반도체 피에조 저항 센서라고 하며, 이 효과를 이용한 센서로는 노크 센서가 있고 쇽업소버에 설치되어 감쇠력 제어에 이용되는 센서도 이 센서의 일종이다.

07 차동 트랜스식(LVDT)센서

>>> 금속 다이어프램을 이용한 것으로 압력의 변화를 전압의 변화로 변환시키는 센서를 말하는데 기관에서 MAP센서로 많이 이용되고 있다.

축전지

01 축전지 설페이션(Sulfuration) 현상이 발생하는 이유

1) 과 방전 하였을 때
2) 극판이 단락되었을 때
3) 전해액의 비중이 너무 높거나 낮을 때
4) 전해액의 부족으로 극판이 노출되었을 때
5) 충전 전압이 너무 낮을 때
6) 전해액에 불순물이 혼입 되었을 때
7) 불충분한 충전을 반복하였을 경우

02 유화(Sulfuration) 현상

축전지를 방전상태로 오래 방치하면 극판이 영구 황산납으로 되어 원래의 상태로 회복되지 못하는 것을 말한다. 황산납은 전도성을 잃고 화학작용을 하지 못하게 되어 축전지의 기능이 상실된다.

03 축전지의 기능

1) 기관 시동시 전기적 부하를 공급
2) 발전기 고장시 자동차의 주행 상태 확보
3) 주행 상태에 따른 발전기 출력과 부하와의 언밸런스 조정

04 축전지의 구비 조건

>>> 1) 소형이며 경량일 것
2) 제작비가 쌀 것
3) 주행 중 진동에 견딜 것
4) 수명이 길고 다루기 쉬울 것
5) 전기적 용량이 클 것
6) 절연성이 클 것
7) 충전 및 점검에 편리한 구조일 것
8) 전해액의 누출 방지가 완전할 것
9) 진동에 견딜 수 있을 것

05 알칼리 축전지의 특징

>>> 1) 보수 및 취급이 용이하다.
2) 수명이 길고 충전 시간이 짧다.
3) 저온에서도 시동성이 좋다.
4) 과충전해도 가스가 발생하지 않는다.
5) 과충전, 과방전 등 가혹한 조건에서도 성능이 좋다.
6) 가격이 비싸다.

06 축전지의 보관 방법

>>> 1) 완전 충전시켜 보관한다.
2) 2주에 1회 정도씩 보충전 한다.
3) 통풍이 잘되고 어둡고 서늘한 곳에 보관한다.

07 납산 축전지의 화학 반응식

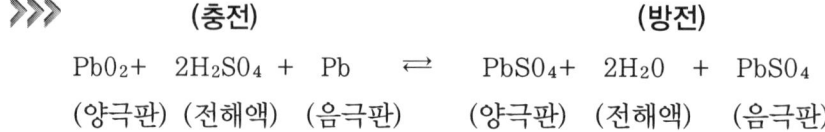

$$PbO_2 + 2H_2SO_4 + Pb \rightleftarrows PbSO_4 + 2H_2O + PbSO_4$$
(양극판) (전해액) (음극판)　　(양극판) (전해액) (음극판)

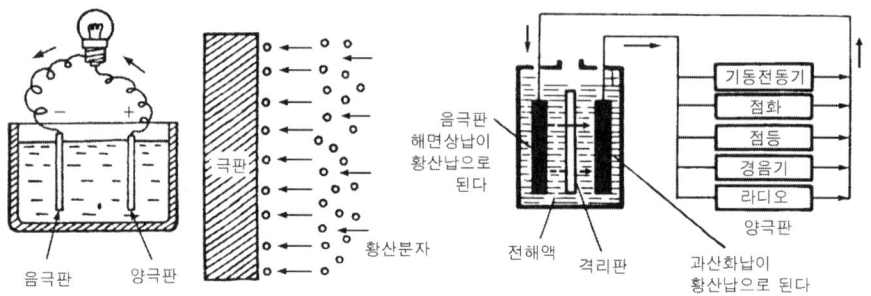

○ 방전 중의 화학작용

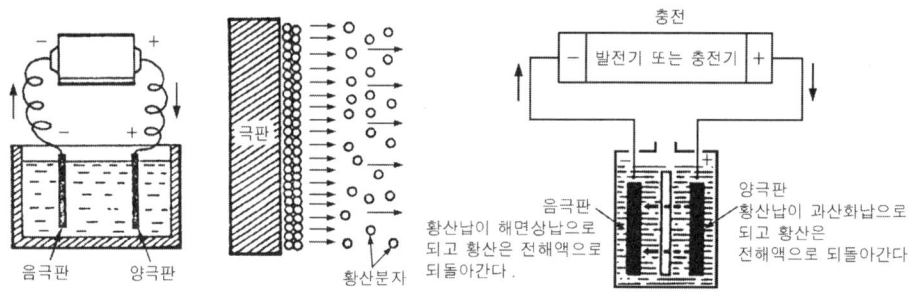

○ 충전 중의 화학 작용

08 축전지 자기 방전의 원인

1) 극판이 황산과의 화학작용으로 황산납화 될 때
2) 전해액에 불순물이 혼합되어 국부 전지가 형성될 때
3) 퇴적물에 의한 극판이 단락 될 때
4) 축전지 윗면에 전해액의 누설로 인한 전류의 누전이 발생할 때

09 축전지 용량에 영향을 주는 요소

>>> 1) 극판의 크기   2) 극판의 수
3) 전해액의 양   4) 극판의 두께

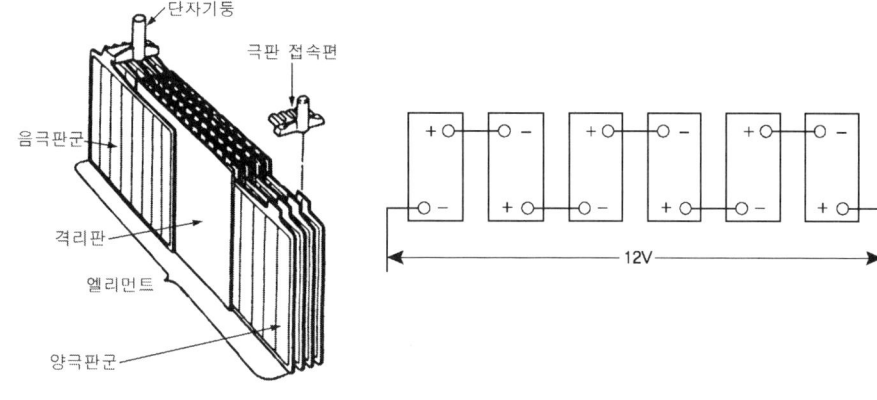

▲ 극판군의 구조

10 축전지 용량 표시 방법

>>> 1) 20시간 방전율   2) 냉간율
3) 25A율

11 축전지에서 음극판이 양극판보다 한 장 더 많은 이유

>>> 양극판이 음극판보다 더 활성적이기 때문에 음극판과의 화학적 평형을 이루게 하기 위해서이다.

12 축전지 격리판의 구비 조건

>>> 1) 부식성이 적을 것   2) 비전도성 일 것
3) 다공성 일 것   4) 기계적 강도가 클 것
5) 전해액의 확산이 잘 될 것
6) 극판에 좋지 않은 물질을 내뿜지 않을 것

13. 축전기(Condenser) 시험 방법의 종류

>>> 1) 누설 시험
2) 직렬저항 시험
3) 용량 시험

14. 축전지 용량 시험 시 주의 사항

>>> 1) 전해액이 옷이나 피부에 묻지 않게 한다.
2) 부하 전류는 축전지 용량의 3배를 초과하지 않게 한다.
3) 안전한 시험기 조작을 한다.
4) 부하시간은 15초 이내로 한다.

15. 축전지 점검 사항

>>> 1) 전해액 양을 정기적으로 점검한다.
2) 전해액의 비중을 점검한다.
4) 축전지 케이스의 설치상태 및 축전지 케이스의 균열을 점검한다.
5) 축전지의 터미널이나 케이블 단자의 부식 상태를 점검한다.

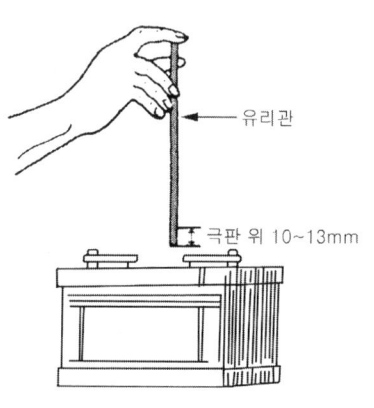

 전해액 높이 점검

16. 축전지 전압 측정 방법

>>> 1) 고방전 시험법
2) 경부하 시험법
3) 개회로 시험법

17. 축전지 양극 단자와 음극 단자 구별법

양 극 단 자	음 극 단 자
굵다	가늘다
암갈색	회백색
P자 표시	N자 표시
+ 표시	− 표시
케이블 색 : 적색	케이블 색 : 흑색

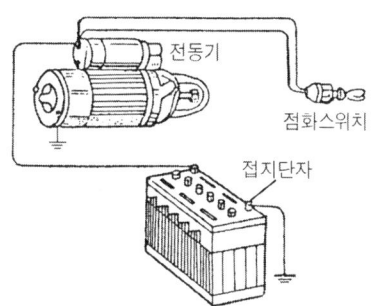

▲ 단자 기둥과 접지 단자

18. 축전지 격리판의 홈이 있는 면이 양극판 쪽으로 설치된 이유

1) 양극판이 산화됨에 의해서 격리판이 부식되는 것을 방지
2) 양극판에 전해액을 충분히 통하도록 하기 위해서
3) 전해액 확산이 잘 되게 하기 위해서

19. 축전지 자기 방전(放電)에 영향을 주는 요소

1) 전해액의 온도가 낮을수록 많다.
2) 전해액 비중이 높을수록 자기 방전량이 적다.
3) 완전 충전된 축전지일수록 자기 방전량이 적다.

20. 축전지 충전시 전해액의 온도가 45℃가 넘지 않도록 하는 이유

>>> 폭발 우려가 있기 때문이다.
극판과 격리판이 손상될 우려가 있기 때문이다.

21. 축전지 충전(또는 급속 충전) 시 주의 사항을 나열하시오.

>>> 1) 통풍이 잘 되는 곳에서 실시한다.
2) 벤트 플러그를 모두 연다.
3) 전해액이 부족하면 증류수를 보충한다.
4) 충전할 축전지의 비중을 측정한다.
5) 화기를 가까이 하지 않는다.
6) 전해액의 온도가 45℃이상 되지 않게 한다.
7) 과 충전하지 않는다.
8) 터미널 극성을 정확히 하여 역 충전하지 않는다.
9) 급속 충전시는 축전지 수명이 짧아지므로 급속 충전은 되도록 피하는 것이 좋다.
10) 충전중인 축전지에 충격을 가하지 말 것
11) 전해액을 혼합할 때엔 물에 황산을 천천히 부으면서 잘 저어서 만들어야 한다.

22. 축전지 단자 케이블의 접속이 불량하거나 부식이 심하여 접촉 저항이 클 때 나타나는 현상

>>> 1) 기관의 시동이 곤란해진다.
2) 축전지의 충전 불량으로 축전지가 방전된다.
3) 전구가 끊어지는 경우가 발생한다.

23. 축전기(Condenser) 정전 용량의 증감 요소

>>> 1) 전압에 비례한다.
2) 금속판 사이 절연체의 절연도에 비례한다.
3) 마주 보는 금속판 면적에 비례한다.
4) 금속판과 금속판 사이의 거리에 반비례한다.

24. 전해액의 온도가 내려갈 때 축전지의 영향

>>> 1) 동결의 온도가 높아짐(정상보다 높은 온도에서 동결됨)
2) 용량의 감소
3) 전해액의 비중이 높아짐
4) 전압이 낮아짐

25. 축전지의 충전법

>>> 1) **급속 충전** : 시간적인 여유가 없을 때 급속 충전기를 사용하여 축전지 용량의 1/2로 충전하는 방법
2) **단별 전류충전** : 정 전류 충전법과 동일한데 충전 중에 전류를 단계적으로 감소시켜 과 충전을 방지할 수 있는 충전법
3) **정 전류 충전** : 충전 시작부터 종료까지 일정 전류로 충전하는 방법
4) **정 전압 충전** : 충전 시작부터 종료까지 일정 전압으로 충전하는 방법

26. 충전 상태의 판정법

>>> 1) 축전지 단자 전압이 12.8V 이상
2) 전해액 비중이 1.260~1.280
3) 셀당 전압이 2.1~2.3V
4) 충전이 다되면 양극판에서는 전기 분해 작용에 의해 가스가 많이 발생된다.

27. 주행 중 충전 경고등이 점등되는 원인

>>> 1) 구동 벨트가 느슨하거나 마모됨
2) 발전기 관련 퓨즈가 끊어짐
3) 퓨즈블 링크가 끊어짐
4) 전압 레귤레이터 혹은 알터네이터 결함
5) 와이어링 결함
6) 배터리 케이블의 부식, 마모

28. 충전 경고등이 점등되는 원인 6가지를 쓰시오.

>>> 1) 구동벨트가 느슨하거나 끊어짐
2) 퓨즈가 끊어짐
3) 퓨즈블 링크가 끊어짐
4) 전압 레귤레이터 혹은 알터네이터 결함
5) 와이어링 결함
6) 배터리 케이블의 부식, 마모

29. 축전지 케이스가 부풀리는 이유

>>> 1) 벤트 플러그 막힘
2) 축전지의 과충전
3) 축전지의 전해액의 온도 상승
4) 축전지 설치 클램프 볼트 과대 조임

30. 정전류 충전법

>>> 1) **최소 충전 전류**: 축전지 용량의 5%정도
2) **표준 충전 전류**: 축전지 용량의 10%정도
3) **최대 충전 전류**: 축전지 용량의 20%정도

31. 축전기(Condenser)의 특성

>>> 1) 축전기 시험
① 용량 시험
② 직렬 저항 시험
③ 누설 시험

2) 정전 용량 : 0.2~0.3μF
3) 내열성 : 85℃이상일 것
4) 절연 저항 : 85℃에서 1MΩ이상일 것
5) 기능
① 불꽃 방전을 흡수하여 접점을 보호한다.
② 1차 전류의 빠른 회복으로 2차 고압을 유도한다.

기동장치

01 기동 전동기의 피니언 기어가 플라이휠 링 기어에 치합되지 않는 이유

>>> 1) 피니언 기어의 과대 마멸
2) 마그네트 스위치 불량
3) 오버런닝 클러치 스프링 파손
4) 전기자 축의 엔드 플레이 과대
5) 기동 전동기 피니언 요크나 스프링 불량
6) 플라이 휠 링 기어의 심한 마멸
7) 시프트 레버 고정 핀의 파손

02 기동 전동기 스위치를 Off시켜도 전동기가 계속 회전하는 이유

>>> 1) 마그네트 접촉판이 B단자와 M단자 간에 계속 접촉 되었을 때
2) 전기자 스위치 플런저 스프링이 약하거나 파손 되었을 때
3) 전자식 스위치 코일이 단락 되었을 때
4) 점화 스위치 불량으로 B단자와 ST선이 계속 접속되었을 때

03 기동 전동기의 동력전달 방식의 종류

1) 벤딕스식 : 피니언 기어의 관성을 이용하여 링 기어에 동력을 전달하는 방식

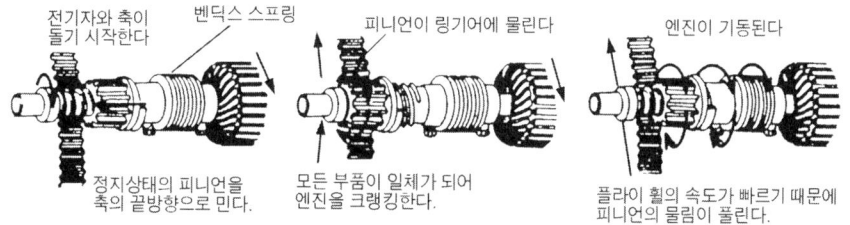

△ 벤딕스형 기동 전동기의 작동 원리

2) 전기자 섭동식 : 피니언 기어가 전기자 끝 부분에 고정되어 전기자 몸체가 이동을 하여 피니언 기어를 링 기어에 치합시키는 방식

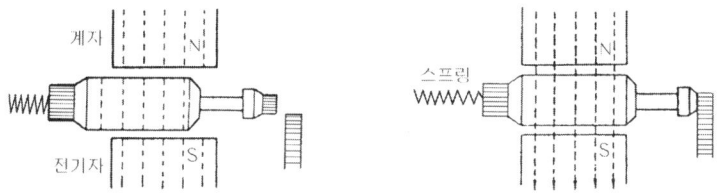

△ 전기자 섭동식의 구조와 작동

3) 피니언 섭동식(오버 런닝 클러치식) : 전자석 스위치의 시프트 레버에 의해 피니언 기어가 링 기어에 치합되게 하여 동력을 전달하는 방식

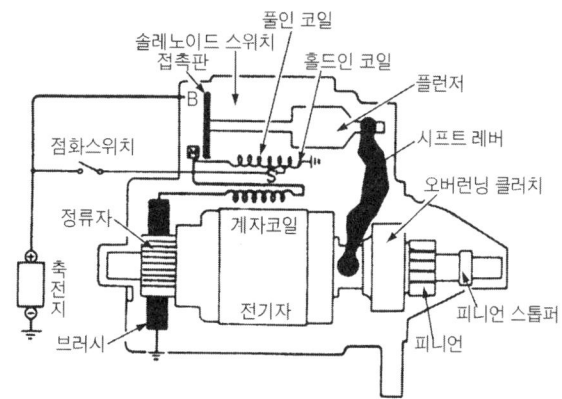

△ 전자 피니언 섭동식의 구조

04 플레밍의 왼손 법칙

>>> 왼손의 엄지, 인지, 가운데 손가락을 직각이 되도록 편 상태에서 인지를 자력선의 방향으로 향하게 하고 가운데 손가락 방향으로는 전자력이 작용하면 엄지손가락의 방향이 힘의 방향이 된다.
기동 전동기, 전류계, 전압계 등에 이용된다.

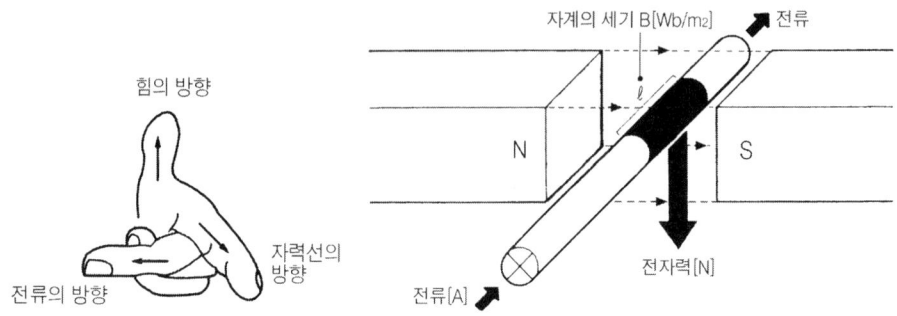

▲ 플레밍의 왼손 법칙과 전자력

$$전자력\ F = BI\ell [\text{N}]$$
B : 자계의 세기   I : 도체에 흐르는 전류 ℓ : 도체의 길이

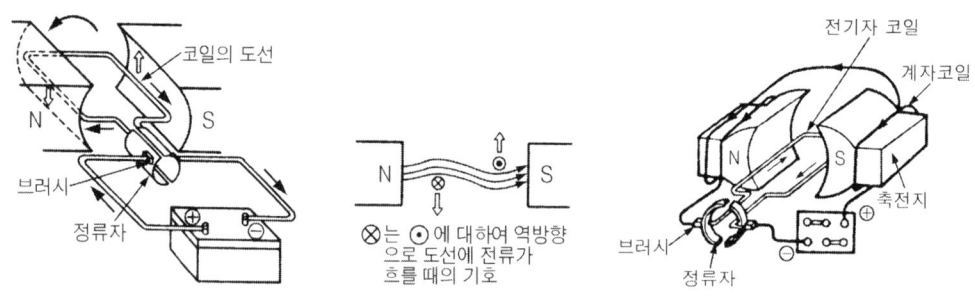

▲ 기동 전동기 원리

05 기동 전동기가 회전이 느리고 많은 전류가 흐르며 회전력이 약한 이유

>>> 1) 베어링이나 부싱 간극이 너무 클 때
2) 전기자 코일이나 계자 코일이 접지 되었을 때
3) 전기자 코일이 계자 철심에 닿았을 때
4) 전기자 코일이 단락 또는 접지 되었을 때
5) 전기자 축이 휘었을 때
6) 전기자 축과 부싱의 간극이 너무 짧을 때
7) 계자 코일이 단락 또는 접지 되었을 때
8) 베어링이 과대 마멸되었을 때

06 기동 전동기의 회전이 느린 이유

>>> 1) 축전지 전압이 낮을 때
2) 브러시와 정류자의 접촉이 불량할 때
3) 축전지 케이블의 접속이 불량할 때
4) 계자 코일이 단락 또는 접지 되었을 때
5) 전기자 코일이 단락 또는 접지 되었을 때
6) 브러시 스프링의 장력이 약할 때

07 기동 전동기에 전류가 흐르지 않는 이유

>>> 1) 전기자 코일 단선
2) 계자 코일 단선
3) 정류자 소손
4) 브러시 스프링 피로 또는 절손, 브러시의 마멸
5) 브러시와 정류자가 접촉 불량
6) 정류자 마이카의 돌출
7) 정류자의 오손

08 크랭킹시 기동 전동기의 회전력이 저하되는 이유 3가지를 쓰시오. (기동 전동기는 정상일 경우)

>>> 1) 축전지의 불량으로 전압이 낮을 때
2) 기관 베어링이 고착 되었을 때
3) 기관 오일의 점도가 높을 때

09 기동 전동기가 회전하지 않는 이유

>>> 1) 축전지의 과방전
2) 축전지 접속 케이블의 단선이나 접속 불량
3) ST 스위치의 단선이나 빠짐
4) 전기자 스위치 접촉판 접촉 불량
5) 브러시와 정류자의 접촉 불량

10 직류 전동기의 종류

>>> 1) **직권식** : 전기자 코일과 계자 코일이 직렬로 접속된 것
2) **분권식** : 전기자 코일과 계자 코일이 병렬로 접속된 것
3) **복권식** : 전기자 코일과 계자 코일이 직·병렬로 접속된 것

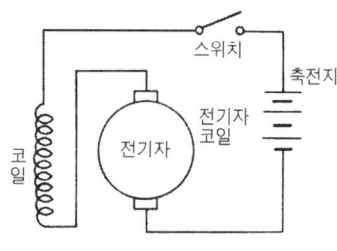

◐ 직권 전동기

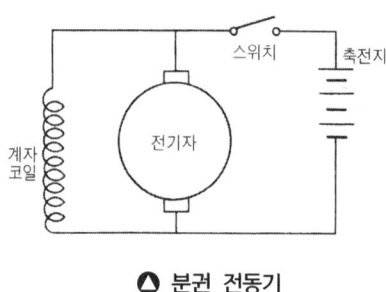

◐ 분권 전동기

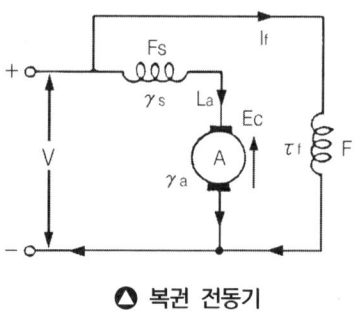

◐ 복권 전동기

11. 직류 직권 전동기의 특성

>>> 1) 회전력이 크다.
2) 회전 속도의 변화가 큰 것이 단점이다.
3) 부하를 증가시키면 회전수는 낮아지면서 전류는 많이 흐른다.

12. 직류 분권 전동기의 특징

>>> 1) 회전속도의 변화가 별로 없다.
2) 회전력이 작은 것이 단점이다.

13. 직류 복권 전동기의 특징

>>> 1) 회전력도 큰 편이고 회전속도의 변화가 적다.
2) 직권 전동기 보다 구조가 복잡한 것이 단점이다.

14. 기동 전동기 무부하 시험시 필요한 기기

>>> 1) 전류계
2) 전압계
3) 가변 저항기
4) 회전계
5) 축전지

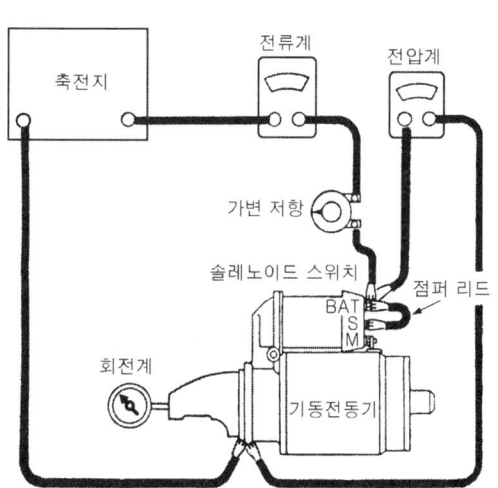

◐ 기동 전동기 무부하 시험 회로도

15 기동 전동기 오버런닝 클러치

▶▶▶ 기관이 기동된 다음 피니언이 공전하여 기동 전동기가 기관에 의해 회전되지 않도록 하는 역할을 한다.
  1) **피니언 섭동식** : 롤러식을 사용
  2) **전기자 섭동식** : 다판 클러치식을 사용

16 기동 전동기 오버런닝 클러치의 종류

▶▶▶ 1) 롤러식
  2) 스프래그식
  3) 다판 클러치식

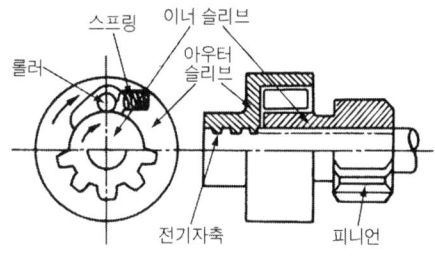

(a) 롤러 형식

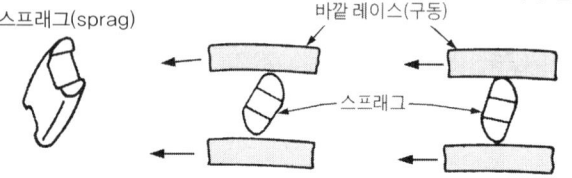

(b) 스프래그 형식

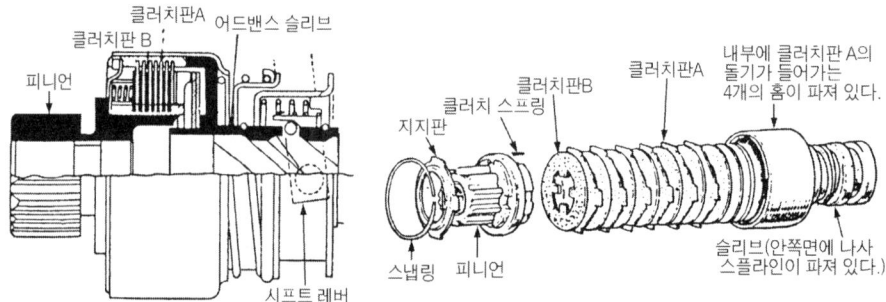

(c) 다판 클러치 형식
◆ 오버런닝 클러치의 종류

17 기동 전동기 시험 방법의 종류

>>> 1) 무부하 시험
2) 회전력 시험(부하시험)
3) 저항 시험

18 기동전동기 시험 중 그로울러 테스터를 이용한 점검사항 3가지를 쓰시오.

>>> 1) 전기자 단선(개회로) 시험
2) 전기자 층간 단락 시험
3) 전기자 접지 시험

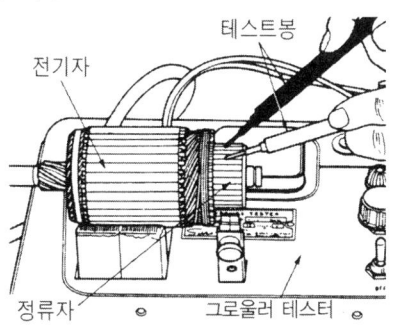

◎ 그로울러 테스터

19 기동 전동기의 무부하 회전속도가 높고 회전력은 작으며 많은 전류가 흐르는 경우의 원인

>>> 계자 코일의 단락

20 기동 전동기에 많은 전류가 흐르나 기동 전동기가 회전하지 않는 원인

>>> 1) 스위치 또는 단자의 접지
2) 계자 코일의 접지
3) 전기자 축 베어링이나 부싱의 윤활 부족으로 고착
4) 전기자 코일의 접지

21 기동 전동기 무부하 회전속도가 낮고 회전력이 작으며 전류의 흐름도 적을 때의 원인

>>> 1) 계자 코일의 단선
2) 내부 저항이 클 때
3) 접촉 불량 또는 리드 선의 단선
4) 정류자의 소손
5) 브러시 스프링의 피로 또는 절손
6) 브러시의 마멸
7) 정류자 마이카의 돌출이나 소손(燒損)

22 기동 전동기 사용 시 주의 사항

>>> 1) 연속 사용 시간은 10초 정도가 적당하고 최대 연속 사용 시간은 30초 이내이다.
2) 3회 정도 사용하여 시동이 되지 않을 경우 다른 부분의 이상 유무를 점검한다.
3) 기관이 기동된 후에는 기동 전동기 스위치를 바로 열어야 한다.
4) 전기 배선은 규격품을 사용하고 기동 전동기의 회전 속도가 규정 이하일 경우에는 테스터 장비를 이용하여 시험을 한다.

점화장치

01 트랜지스터 점화 장치 장점

>>> 1) 신뢰성이 향상된다.
2) 저속 점화 성능은 안정되고 고속 점화 성능이 향상된다.
3) 안정된 고전압이 발생된다.
4) 고속 회전시 1차 전류가 차단될 때 전류의 감소가 적다.
5) 정확한 점화시기 조절이 가능하다.
6) 점화 코일의 권수비를 작게 해도 된다.

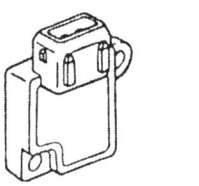 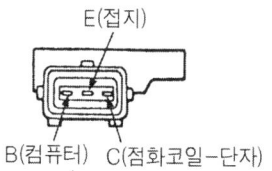

▲ 파워 트랜지스터의 구조

02 자기 유도 작용

>>> 코일 자신에 흐르는 전류를 방해시키면 코일과 교차하는 자력선도 변화되기 때문에 코일에 그 변화를 방해하는 방향으로 기전력이 생기는 현상

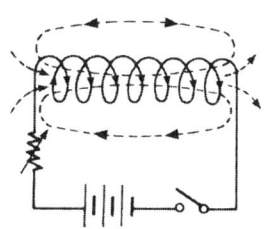

▲ 자기 유도 작용

03 상호 유도 작용

>>> 하나의 전기회로에 자력선의 변화가 생겼을 때 그 변화를 방해하려고 다른 전기회로에 기전력이 발생되는 현상

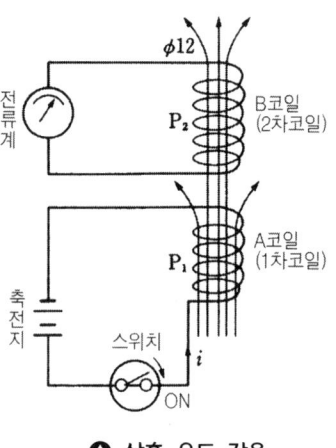

○ 상호 유도 작용

04 DIS(Distributorless Ignition System)의 특징

>>> 1) 배전기가 없어 누전이 적다.
2) 내구성이 좋다.
3) 전파 피해가 없어 다른 전자 제어 장치에도 유리하다.
4) 고전압 출력을 감소시켜도 방전 유효 에너지의 감소가 없다.
5) 배전기가 없어 배전기 캡에서 발생되는 고주파 잡음이 없다.
6) 배전기가 없어 로터와 배전기 세그먼트 사이의 고전압 에너지 손실이 없다.
7) 진각 폭의 제한이 없다.

05 점화 플러그의 특성 시험

>>> 1) **속도 특성** : 배전기 속도 1,800rpm에서 삼극 침상 시험시 6mm이상의 불꽃이 발생될 것
2) **온도 특성** : 80℃를 1시간 지속한 상태에서 6mm이상의 불꽃이 발생될 것
3) **절연(기밀) 특성** : 10MΩ 이상의 절연 저항이 있을 것

Engineer Motor Vehicles Maintenance

06 전자제어 점화장치 구비조건 5가지를 적으시오.

>>> 1) 절연성이 우수할 것
2) 잡음 및 전파 방해가 적을 것
3) 불꽃 에너지가 클 것
4) 발생 전압이 높고 여유 전압이 클 것
5) 점화시기 제어가 확실할 것

07 불량 파형이 발생되는 원인

>>> 1) 스파크 라인이 기울어져 나타나는 것은 2차 회로의 높은 저항이 있는 것이다.
2) 모든 실린더의 파형이 기울어져 나타나는 경우는 고압 케이블 또는 모든 스파크 플러그 케이블에 높은 저항이 있는 것이다.
3) 가끔 파형이 기울어져 나타나고 기관의 회전속도가 감소되는 경우는 스파크 플러그에 이상이 있는 것이다.

08 점화 플러그에 그을음이 발생되는 원인 7가지를 쓰시오.

>>> 1) 공기 청정기 막힘
2) 점화 플러그 열가가 맞지 않을 때
3) 공연비가 농후할 때
4) 연료 분사량이 많을 때
5) 점화시기가 늦을 때
6) 흡입 공기량이 부족할 때
7) 점화 전압이 낮을 때(코일, 케이블의 노화 등)

09 점화 플러그의 종류

>>> 1) **냉형 플러그** : 열을 받는 면적이 작고 방열 경로가 짧아 냉각 효과가 크기 때문에 고 압축비, 고속 회전의 기관에 사용
2) **열형 플러그** : 열을 받는 면적이 크고 방열 경로가 길어 냉각 효과가 작기 때문에 저 압축비, 저속 회전의 기관에 사용

10 점화 플러그의 열가란?

>>> 열가는 점화 플러그의 열방산 능력을 나타내는 값이며, 절연체 아랫부분의 끝에서부터 아래 실까지의 길이에 따라 결정된다. 길이가 짧고 열 방산이 잘 되는 형식을 **냉형**(cold type), 길이가 길고 열 방산이 늦은 형식을 **열형**(hot type)이라고 한다.
냉형은 고압축비, 고속 회전에서 사용된다.
1) **저속 엔진인 경우** : 열형 플러그 사용, 열가 수치가 낮은 것을 사용
2) **고속 엔진인 경우** : 냉형 플러그 사용, 열가 수치가 높은 것을 사용

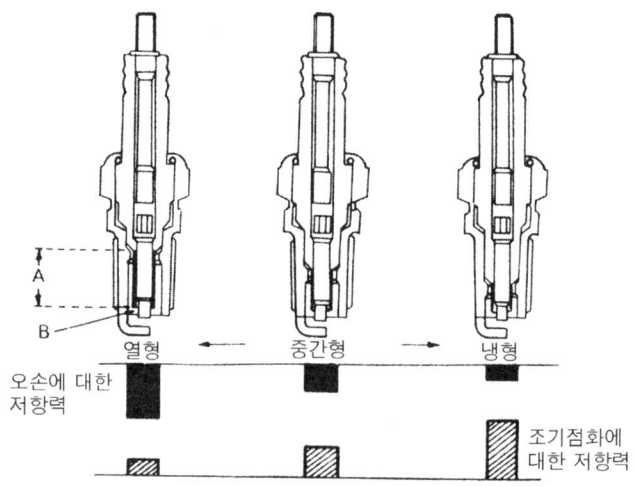

▲ 점화 플러그 열 값

| 11 | 점화계통의 스파크 플러그 불꽃이 약할 때 점검사항 6가지를 적으시오.
(단, 발전기는 정상)

>>> 1) 연료의 과도한 공급
2) 점화시기의 이상
3) 압축압력이 너무 낮다.
4) 점화시기가 너무 빠르다.
5) 점화 플러그의 간극이 작다.
6) 농후한 혼합기가 공급되고 있다.

| 12 | 점화계통에서 스파크 플러그 불꽃이 약할 때 점검사항 3가지를 쓰시오.
(단 배터리, 충전계통은 정상)

>>> 1) 점화 플러그의 간극이 정상인지 점검한다.
2) 고압 케이블의 접촉이 불량하거나 단선 되었는지 점검한다.
3) 점화 플러그의 절연부에서 누전이 되었는지 점검한다.

| 13 | 점화장치의 점화 플러그 점검 사항 5가지를 쓰시오.

>>> 1) 절연부분의 파손 유무
2) 전극의 마모 (점화 플러그 간극은 1.0~1.1mm)
3) 카본 퇴적 유무
4) 플러그 개스킷의 손상 또는 파손
5) 점화 플러그 간극부에 있는 자기 애자의 상태 등

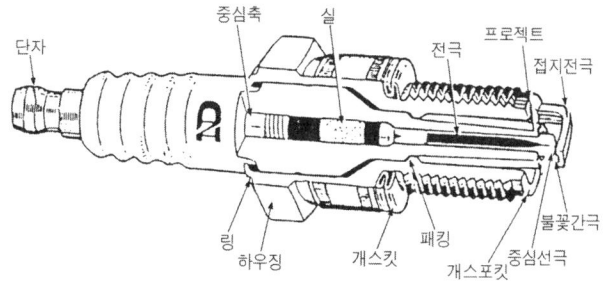

◐ 점화 플러그의 구조

14. 점화시기가 너무 늦을 때 발생되는 현상

>>> 1) 기관 출력의 감소   2) 연료 소비량 증대
3) 기관의 과열   4) 실린더 벽 마멸 증대
5) 배기 통로 카본 퇴적

15. MP 콘덴서의 특징

>>> 1) 자기 회복 작용   2) 소형으로 제작 가능
3) 열과 압력에 약함

16. 점화 플러그에서 불꽃이 발생되지 않는 원인

>>> 1) 고압 케이블의 불량   2) Power TR의 불량
3) 1차 회로의 불량   4) 점화 코일의 불량
5) 콘덴서(Condenser)의 불량   6) 배전기의 불량

17. 점화 스위치를 ON시켰는데 전류계 바늘이 움직이지 않을 때의 원인

>>> 1) 퓨즈의 단선   2) 전선 접속부의 헐거움 또는 단선
3) 전류계의 고장

18. 마그네트 점화 장치의 특징

>>> 1) 경량이다.
2) 교류 발전기가 전원이다.(전원 축전지가 필요 없다.)
3) 기동이나 저속 회전할 때는 발생 전압이 낮다.
4) 점화시기의 범위가 좁다.(진각 제어가 어렵다.)
5) 경량급 차량에 주로 사용 된다.
6) 기관 회전수가 증가하면 2차 전압이 높게 된다.

발전기

01 교류 발전기가 충전이 잘 안 되는 원인

1) 전압 조정기의 불량
2) 벨트의 장력이 너무 작을 때
3) 발전기 브러시 및 슬립 링의 불량
4) 로터 코일의 단선
5) 스테이터 코일의 단선
6) 다이오드의 불량

02 플레밍의 오른손 법칙

오른손의 엄지, 인지, 가운데 손가락을 직각이 되도록 편 상태에서 인지를 자력선의 방향으로 향하게 하고 엄지손가락 방향으로 도체를 움직이면 가운데 손가락 방향으로 유도 전류가 흐른다.
교류 발전기에 이용된다.

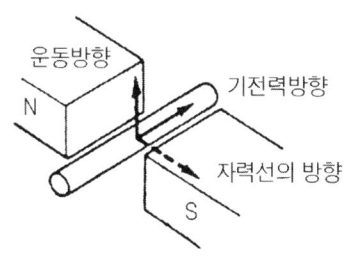

▲ 플레밍의 오른손 법칙

03 히스테리시스(Hysteresis) 현상

>>> 한번 자화된 철편에서 자화력을 완전히 제거하여도 철편에 자기가 남아 있는 현상

04 교류 발전기에서 회로 시험기로 측정할 수 있는 항목

>>> 1) 로터 코일의 단선 시험
2) 로터 코일의 접지 시험
3) 스테이터 코일의 단선 시험
4) 스테이터 코일의 접지 시험
5) 다이오드의 시험

05 교류 발전기의 구조

>>> 1) **로터 코일** : 교류 발전기에서 자계를 형성하는 부분
2) **스테이터 코일** : 교류 발전기에서 유도 기전력 및 유도 전류가 발생되는 부분
3) **아마추어 코일(전기자 코일)** : 직류 발전기에서 유도 기전력 및 유도 전류가 발생되는 부분
4) **필드 코일(계자 코일)** : 직류 발전기에서 자계를 형성하는 부분

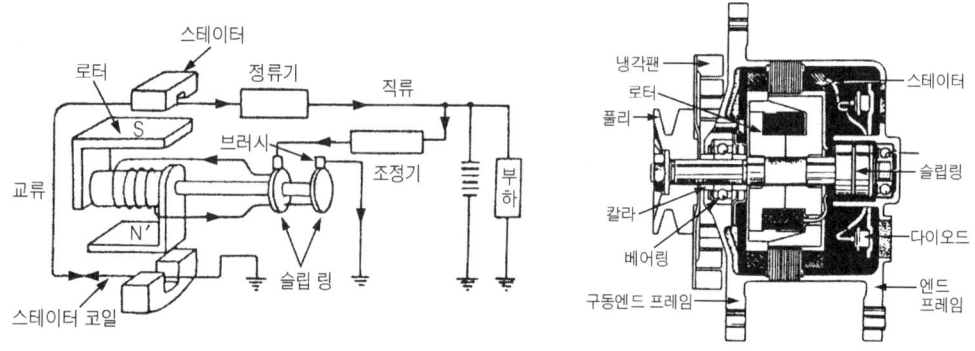

◎ 교류 발전기의 구조

06 교류 발전기의 장점

>>> 1) 속도 변화에 관계없이 충전률이 좋다.
2) 소형이며 경량이다.
3) 저속에서도 충전이 가능하다.
4) 전압 조정기만 필요하다.
5) 정류자가 없기 때문에 브러시 수명이 길다.
6) 다이오드를 사용하기 때문에 정류 작용이 잘 된다.
7) 브러시와 슬립 링의 마찰이 적어 고속 회전에 잘 견딘다.
8) 반도체 정류기에 의해서 역류가 방지되기 때문에 컷아웃 릴레이가 필요 없다.
9) 허용회전속도 한계가 높다.
10) 전기적 용량이 크다.

07 교류 발전기에서 충전 전류가 낮은 원인

>>> 1) 전압 조정기의 조정 전압이 낮을 때
2) 스테이터 코일이 단선 되었을 때
3) 다이오드의 불량 또는 단선 되었을 때
4) 충전 회로에 과대한 저항이 있을 때
5) 구동 벨트의 유격이 클 때
6) 브러시의 마멸로 브러시와 슬립링의 접촉이 불량할 때
7) 로터 코일이 단선 되었을 때

08 과충전 시 충전 장치 점검 사항

>>> 1) IC 전압 조정기
2) 전압 감지 장치
3) 제어 다이오드

09 발전기 브러시에 경사각을 두는 이유

>>> 정류자나 슬립 링과의 접촉을 좋게 하고 마모를 적게 하기 위해서이다.

10 발전기에서 소음이 발생되는 원인

>>> 1) 구동 벨트의 유격이 너무 크다.
2) 발전기 설치 볼트가 풀렸다.
3) 발전기 베어링이 마멸되었다.
4) 부싱이 마멸되었다.
5) 풀리나 냉각팬이 휘었다.

11 로터 코일 검사항목 3가지

>>> 단선, 단락, 접지

12 발전기의 구비 조건

>>> 1) 소형이며 경량일 것
2) 출력이 클 것
3) 내구성이 클 것
4) 점검 및 정비가 쉬울 것
5) 제작비가 적을 것
6) 고장이 적을 것
7) 충전시 출력 전압이 일정하게 유지 될 것
8) 저속 충전이 가능할 것

13. 교류 발전기에서 충전 경고등이 켜지는 이유

>>> 1) 팬벨트의 장력이 약할 경우
2) 축전지 터미널의 접촉 불량 시
3) 충전회로의 저항이 높을 경우
4) 접지선의 접촉 불량 시
5) 스테이터 코일의 단락 시
6) 발전기 조정기의 불량 시

14. 3상 코일의 결선 방법

>>> 1) Y결선(스타 결선) : 각 코일의 한 끝을 공통점에 접속하고 다른 한 끝을 빼낸 방식으로 저속 회전시 높은 전압의 발생과 중성점의 전압을 이용할 수 있는 장점이 있다.
   - 선간 전압은 상 전압의 $\sqrt{3}$ 배이다.
2) 삼각 결선(Δ결선) : 각 코일 끝을 순서대로 접속하여 둥글게 하고 각 코일의 접속점에서 하나씩 빼낸 것으로서 전류를 이용하고자 할 때 사용되는 방식이다.
   - 선간 전류가 상 전류의 $\sqrt{3}$ 배이다.

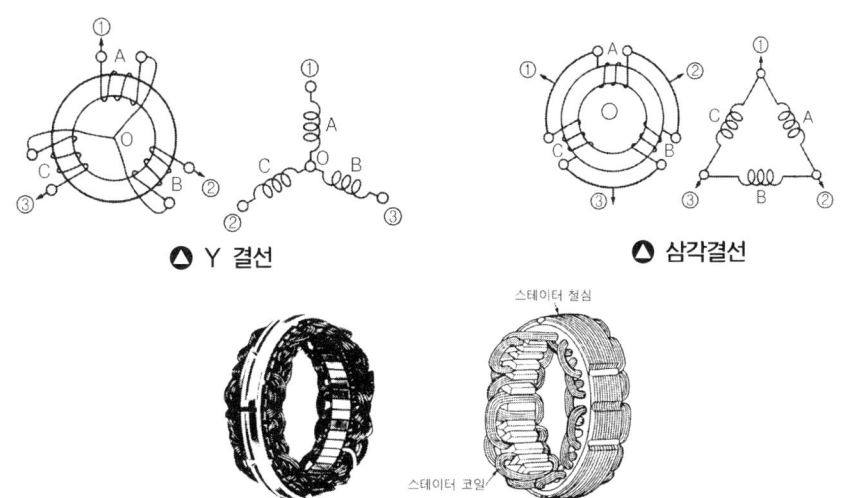

▲ Y 결선   ▲ 삼각결선

▲ 스테이터의 구조

15 자려자식 발전기

>>> 1) 자극에 남아 있는 잔류 자기를 이용하여 처음 발전을 하며 발전된 전력을 이용하여 계자 코일을 여자시켜 발전하는 방법
2) 직류 발전기에 사용하며 분해 조립을 한 다음 반드시 극성을 주어야 한다.

16 타려자식 발전기

>>> 1) 외부에 설치한 전원으로 로터(계자) 코일을 여자하는 방식
2) 교류(AC) 발전기에 사용하며 분해 조립 후 극성을 주지 않아도 된다.

17 교류 발전기 극성 검사 시 주의 사항

>>> 1) 축전지는 완전 충전된 것을 사용한다.
2) 발전기 청소는 증기나 경유 사용을 금지한다.
3) 교류 발전기와 축전지 또는 테스터 접속시는 극성에 주의한다.
4) 배선의 굵기 및 접속부의 연결 상태를 점검한다.
5) 회로 시험기를 사용하여 검사한다.

18 IC 전압 조정기의 특징

>>> 1) 조정 전압의 정밀도가 매우 우수하다.
2) 내열성이 크다.
3) 소형으로 제작이 가능하며 발전기 내에 설치가 가능하다.
4) 배선이 간단하다.
5) 진동에 의한 전압 변동이 적다.
6) 내구성이 좋다.
7) 축전지 충전 효율이 좋다.

등화장치

01. 전조등의 종류 2가지를 쓰시오.

>>> 1) 조립식 전조등   2) 세미 실드 방식 전조등
3) 실드 방식 전조등   4) HID 전조등

02. 전조등 광도 부족의 원인

>>> 1) 렌즈의 불량
2) 반사경이 흐릴 경우
3) 전구의 설치 위치가 잘못되었을 경우
4) 배선의 접지가 불량일 경우
5) 전구의 성능이 저하되었을 경우
6) 단자의 접촉 불량
7) 축전지 불량
8) 전구에 이물질이 묻었을 때
9) 발전기 전압 조정기 불량
10) 발전기 구동 벨트의 장력이 너무 작을 때

03. 전조등의 주광축이 틀려지는 이유

>>> 1) 전조등 설치 볼트나 스프링의 불량
2) 타이어 공기압의 불균형
3) 전조등 촛점 조정 나사의 조정 불량
4) 현가장치의 불량으로 차량의 수평이 유지되지 않을 때

04 자동차의 등화장치에서 광속의 단위는 (①), 광도의 단위는 (②), 조도의 단위는 (③) 이다.

>>> ① lm(광속)

광속이란 광원에서 나오는 빛의 다발을 말하며, 단위는 루멘(lumen, 기호는 lm)이다.

② cd(광도)

광도란 빛의 세기를 말하며, 단위는 칸델라(candle, 기호는 cd)이다. 1 칸델라는 광원에서 1m 떨어진 1m²의 면에 1m의 광속이 통과하였을 때의 빛의 세기이다.

③ Lux(조도)

조도란 빛을 받는 면의 밝기를 말하며, 단위는 룩스(lux, 기호는 Lx)이다. 빛을 받는 면의 조도는 광원의 광도에 비례하고, 광원의 거리의 2승에 반비례한다. 즉, 광원으로부터 r(m)떨어진 빛의 방향에 수직한 빛을 받는 면의 조도를 E(Lx), 그 방향의 광원의 광도를 I(cd)라고 하면 다음과 같이 표시한다.

$$E = \frac{I}{r^2} (Lux)$$

05 주행 중 터널 진입 등으로 어두워질 경우 전조등이 자동으로 작동되는 장치에서 주변 밝기의 변화를 감지하는 센서 이름은?

>>> 조도 센서

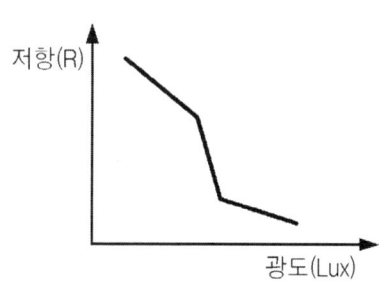

○ 조도 검출 원리

06 오토라이트에 대해 다음 괄호 안에 알맞게 쓰시오.

[보기] 점등 위치와 주위 밝기의 변화를 감지하는 (①)의 입력 신호를 받아 (②) 또는 (③)을 자동으로 점등 또는 소등시켜 주는 매우 편리한 시스템이다. 라이트 스위치를 오토로 설정하면 자동차 외부의 밝기에 따라 전조등이나 미등의 조명이 자동적으로 점등·소등된다. 이를 오토 라이트 컨트롤이라고도 한다.

▶▶▶ ① 조도 센서
② 미등
③ 전조등

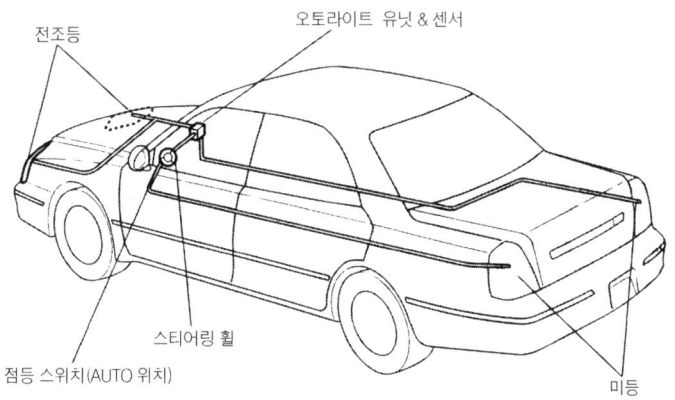

▲ 자동 라이트의 구성도

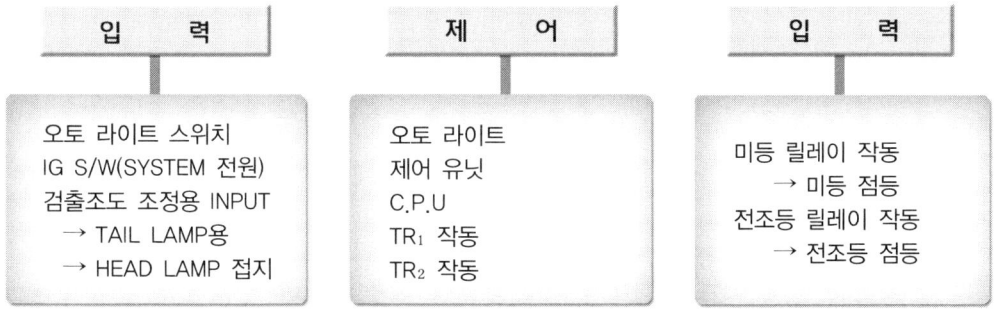

▲ 입·출력 다이어그램

07 전조등 시험기 사용 전 점검 사항

>>> 1) 타이어 공기압 점검
2) 작업장 바닥 수평 상태 확인
3) 축전지의 충전 비중 측정
4) 라이트의 설치 상태가 양호한지 확인
5) 차량의 수평 상태 확인
6) 시험기와 차량의 중심선 수직 상태 확인

08 전조등 시험기 측정 전 준비사항 5가지를 쓰시오.

>>> 1) 차량과 테스터가 나란히 수평이 되도록 차량을 진입시킨다.
2) 차량과 테스터의 거리를 측정에 알맞도록 세팅한다.
3) 테스터의 수평을 맞춘다.
4) 시험차량은 최상의 상태(축전지 완충, 타이어 표준 공기압, 차량 바운싱으로 스프링 정렬 등)
5) 공차상태에서 1인이 탑승한다.

09 헤드라이트의 소켓이 녹는 원인 5가지를 쓰시오.

>>> 1) 규정보다 큰 용량의 퓨즈를 사용
2) 높은 광도를 위한 불량 라이트 적용으로 인한 과열
3) 전기회로 합선(단락)
4) 커넥터 접촉 불량
5) 정격 용량보다 적은 가는 배선 사용 시

10 방향지시등 점멸이 느릴 때의 고장 원인

>>> 1) 플래셔 유닛의 결함   2) 전구의 용량이 작을 때
3) 배선의 접지가 불량할 때   4) 축전지 용량의 저하 시

11. 방향지시등과 계기반 점멸속도가 빠르다. 원인 2가지는? (단, 전구는 정상)

>>> 1) 방향지시등 릴레이 불량
2) 플래셔 유닛 불량

12. 방향지시등이 작동되지 않는 원인 6가지를 쓰시오. (단, 배선은 정상)

>>> 1) 배터리의 불량, 터미널의 연결 상태 불량
2) 퓨즈 및 릴레이의 불량
3) 플래셔 유닛의 불량
4) 커넥터의 연결 상태 불량
5) 전구의 손상 및 접지의 불량
6) 다기능 스위치의 불량 및 커넥터 연결 상태 불량

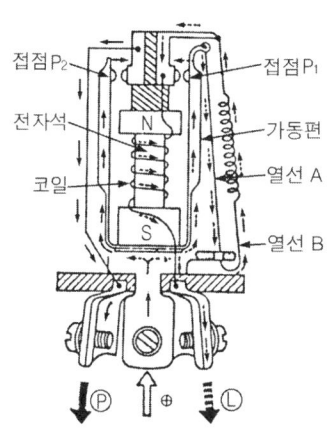 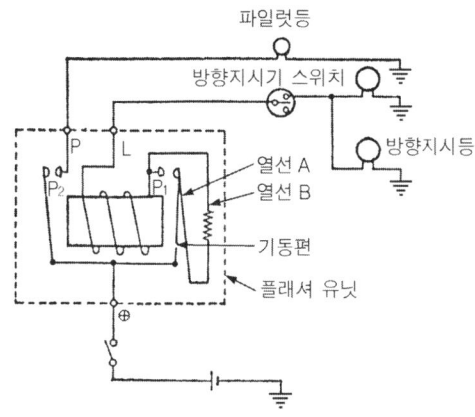

○ 전자 열선식 플래셔 유닛의 구조

13. 뒤쪽 좌측 방향지시등 필라멘트가 단선되었을 때 방향지시등을 다음과 같이 조작하면 어떻게 되는가?

>>> 1) 좌측 : 평소보다 점멸 속도가 빠르다.
2) 우측 : 평소와 점멸 속도가 같다.

14 전조등의 형식

>>> 1) 실드빔형 : 렌즈, 반사경, 전구가 일체로 된 형식
2) 세미 실드빔형 : 렌즈와 반사경만 일체로 만든 형식이고 전구를 교환하여 사용할 수 있다.

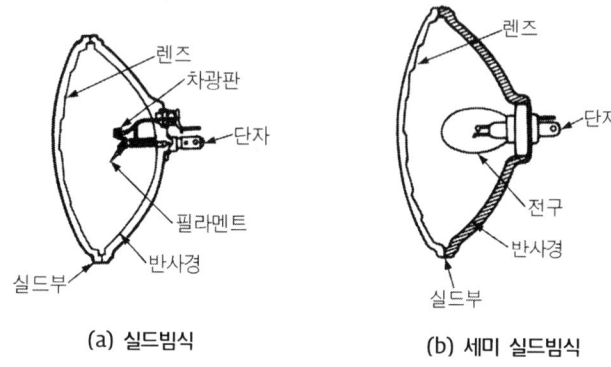

△ 전조등의 종류

15 실드빔 전조등의 특징

>>> 1) 대기 조건에 따라 반사경이 흐려지지 않는다.
2) 불활성(不活性) 가스가 봉입되어 있다.
3) 사용 조건에 따라 광도 변화가 거의 없다.
4) 필라멘트가 끊어지면 전조등 전체를 교환해야 된다.

16 방향지시기 플래셔 유닛의 종류

>>> 1) 전자 열선식   2) 수은식
3) 반도체식   4) 축전기식
5) 스냅 열선식   6) 바이메탈식
7) 시계식

17 방향지시등의 좌우 점멸 횟수가 다르거나 한쪽만 작동되는 이유

>>> 1) 전구의 용량이 다르다.
2) 접지가 불량하다.
3) 하나의 전구 필라멘트가 끊어졌다.
4) 플래셔 유닛과 방향지시등 사이에서 단선되었다.

18 방향지시기 고장의 종류

>>> 1) 점멸이 안 된다
2) 간헐적인 점멸 작동이 된다.
3) 양쪽 방향 지시등 점멸 횟수가 다르다.
4) 다른 등화와 함께 흐리게 점멸 된다.

19 전조등이 점등되지 않는 원인

>>> 1) 전조등 릴레이 불량   2) 다기능 스위치 불량
3) 배선의 단선   4) 전구의 불량(필라멘트의 끊김)
5) 퓨즈의 단선

20 전조등의 구성

>>> 1) 렌즈
2) 필라멘트
3) 반사경

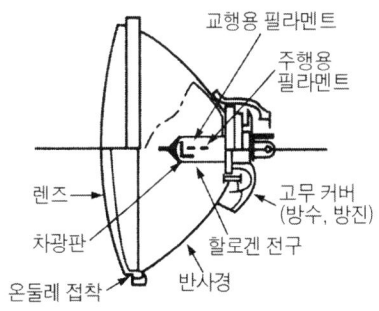

● 할로겐 램프 전조등의 구조

21. 할로겐 전구의 특징

1) 오래 사용하여도 빛의 밝기가 항상 일정하다.
2) 밝은 백광색 광을 발한다.
3) 눈부심 현상이 적다.
4) 조도(照度)가 크다.

경음기 및 와이퍼

01 혼의 작동이 불량한 이유

1) 축전지 전압이 너무 낮을 때
2) 혼 스위치와 접지선의 접촉이 불량할 때
3) 혼 스위치가 불량할 때
4) 음량 조절기의 조정이 불량할 때

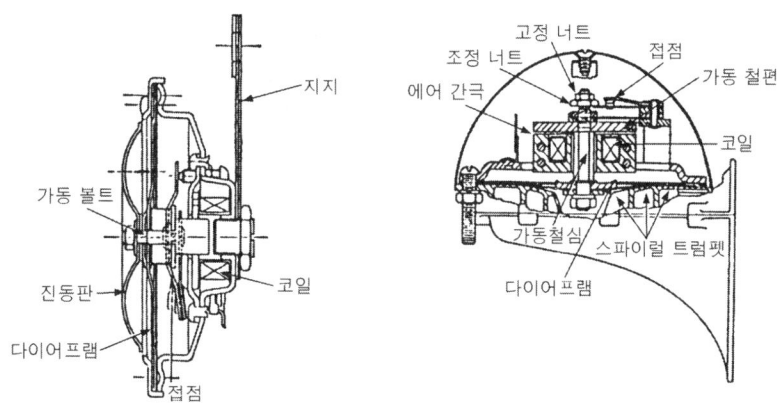

◎ 경음기의 구조

02 경음기 음량이 부족하게 되는 원인

1) 전원 전압이 너무 낮다.
2) 경음기 회로의 전압 강하가 크다.
3) 접지 상태가 불량하다.
4) 접점의 접촉이 불량하거나 음량 조정이 불량하다.

03 경음기 음질의 불량 원인

>>> 1) 다이어프램이 균열되었다.
2) 설치 상태가 불량하다.

04 윈드 실드 와이퍼의 정지 상태가 불량한 이유

>>> 1) 캠 판의 접점에서 접촉이 불량하다.
2) 캠 판의 결합이 불량하다.
3) 와이퍼 암과 링크의 조립 위치가 맞지 않았을 때
4) 와이퍼 스위치가 불량할 때
5) 와이퍼 자동 정지회로(停止回路) 배선의 접촉이 불량하거나 단선 되었을 때

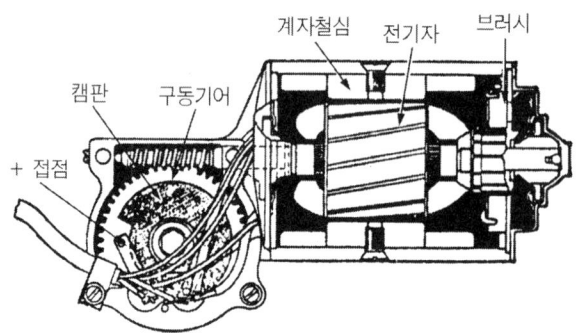

◐ 와이퍼 전동기의 구조

냉방장치

01 에어컨 냉동사이클에서 저온을 만들기 위해 냉매는 압축기, 응축기, 리시버 드라이어, 팽창 밸브, 증발기를 거쳐 다시 압축기로 되돌아오는 순환을 반복한다. 이때 압축기 이후, 응축기 이후, 증발기 이후의 냉매상태(압력, 온도, 상태)를 쓰시오.

>>> 1) 압축기 이후 :
　　고온 고압의 기체
2) 응축기 이후 :
　　고온 고압의 액체
3) 증발기 이후 :
　　저온 저압의 기체

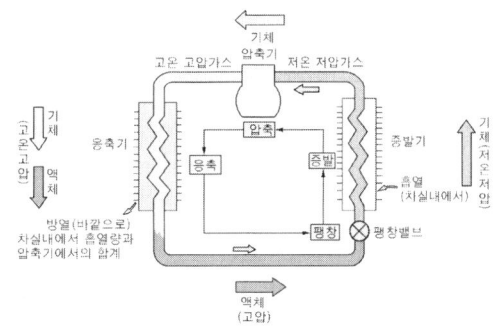

○ 냉동 사이클의 원리

02 **에어컨 어큐뮬레이터(Accumulator)의 기능**

>>> 1) 수분의 제거 분리　　2) 냉매 축적과 2차 증발
3) 냉매 중의 이물질 제거　　4) 압축기의 오일 압축 방지
5) 냉매 오일 분리와 압축기로 오일을 순환시키는 역할

03 **냉방이 되지 않는 이유**

>>> 1) 드라이어의 불량이나 막힘　　2) 응축기 불량
3) 압축기 불량　　4) 팽창 밸브의 불량
5) 냉매 가스가 없거나 부족함　　6) 냉방 장치 회로의 막힘

04 에어컨의 주요 구성품

1) **증발기**(Evaporator) : 차실 내의 공기에서 흡열용 핀을 통하여 외부의 열을 흡수하여 냉매(冷媒)를 기체화시키는 기능을 한다.
2) **압축기**(Compressor) : 증발기에서 증발된 냉매를 압축하여 고온 고압의 가스로 변환시키는 역할을 한다.
3) **팽창 밸브**(Expansion Valve) : 차실 내의 온도를 감지하는 감열통 내의 가스 압력이 크기에 따라서 밸브의 개폐를 증감하는 역할을 한다.
4) **응축기**(Condenser) : 압축기에서 보내온 고온, 고압의 냉매를 액체화시키는 역할을 한다.

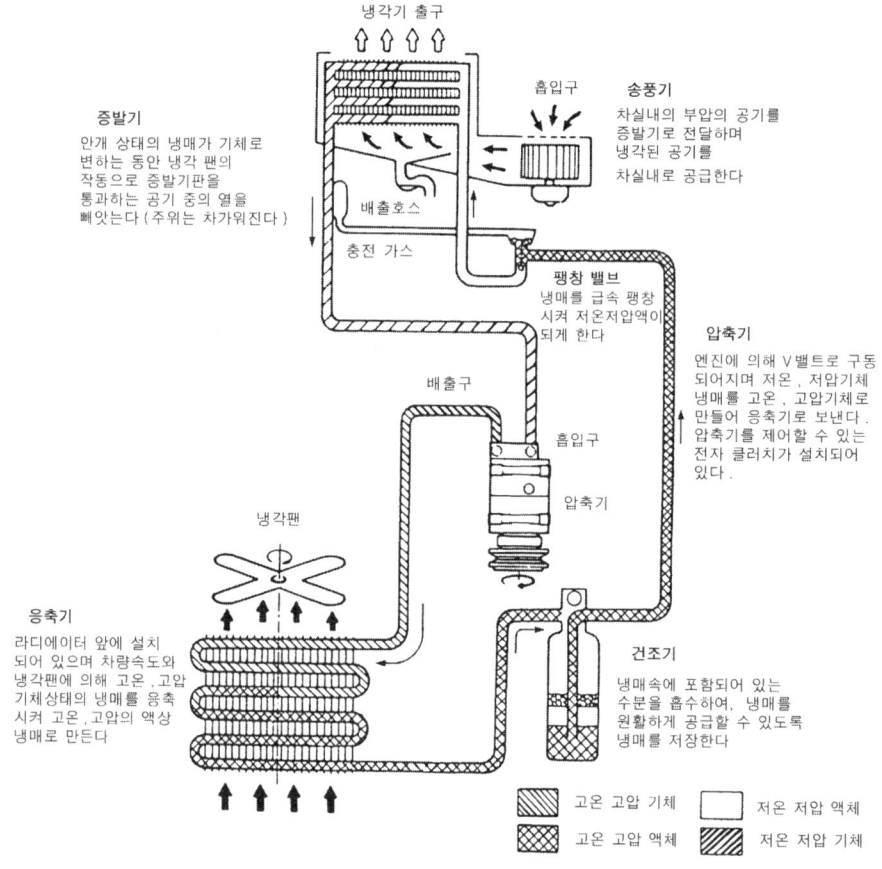

○ 냉방장치의 구성도

05. 신 냉매(R-134a)의 장점

1) 오존층을 파괴하지 않는다.   2) 안정된 분자 구조이다.
3) 독성이 없다.   4) 불연성이다.

06. R-134a 냉매를 다룰 때 주의사항 5가지를 쓰시오.

1) 피부에 닿지 않게 한다.
2) 차체에 묻지 않게 한다.
3) R-134a 냉매 용기는 고압이므로 절대로 뜨거운 곳에 보관하지 않는다.
4) R-134a 냉매와 R-12 냉매는 혼합되어서는 안된다.
5) 냉매는 절대 대기로 방출하지 않는다.

07. 냉매 취급 유의사항 3가지를 쓰시오.

1) 냉매 전용 장비를 사용해야 한다. 대기 중 방출 금지 - 환경오염 방지
2) 맨손에 가스가 닿지 않게 한다. - 동상 예방
3) 냉매 충진은 꼭 액 상태로 해야 한다

08. 냉매의 구비 조건

1) 응축 압력이 낮을 것
2) 증발 압력이 저온에서 대기압 이상일 것
3) 임계 온도가 상온보다 높을 것
4) 응고 온도가 낮을 것   5) 인체에 해가 없을 것
6) 인화성이 없을 것   7) 폭발성이 없을 것
8) 증발 잠열이 클 것   9) 비열이 작을 것
10 내부식성이 클 것
11) 냉방 능력이 동일할 경우 기관의 동력 소모가 적을 것

09 에어컨 리시버 드라이어의 기능

>>> 1) 증발기로 보내는 액체 냉매를 저장한다.
2) 냉매 속의 기포를 분리하여 팽창 밸브로 공급한다.
3) 냉매에 포함되어 있는 수분을 제거 또는 분리한다.
4) 압력이 과도하게 되면 안전 가용전이 녹아서 냉매를 배출시켜 에어컨 중요 부품의 파손을 방지한다.

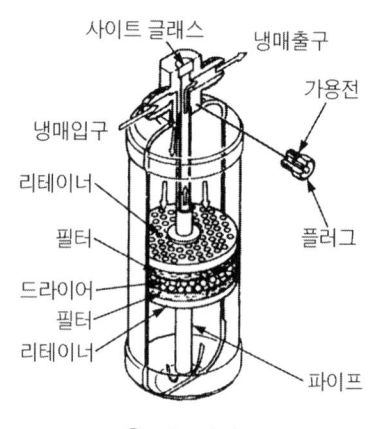

○ 건조기의 구조

10 냉매 누출(漏出) 검사 방법

>>> 1) 압축 공기를 불어 넣어 비눗물에 의한 검사
2) 가스 누설 탐지기에 의한 검사
3) 에어컨 회로를 진공을 시키고 매니폴드 게이지의 진공도 변화를 보면서 검사

11 차량 열부하의 종류

>>> 1) **관류 부하** : 차실 벽, 바닥 또는 창면으로부터의 열 이동에 의한 부하
2) **복사 부하** : 직사광선, 복사열에 의한 부하
3) **승원 부하** : 승차원의 발열에 의한 부하
4) **환기 부하** : 자연 또는 강제의 환기에 의한 부하로 주행 중의 자연 환기량은 차속(車速)에 비례하며 차속이 증가하면 열부하에 대한 영향도 커진다.

에어백

01 에어백 컨트롤 유닛의 기능 5가지를 서술하시오.

>>> 1) 에어백 시스템의 자기진단
2) 에어백 시스템 불량시 계기판에 신호 송출(경고등 점등)
3) 충돌시 충격량(가속도) 측정
4) 일정 충격량(가속도) 도달시 에어백 전개
5) 에어백 전개시의 에어백 시스템 정보 저장

02 에어백 시스템 작동 센서 종류 3가지와 기능을 서술하시오.

>>> 1) 충돌 감지 센서(FIS, SIS) : 사고발생 시 충격량을 이 센서로 부터 입력받아 에어백 전개 여부 결정
2) 승객 유무 감지 장치(PPD) : 동승석에 승객 유무를 판단 동승석 에어백 전개 여부 결정
3) 안전벨트 착용 감지 센서 : 사고 시 벨트 프리센셔너 기능 작동

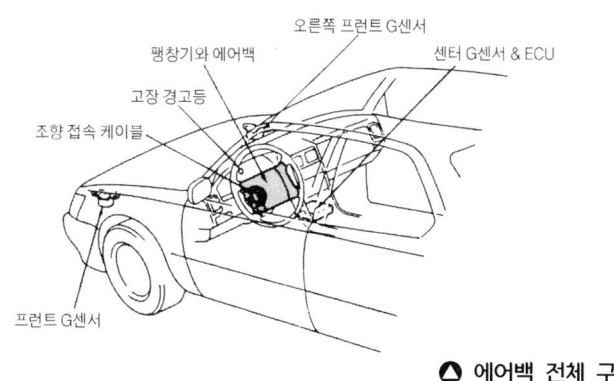

▲ 에어백 전체 구성도

chapter 3. 전기 **287**

03 안전벨트 프리텐셔너 역할

>>> 1) 탑승자의 신체를 구속시켜 주는 구속력을 높여 차량 충돌시 안전성을 더욱 향상시킬 수 있게 하는 장치
2) 충돌시 2차 상해를 예방한다.
3) 에어백 전개 후 탑승객의 구속력이 일정한 수준이 지나면 미리 풀어 주는 로드 리미터 기능도 같이 한다.

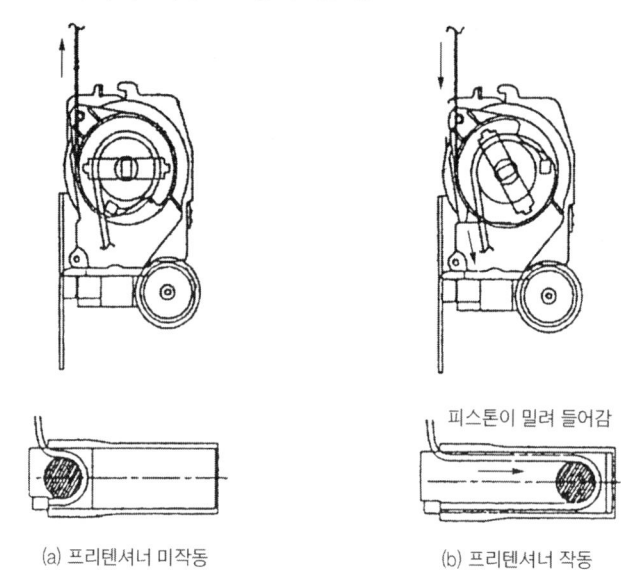

(a) 프리텐셔너 미작동   (b) 프리텐셔너 작동

◐ 프리 텐셔너의 작동

04 작업자가 에어백부분 탈거 및 정비 시 주의할 점 6가지를 적으시오.

>>> 1) 작업 전 배터리 "-"극을 탈거 후 30초 이상 지나서 작업한다.
2) 손상된 배선은 수리하지 말고 교환한다.
3) 에어백은 탈거 후 앞부분을 위로 향하게 둔다.
4) 주변 온도가 100℃ 이상 되지 않도록 한다.
5) 멀티미터 등으로 저항을 측정하지 않는다.
6) 부품에 큰 충격을 가하지 않는다.

| 05 | **에어백 점검 시 주의사항** |

>>> 에어백 점검 시 반드시 배터리 (-)단자를 탈거하여 예상치 않은 전개를 방지 한다. 클럭 스프링의 저항 점검 시 과대한 전류가 흐르면 에어백 전개의 위험이 있음

| 06 | **에어백 정비 작업 시 (-)단자 탈거 후 30~60초 정도 두었다가 작업을 하는 이유를 쓰시오.** |

>>> 차량 충돌 시 뜻하지 않은 전원 차단으로 인하여 에어백 점화 불가 시 원활한 에어백 점화를 위하여 에어백 ECU는 전원 차단 시에도 일정 시간 동안 에너지를 ECU 내부의 콘덴서에 저장한다. 이를 방전시키기 위해 시간을 두고 작업에 임한다.

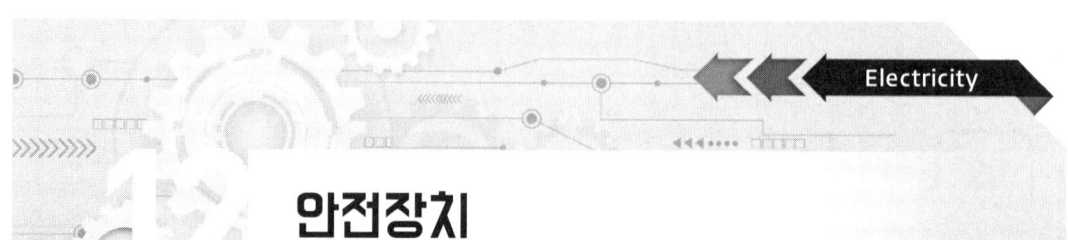

안전장치

01 도난 경보기 경계모드 진입 필수요건을 4가지 쓰시오.

>>> 1) 후드 스위치(hood switch)가 닫혀 있을 것
2) 트렁크 스위치가 닫혀 있을 것
3) 각 도어 스위치가 닫혀 있을 것
4) 각 도어 잠금 스위치가 잠겨 있을 것

02 자동차 경계모드 진입조건 3가지

>>> 1) 후드 스위치가 닫혀 있을 것
2) 트렁크 스위치가 닫혀 있을 것
3) 각 도어 스위치 및 잠금 스위치가 닫혀 있을 것

03 도난 방지장치가 도난 경계모드에 진입하지 못하는 조건 4가지를 쓰시오.

>>> 1) 후드 스위치(hood switch)가 닫혀 있지 않다.
2) 트렁크 스위치가 닫혀 있지 않다.
3) 각 도어 스위치가 닫혀 있지 않다.
4) 각 도어 잠금 스위치가 잠겨 있지 않다.

04 도어락이 작동되는 조건을 쓰시오.

▶▶▶ 시속 약 30~40km/h 이상 주행시 승객의 안전을 위해 4개의 도어가 자동으로 잠기는 기능(제작사, 차종별로 설정값이 다름)

05 IMS 기능 가운데 틀린 것 2가지를 쓰시오.

[보기] 시트위치 자동복귀, 시트 온도조절, 승하차시 시트위치 및 조향핸들 틸트 각도 조정, 아웃 사이드미러 각도 자동 복귀, 조향핸들 위치 자동복귀, 운전자에 맞는 출력제어

▶▶▶ 조향핸들 위치 자동복귀, 운전자에 맞는 출력제어

06 다음 괄호 안에 알맞게 쓰시오.

(①)는 엔진의 작동상태를 모니터하고 있는 센서 등의 신호에 의해 엔진의 상태, 부품의 성상, 흐트러짐, 열화상태, 사용연료, 기상조건 등과 같은 엔진의 제어성능에 관계되는 변수를 기억하고, 그 기억값에 따른 최적의 제어상수를 결정하는 것이다. (②)는 공연비 보정, 노크제어, 공전속도 제어 등에 사용되고 있으며 컴퓨터는 (③)에 있는 정보를 조금씩 조정하여 (④)를 실행한다.

▶▶▶ ① 적응 학습제어(학습제어) ② 적응 학습제어(학습제어)
③ 룩업 테이블(ROM) ④ 적응 학습제어(학습제어)

07 이모빌라이저 키 분실 후 새로운 키를 복사했는데 시동 안 걸리는 원인 3가지를 쓰시오.

▶▶▶ 1) 이모빌라이서 키 복사 후 코드 등록을 안했을 경우
2) 리시버가 이상이 있거나 안테나 코일이 끊어 졌을 때
3) 마스터 키가 아닌 슬레이브 키로 복사 했을 때

08 계기판의 트립 컴퓨터의 역할을 설명하시오.

>>> 1) 운전자에게 보다 안전한 차량 정보를 주기 위한 장치로 화면을 통하여 주행과 관련된 정보를 알려 주는 차량 정보 시스템을 말한다.
2) 평균 속도, 주행 거리, 주행 시간, 외기 온도 등의 정보를 알려 준다.

예열장치

01 히트 레인지

>>> 직접 분사실식 디젤 기관에서 예열 플러그를 설치할 곳이 적당하지 않아 흡기 다기관에서 공기를 가열하기 위하여 만든 장치를 말한다.

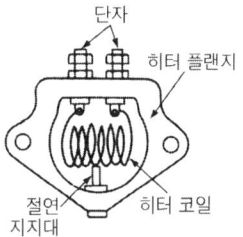

△ 히트 레인지의 구조

02 실드형 예열 플러그의 장점

>>> 1) 병렬로 접속되어 있어 어느 한 개가 고장이어도 다른 예열 플러그는 작동된다.
2) 가열 시간이 짧다.
3) 발열량이 크다.
4) 수명이 길다.

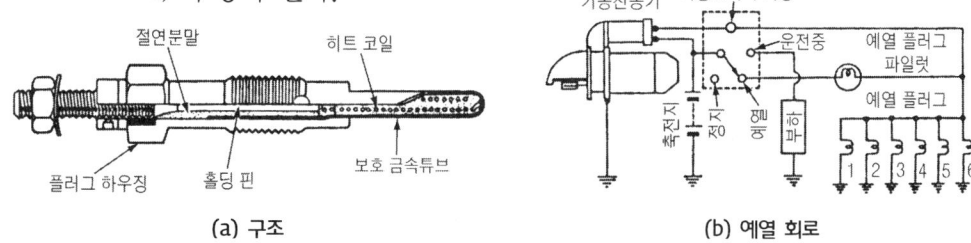

▲ 실드형 예열 플러그의 구조와 예열 회로

03 예열 장치의 종류

>>> 1) **예열 플러그식** : 연소실 내의 압축 공기를 예열 플러그가 직접 연소하는 방식
2) **구성** : 예열 플러그, 예열 플러그 파일럿, 예열 플러그 릴레이, 타이머, 예열 플러그 저항으로 구성되어 있다. 예열 플러그는 예연소실식 또는 와류실식 기관에 사용된다.
3) **종류**

항 목	코 일 형	실 드 형
발 열 량	30~40W	60~100W
발열부 온도	950~1050℃	
전 압	0.9~1.4V	24V식 20~23V 12V식 9~11V
전 류	30~60A	24V식 5~6A 12V식 10~11A
예열 시간	40~60초	60~90초
내 구 성	약 한 계절	약 두 계절

4) **흡기 가열식** : 공기가 실린더에 흡입되는 통로에서 가열하는 방식. 흡기 히터식과 히트 렌지식이 있다. 직접 분사식에는 히트 렌지식이 사용된다.

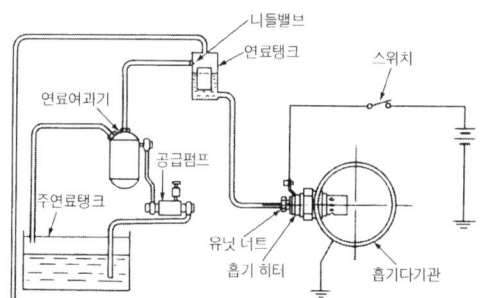

▲ 흡기 히터의 구조

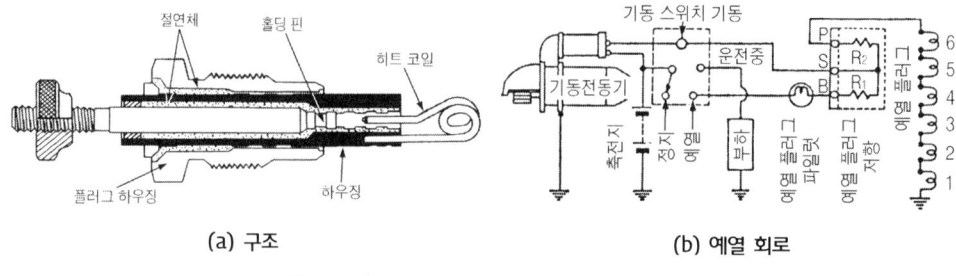

(a) 구조   (b) 예열 회로

▲ 코일형 예열 플러그의 구조와 예열 회로

하이브리드

01 하이브리드 자동차 화재 시 쓰이는 소화기 등급은 무엇인가?

>>> (C)등급 소화기

> **TIP**
> ● 소화기 분류
> A : 목재, 섬유류, 종이, 플라스틱처럼 타고나서 재를 남기는 일반 화재
> B : 기름, 알코올 등과 같이 타고나서 재가 남지 않는 유류나 가스 화재
> C : 전기설비 또는 기구에서 일어나는 전기화재
> D : 금속 화재
> E : 가스 화재

02 하이브리드 전기 자동차에서 보조 배터리(12V)의 역할을 설명하시오.

>>> 고전압 배터리와는 분리된 회로로 자동차의 일반 바디 전장품이나 각종 제어 ECU 동작을 위한 보조 배터리 개념이다.

03 하이브리드 자동차 정비 작업 전 안전 준비사항 3가지 쓰시오.

>>> 1) 세이프티 플러그를 탈거한다.
2) 주변에 소화기를 배치한다.
3) 고압 하이브리드 전용 절연 공구를 준비한다.

04 하이브리드 자동차 고전압 계통 절연저항 측정 장비는?

>>> 메가 옴 테스터기

4 과년도 기출문제

2020년 제1회 자동차정비기사 필답시험 기출문제
제2회 자동차정비기사 필답시험 기출문제
제3회 자동차정비기사 필답시험 기출문제
제4회 자동차정비기사 필답시험 기출문제

2021년 제1회 자동차정비기사 필답시험 기출문제
제2회 자동차정비기사 필답시험 기출문제
제3회 자동차정비기사 필답시험 기출문제

2022년 제1회 자동차정비기사 필답시험 기출문제
제2회 자동차정비기사 필답시험 기출문제
제3회 자동차정비기사 필답시험 기출문제

2023년 제1회 자동차정비기사 필답시험 기출문제
제2회 자동차정비기사 필답시험 기출문제
제3회 자동차정비기사 필답시험 기출문제

2024년 제1회 자동차정비기사 필답시험 기출문제

2020년 제1회 자동차정비기사 필답시험 기출문제 A형

01 와이퍼 key off시 작동하는 원인에 대하여 설명하시오.(다른 배선은 정상임)

- 와이퍼 릴레이 고장
- 다기능 스위치 배선 단락
- 우량 센서 불량

02 가변 흡기 시스템에서 저속과 고속시 흡기관의 길이변화에 대하여 설명하시오.

- **저속시** : 가변밸브의 닫힘 시에는 흡입통로의 길이가 길어짐
- **고속시** : 가변밸의 열림으로 흡입통로의 길이가 짧아짐

03 엔진 타이밍이란 무엇인지 설명하시오.

엔진 타이밍에는 캠축 타이밍과 점화 타이밍으로 분류할 수 있다.

- **크랭크축과 캡축 타이밍**

  피스톤의 위치와 밸브의 열림과 닫힘의 위상을 조절하여 피스톤과 밸브의 간섭을 최소화시키는 시기를 크랭크축 캠축을 타이밍 밸트 또는 기어, 체인으로 제어하는 것을 말한다.

- **점화시기 타이밍**

  엔진이 노킹이 일어나지 않는 범위 내에서 최적의 출력을 얻기 위한 스파크플러그의 스파크가 발생하는 시기를 정하는 것을 의미하며 점하시기가 맞지 않은 경우 출력 부족 엔진 부조 및 엔진 시동이 불량할 수 있다. 점화시기는 엔진의 부하, 연로의 옥탄가, 엔의 RPM(속도)에 따라 적절하게 변화해야 하며, 최는 자동차의 ECU는 각종 센서의 신호를 받아 점화시기를 자동조정되고 있다.

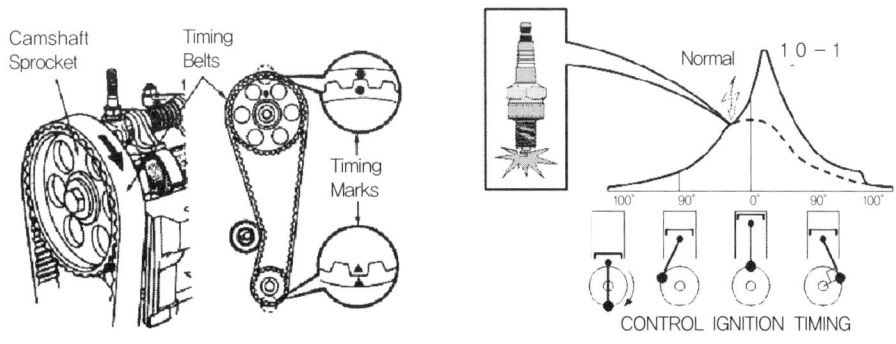

04 차대번호로 알 수 있는 정보 6가지를 쓰시오.

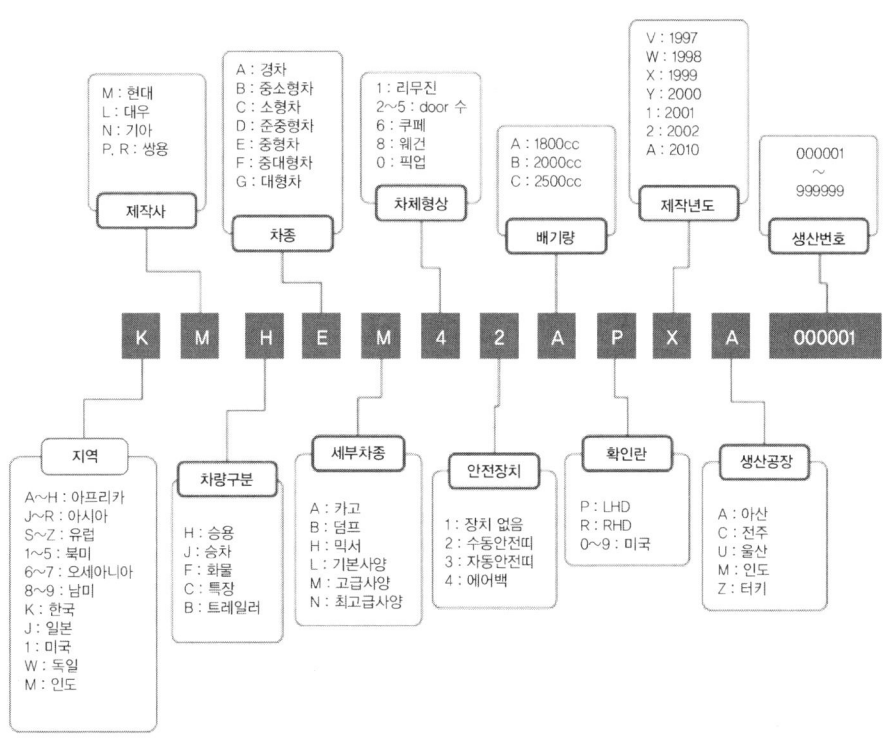

05 클러치가 미끄러지는 원인과 결과에 대하여 설명하시오.

원인	결과
클러치 자유간극 과소	클러치 디스크 미끄러짐
변속기 오일씰 파손으로 연한 오일 유입	클러치 디스크 오일 부착
클러치 압력판 스프링 장력 저하	클러치 디스크 페이드 현상

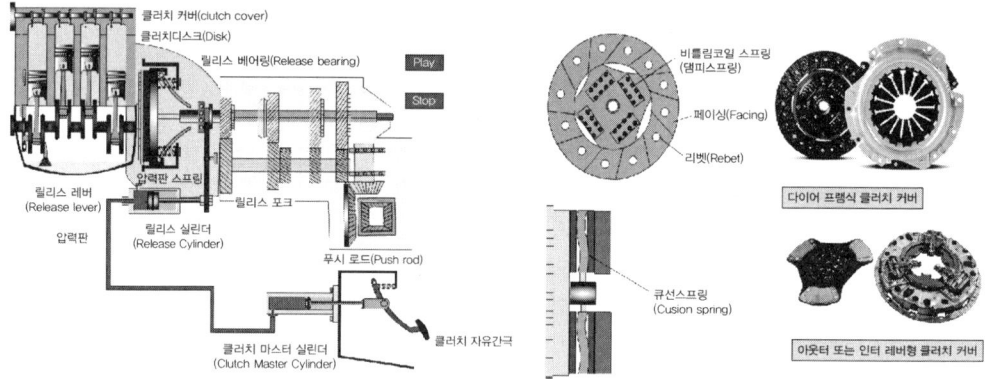

06 CVVT의 오버랩의 변화에 대하여 다음 조건에 맞게 설명하시오.

○ **저속** : 밸브 오버랩이 중속 보다 작다.
○ **중속** : 밸브 오버랩이 저속 보다 커진다.

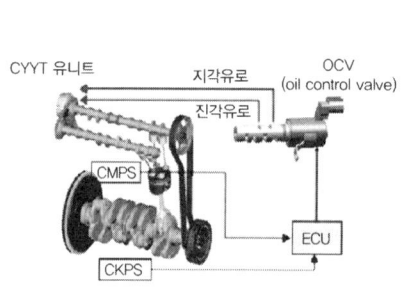
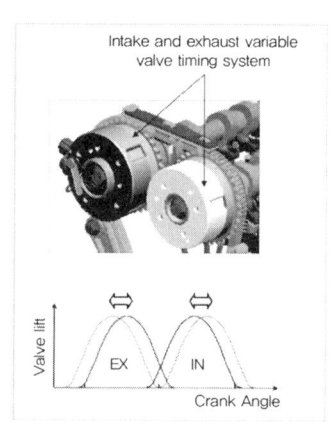

07 ( )란 승차하지 않는 상태에서 연료, 오일, 냉각수 만을 답재한 차량의 중량을 무엇이라고 하는가?

○ 공차상태

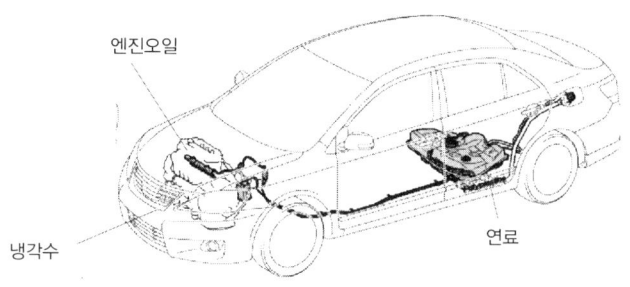

08 클러치가 단절되는 원인

○ 클러치 디스크 과대 마모
○ 릴리스 실린더 고착
○ 클러치 마스터린더 리턴 불량
○ 클러치 압력판 스프링의 절손

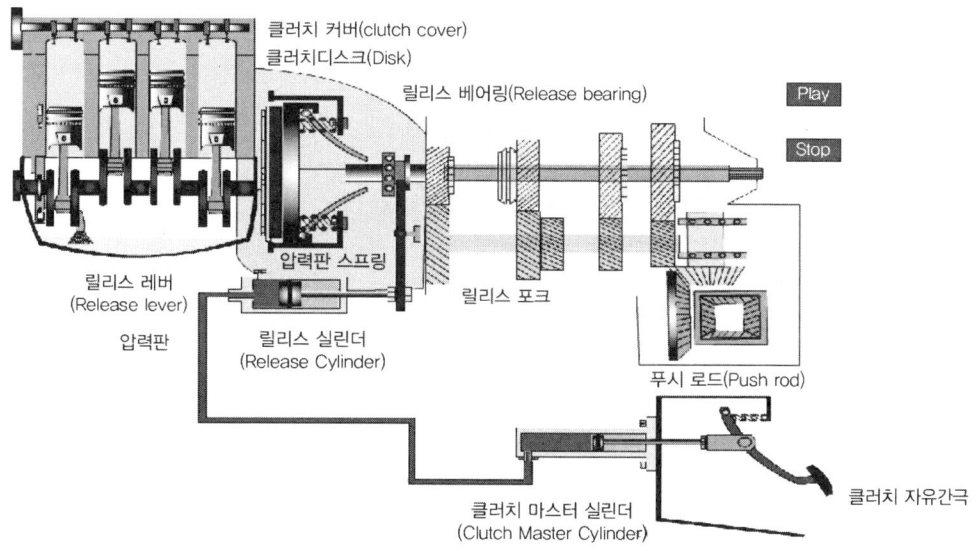

09 LPG의 과류밸브를 설명하시오.

○ 배관 및 연결부의 파손으로 LPG가 유출되는 것을 방지하는 밸브이다. 과류 방지 밸브는 믹서 형식의 경우 배출밸브의 안쪽에 입체식으로 설치되어 있고, LPI의 경우 연료 펌프 멀티 밸브 부분에 설치되어 배관의 연결부 등이 파손되었을 때 LPG가 과도하게 흐르면 밸브는 닫힌다. LPG가 정상적으로 송출되면 스프링 장력으로 밸브가 열리지만, 배관이 파손되어 LPG가 과도하게 흐르면 체크 플레이트를 미는 압력이 높아져 밸브가 닫히게 된다.

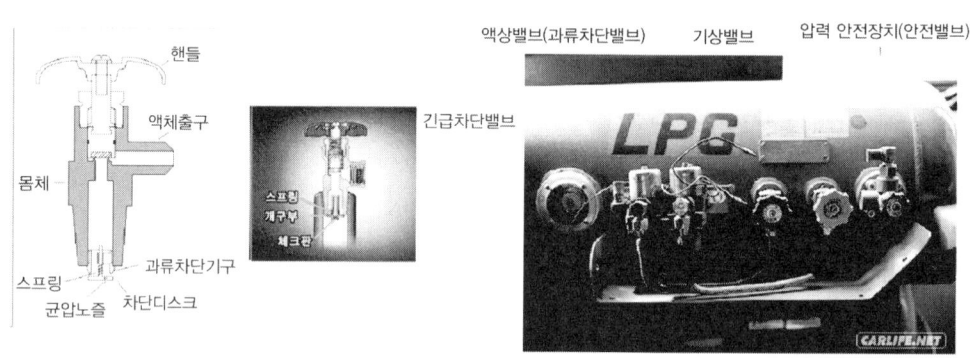

10 피스톤 링 이음간극을 두는 이유를 설명하시오.

피스톤링의 열팽창을 고려하여 이음 간극을 둔다.

11 서모스텟 밸브 고장시 나타나는 현상

○ **닫힘 고장** : 엔진의 과열 현상 발생
○ **열림 고장** : 엔진의 과냉 현상 발생

12 차량의 최저 지상고 (　　)cm 이상이다.

10

13. NO1 TDC란 무엇인지 설명하시오.

○ 1번 피스톤과 크랭크축의 회전각에 대한 위상을 검출하여 점화 순서, 인젝터의 분사순서를 결정하는 센서이다.
○ 배전기 Type의 옵티컬(optical) 타입에서 사용되는 1번 피스톤과 크랭크축의 회전각에 피스톤에 대한 위상을 검출하여 점화 순서, 인젝터의 분사순서를 결정하는 센서이다.

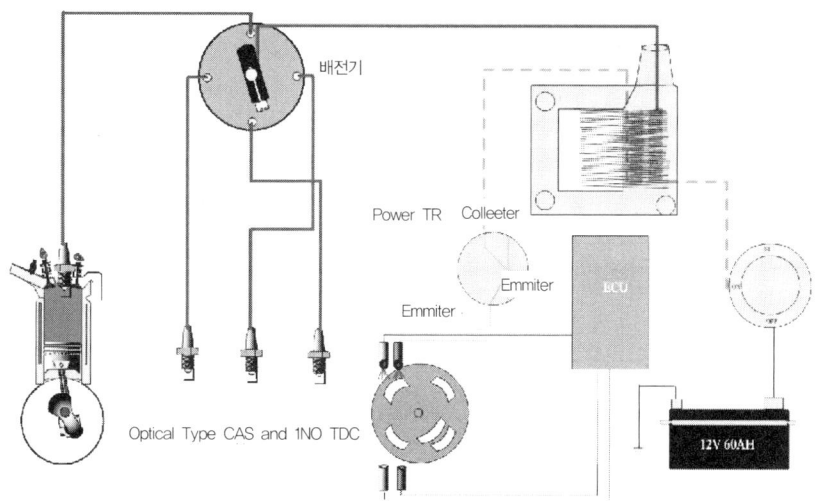

14. 도난 경보기 진입 모드 종류를 설명하시오.

○ 후드 스위치 닫힘 신호
○ 트렁크 스위치 닫힘 신호
○ 모든 도어 스위치 닫힘 신호

15 연료 탱크 구성 부품을 2개를 적으시오.(증발가스가 제어가 않되고 대기로 배출되며, 계기판 유량게이지가 작동되지 않는 조건)

○ FTPS(연료탱크 압력센서) 고장
○ 연료 유량게이지 불량

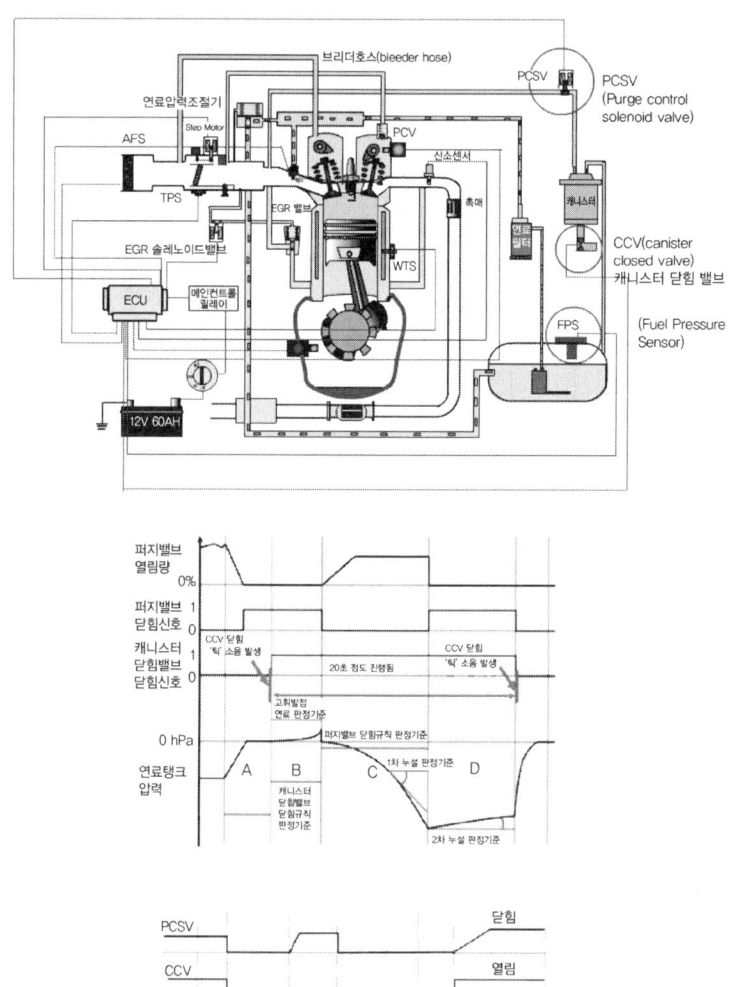

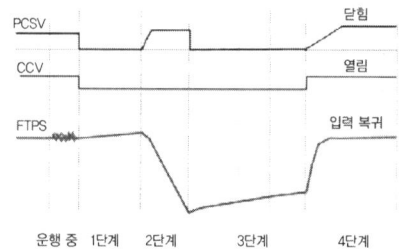

2020년 제2회 자동차정비기사 필답시험 기출문제 A형

01 LPG차량에서 ECU가 냉각수 온도와 관계없이 액상 및 기상 솔레노이드 밸브의 작동을 off하는 조건 2가지를 작성하시오. (3점)

① 엔진을 정지시키기 위해 연료차단 솔레노이드 밸브가 닫혔을 때
② LPG 차단 스위치를 작동시켰을 때는 (작동 "OFF") 차단 스위치의 "LED"가 소등되며 액상 또는 기상 솔레노이드 밸브는 작동되지 않는다. 따라서 LPG차단 수위치는 차량을 주차 시 시동을 "OFF"하기 전에 스위치를 작동시켜 파이프라인과 베이퍼라이져이 전류가스를 연소시키기 위한 장치이다.

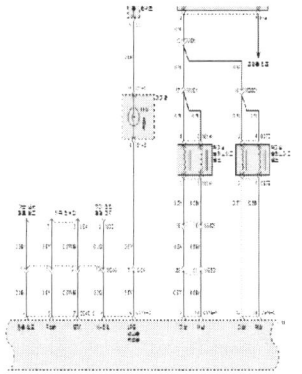

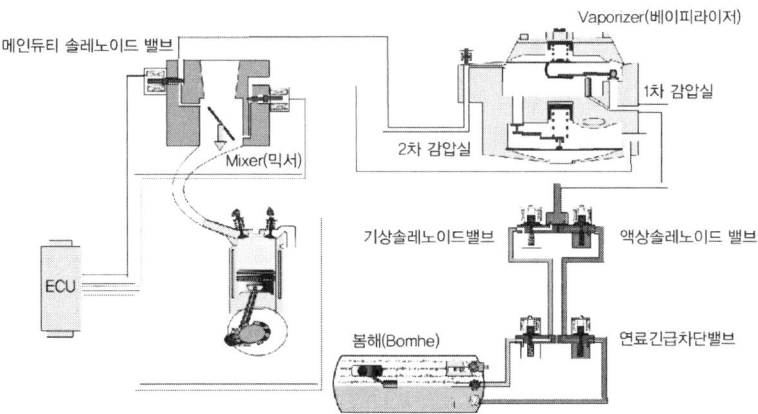

02 자동차관리법의 목적에 대해 다음 괄호를 채우시오. (4점)

○ 자동차관리법 제1조 차량의 등록, (안전기준), (자기인증), 제작결함 시정, 정비, 검사 및 자동차관리사법) 등에 관한 사항을 정하여 자동차를 효율적으로 관리하고 자동차의 성능 및 안전을 확보함으로써 공공의 복리를 증진함을 목적으로 한다.

자동차관리법
[시행 2024. 5. 21.] [법률 제20339호, 2024. 2. 20., 일부개정]
제1장 총칙 〈개정 2009. 2. 6.〉
제1조(목적) 이 법은 자동차의 등록, 안전기준, 자기인증, 제작결함 시정, 점검, 정비, 검사 및 자동차관리사업 등에 관한 사항을 정하여 자동차를 효율적으로 관리하고 자동차의 성능 및 안전을 확보함으로써 공공의 복리를 증진함을 목적으로 한다.
[전문개정 2009. 2. 6.]

○ 현행 자동차관리법 30조는 '자기인증' 규정을 명시하고 있다.
○ "자동차를 제작·조립 또는 수입하는 자는 그 차의 형식이 자동차안전기준에 적합함을 스스로 인증해야 한다"는 것이다.
○ 당국이 아닌 제조사나 수입사가 자신들이 만들고 수입한 차가 '안전한지', '한국 규정에 맞췄는지'를 스스로 인증한 뒤 문제가 없으면 별도의 검사 없이 판매할 수 있다.
○ 한국은 2003년 이전까지는 정부가 인정하는 '형식승인 제도'를 유지했지만 이후 자기인증 제도를 도입해 운영 중이다. 애초 자기인증 제도는 기업의 강력한 요구에 시행됐다.
○ 한 해에도 수십 대의 신(新) 차가 쏟아지는 상황에서 인증이 늦어질 경우 판매도 그만큼 늦어지기 때문이다. 이에 정부는 일정 규모의 성능시험 시설을 갖춘 기업은 스스로 인증을 해 차량을 팔 수 있도록 했다. 일종의 자율권을 준 것이다.

03 전자 조향장치에서 캐치업 현상이란? (3점)

종속 이상의 조건에서 선회 시 조향 핸들의 순간적 걸림 현상인 캐치업 현상을 방지하기 위해 전자식 조향장치는 조향 휠 각속도 센서 신호를 활용하여 이러한 현상을 방지하고 있다.

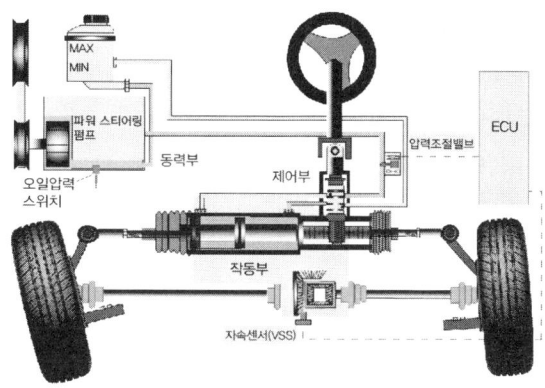

- **Catch Up 현상** : 고속시 또는 급조향시(유량이 적을 때) 조향하는 방향으로 잡아 당기려는 현상(핸들의 걸린 현상)
- **조향각 센서** : 조향 핸들의 다기능 스위치 내에 설치되어 조향속도를 측정하며, 기존의 Power Steerign의 Catch up현상을 보상하기 위한 센서로 활용되고 있다.

04 토크컨버터의 기능 3가지를 쓰시오. (3점)

① 스테이터가 오일 흐름 방향을 바꾸어 터빈의 토크를 증대시킨다.
② 엔진 토크를 변속기로 원활하게 전달시켜 준다.
③ 엔진과 변속기의 충격, 그리고 크랭크축 비틀림 충격을 완화시켜 준다.

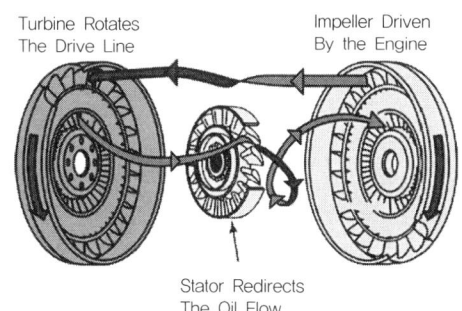

05 다음에서 설명하는 부품의 명칭을 적으시오. (3점)

① **서킷 브래이커(circuit breaker)** : 과전류 보호기의 일종으로, 규정 이상의 전류가 흘렀을 때, 전류를 차단해서 회로를 보호하기 위한 것이다. 같은 용도로 퓨즈가 있지만, 한번 끊어지면 신품과 교환하지 않으면 안된다. 이에 대해 서킷 브레이커는 끊어져도 리셋할 수 있고 몇 번이나 사용할 수 있다. 바이메탈이나 열선의 팽창을 이용한 열동식과 전자코일에 의한 전자식의 두 종류가 있다.

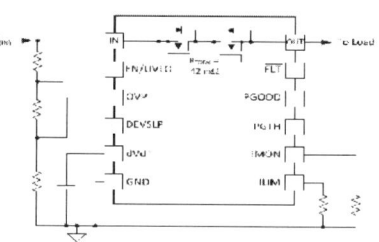

② Resettable fuse 폴리스위치(PTC 또는 PPTC(Polymeric positive temperature coefficient)퓨즈)라고도 한다.
폴리스위치는 부품의 교체없이 반영구적으로 사용할 수 있는 특징이 있는데 회로에 과전류가 유입되면 열에 의하여 폴리스위치가 저저항체에서 고저항체로 변하게 되고 이에 따라 과전류를제한하여 기기의 내부회로를 보호하게 된다. 반대로 소자의 온도가 낮아지게 되면 저항값은 다시 초기상태로 돌아와 회로가 정상작동하게 된다.

③ 다시 reset하여 사용할 수 있는 eFuse라는 IC가 있다.

06 인히비터 스위치에 대해 설명하시오. (3점)

자동변속기에서 인히비터 스위치는 변속레버의 위치를 검출하여 TCU로 입력시켜 변속패턴의 선택을 도모하는 역할을 한다. 변속레버가 N, P단에서만 시동이 걸리도록 해준다.

07 스프링 아래 질량 진동 3가지 용어를 쓰고 이를 설명하시오. (4점)

① **휠 홉** : z축을 중심으로 상하평행 운동
② **와인드업** : y축 중심으로 회전운동
③ **트램프** : x축 중심으로 회전운동

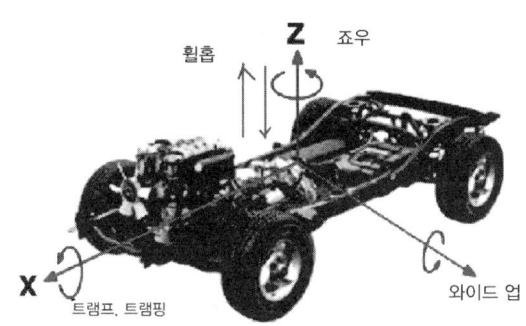

▲ 스프링 위 질량의 진동

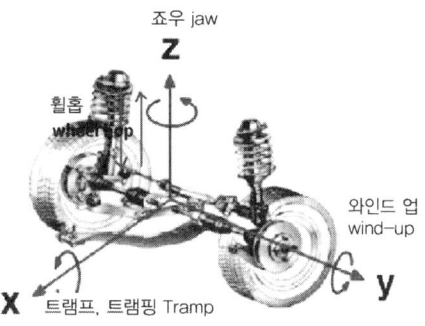

▲ 스프링 아래 질량의 진동

08 여유 구동력을 크게 하기 위한 방법 4가지를 설명하시오. (4점)

여유 구동력이란 주행성능곡선에서 주행저항과 그 때의 최대 구동력과의 차이를 말한다.

구동력 − 주행저항 = 여유구동력,   주행저항 = 구름저항 + 등판저항 + 공기저항 + 가속저항

① 구름저항 감소   ② 등판저항 감소
③ 공기저항 감소   ④ 가속저항 감소

  ○ 차량의 무게를 줄여 주행저항을 감소시킨다.
  ○ 구동바퀴 지름을 작게 하여 최대 구동력을 증가시킨다.
  ○ 리어 스포일러를 장착하여 공기 저항을 감소시킨다.
  ○ 동력전달 손실을 최소화시켜 최대 구동력을 증대시킨다.

09 모노코크 바디의 장점 3가지를 설명하시오. (3점)

○ 프레임과 차체의 일체형이라 구조가 간단하다.
○ 외부에서 힘을 받아도 이에 대한 저항 능력이 크다.
○ 프레임 바디 형식의 차량에 비해 주행 시 차량이 안정적이고 진동이 적게 발생한다.
① 자동차를 경량화시킬 수 있다.
② 실내공간이 넓다.
③ 충격 흡수가 좋다.
④ 정밀도가 커서 생산성 높다.

10 내연기관의 흡기계통 설계 시 요구사항 5가지를 서술하시오. (5점)

① 전회전 영역에 걸쳐 흡입 효율이 양호일 것
② 연료와의 혼합이 원활한 것
③ 균일한 분배성능이 있을 것
④ 응답성이 우수할 것
⑤ 안전된 운전성능을 얻을 수 있을 것

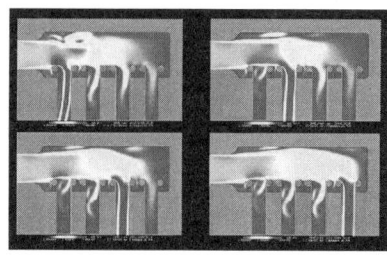
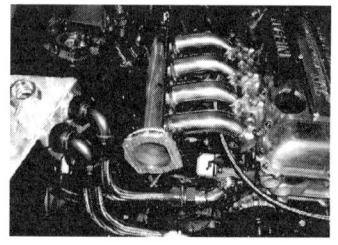

11 자동차관리법상 자동차검사의 종류 3가지를 쓰시오. (3점)

제43조 자동차검사의 종류
① **신규검사** : 신규등록을 하려는 경우 실시하는 검사
② **정기검사** : 신규등록 후 일정 기간마다 정기적으로 실시하는 검사
③ **튜닝검사** : 제34조에 따라 자동차를 튜닝한 경우에 실시하는 검사
④ **임시검사** : 이 법 또는 이 법에 따른 명령이나 자동차 소유자의 신청을 받아 비정기적으로 실시하는 검사
⑤ **수리검사** : 전손 처리 자동차를 수리한 후 운행하려는 경우에 실시하는 검사

12 전자 주차 브레이크의 특징 4가지를 서술하시오. (4점)

○ 현 위치의 경사도에 따라 이상적 주차 제동력이 발휘된다.
○ 한 번의 스위치 조작만으로 정확한 주차 제동력이 발휘된다.
○ 따로 조작레버나 조작 핸들이 없어 차량 내부 공간 효율이 좋다.
○ 사이드 브레이크를 작동시키거나 브레이크 액 부족시 주차 브레이크 경고등이 점등된다.

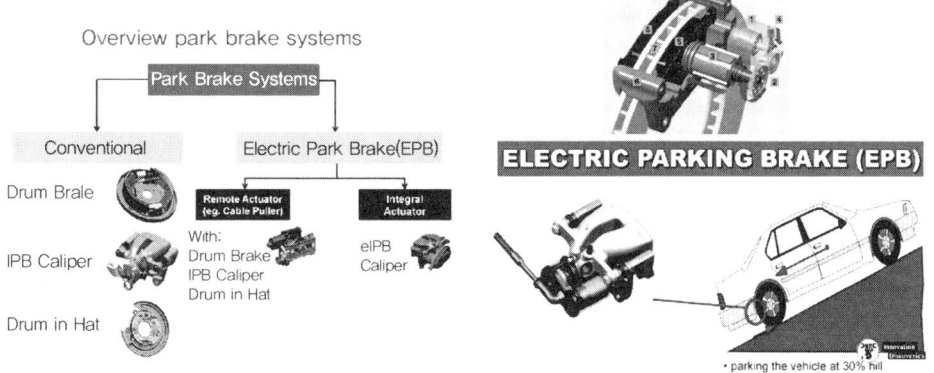

13. 기동전동기 점검 항목 3가지를 쓰시오. (3점)

○ 기동전동기 고장 점검
　① 솔레노이드 스위치 내의 홀드인 및 풀인코일 단선 점검
　② 전기자 코일의 단선, 단락. 접지 점검
　③ 브러시 마모도 점검

○ 기동전동기 성능점검
　① 부하시험
　② 무부하시험
　③ 회전력시험

○ 솔레노이드 스위치 내의 홀드인 및 풀인코인 단선 점검
○ 전기자 코일의 단선, 단락, 접지 점검
○ 브러시 마모도 점검

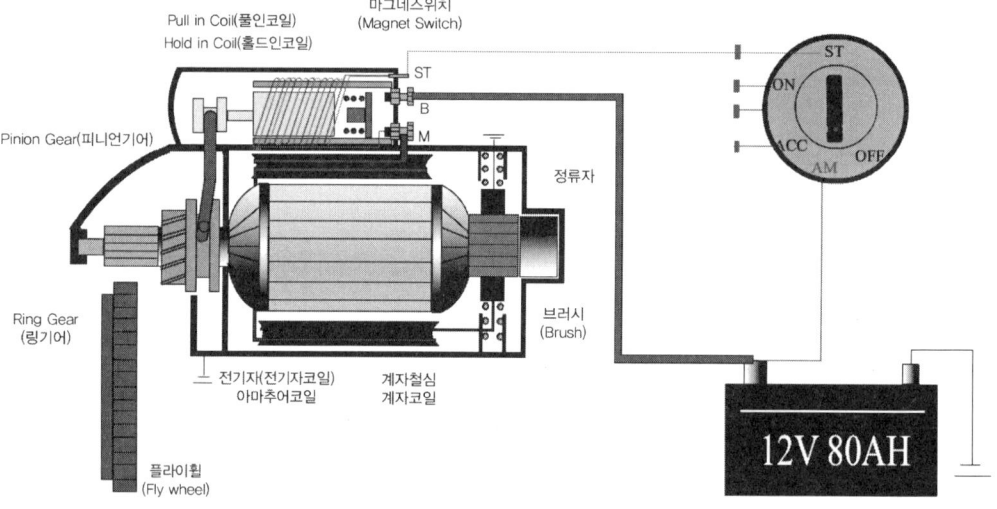

14. LPI시스템 인젝터 점검 방법 3가지를 쓰시오. (5점)

① 인젝터 전압 파형 측정 및 점검
② 인젝터 솔레노이드 코일의 저항 점검
③ 인젝터 작동 소음 점검
④ 아이싱팁 변형 점검
⑤ 분사노즐 구멍 막힘 점검

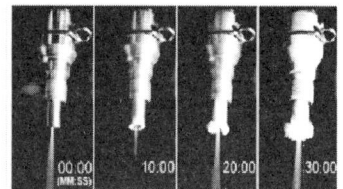
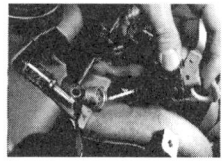

2020년 제3회 자동차정비기사 필답시험 기출문제 A형

01 엔진 실린더헤드 변형을 측정할 때 필요한 도구 2가지를 쓰시오.(2점)

① 디크(시크)니스(간극, 두께, 틈새, 밸브, 필러-feeler) 게이지
② 직각자(곧은자)

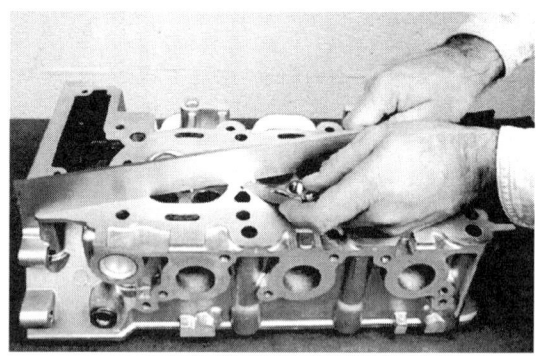

02 자동차가 좌우로 흔들리는 현상을 쓰시오. (승용차 정면 사진으로 좌우 흔들림 표시)(3점)

롤링(Rolling) 현상

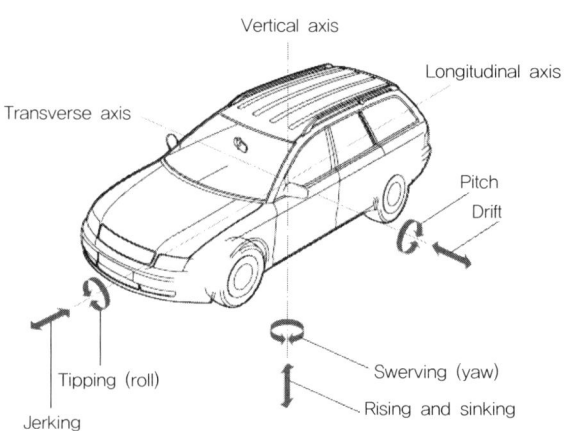

03 엔진 출력이 동일한 조건에서 가속 성능을 높일 수 있는 이론적인 방법 2가지를 쓰시오. (4점)(단, 승차인원, 차량 중량, 바퀴미끄러짐의 정도는 변함이 없다는 조건)

① 변속기를 증가시킨다. ② 종감속비를 증가시킨다.
③ 차량 중량을 경량화시킨다. ④ 여유구동력을 크게 한다.
⑤ 구동바퀴의 유효반경을 작게 한다. ⑥ 주행저항을 작게 한다.
⑦ 타이어와 노면의 점착력을 증가시킨다.

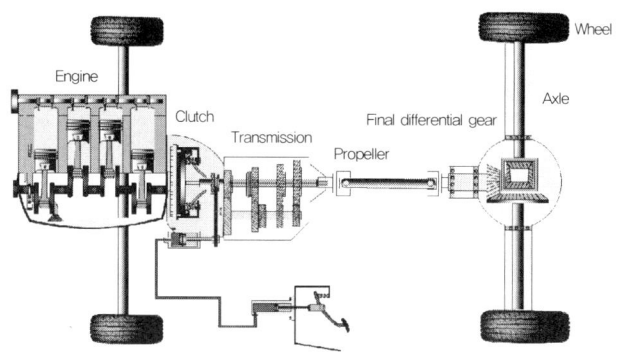

04 점화계통 고장진단을 하는 경우 스파크 플러그의 불꽃이 약한 경우 점검사항 3가지를 쓰시오.(3점)(단, 배터리와 충전계통은 문제가 없음)

① 점화코일의 1, 2차 저항의 감소 여부 점검
② 고압케이블의 저항 감소 여부 점검
③ 스파크 플러그의 저항 감소 여부 점검
④ 스파크 플러그의 누전 여부 점검
⑤ 스파크 플러그의 규정 간극 여부 점검

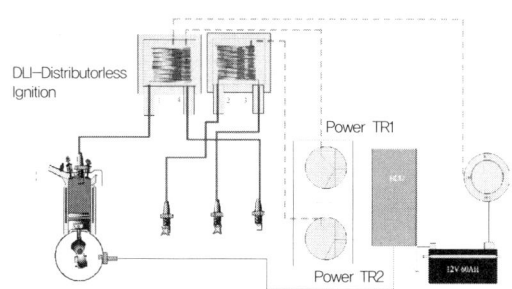

05 CRDI 엔진에서 레일압력 센서와 ECU간의 관계에 대해 설명하시오. (5점)

레일압력센서는 연료파이프 내의 연료압력을 측정하여 ECU에 신호를 보내면 ECU는 이 신호를 받아 연료량, 분사 시그를 조정하는 신호로 사용된다. 레일압력 센서의 전압의 변화는 0.54V~5V 정도이다.

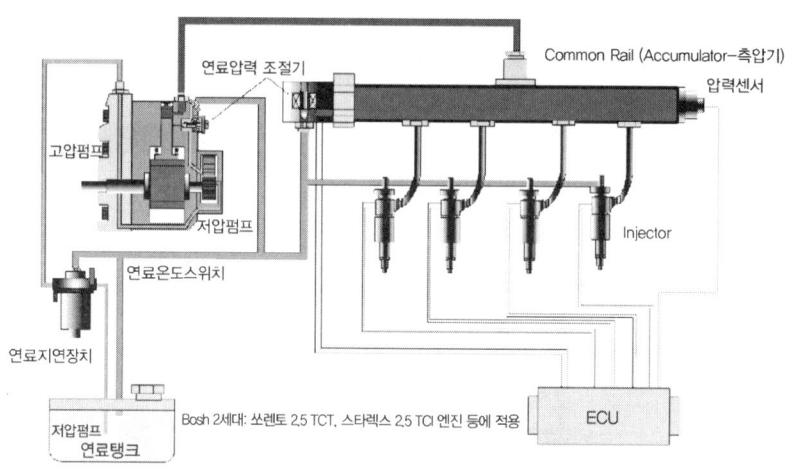

06 오토라이트의 동작 원리를 아래 그림을 보고 각각 설명하시오. (5점)(CDS : 조도센서가 포함된 회로 그림)

① **빛이 밝은 경우** : 조도센서의 저항이 작아져서 오토제어 전조등의 전조등을 off로 제어한다.
② **빛이 어두운 경우** : 조도센서의 저항이 커져서 오토제어 전조등의 전조등을 on으로 제어한다.

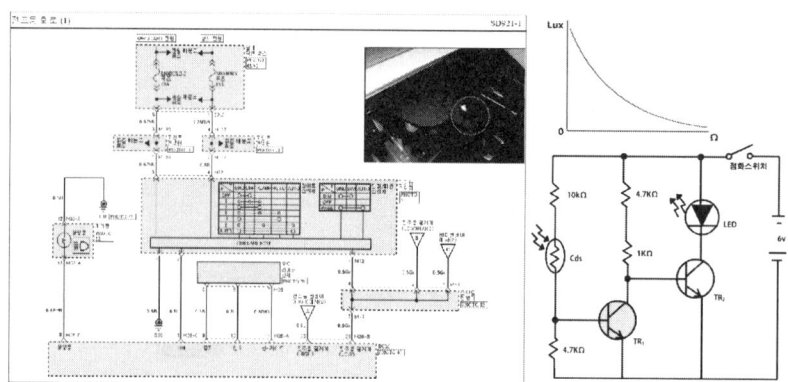

07 전자제어엔진에서 피드백 제어를 하지 않는 경우 4가지를 적으시오.

① 냉각수 온도가 낮을 때
② 기관을 기동할 때(시동할 때)
③ 기관 시동 후 분사량을 증량할 때
④ 기관의 출력을 증가할 때(가속시)
⑤ 연료 공급을 일시 차단할 때
⑥ 농후 신호가 길게 지속될 때

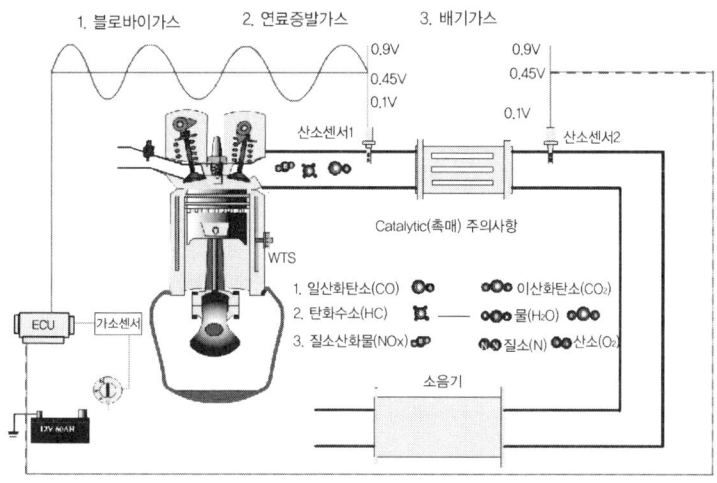

◐ 자동차 배출가스의 종류와 제어장치

08 자동차 부품에 관한 법규에서 연료장치에 대한 규약에서 아래 빈칸을 채우시오.(2점)

○ 연료장치는 배기관의 끝 부분부터 (30)cm 이상 떨어져야 하고, 전기단자 및 전기개폐기로부터 (20)cm 이상 떨어져야 한다.
  ① 배기구와 연료통 거리   ② 노출된 배선과 차단기와의 거리

제17조(연료장치) ① 자동차의 연료탱크·주입구 및 가스배출구는 다음 각호의 기준에 적합하여야 한다.〈개정 1997.1.17, 1997.8.25.〉
1. 연료장치는 자동차의 움직임에 의하여 연료가 새지 아니하는 구조일 것
2. 배기관의 끝으로부터 30cm 이상 떨어져 있을 것(연료탱크를 제외한다)
3. 노출된 전기단자 및 전기개폐기로부터 20cm 이상 떨어져 있을 것(연료탱크를 제외한다)
4. 차실 안에 설치하지 아니하여야 하며, 연료탱크는 차실과 벽 또는 보호판 등으로 격리되는 구조일 것

09 타이어 카커스의 주요 기능 2가지를 쓰시오. (3점)

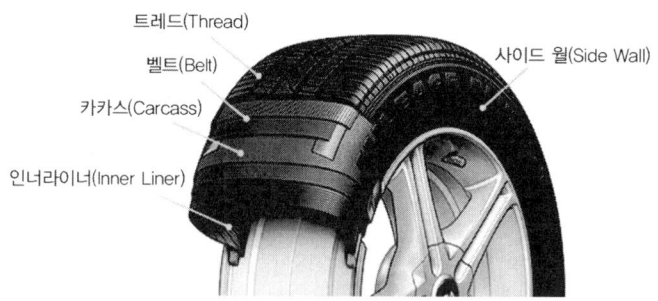

○ 카카스는 타이어의 골격입니다. 이것은 강한 공기압을 지탱하기에 충분히 강해야 하며, 하중 변화와 충격을 흡수하기에도 유연성이 있어야 합니다. 카카스는 고무로 감싸진 코드 층으로 구성됨
① 노면의 충격을 흡수
② 타이어의 형상(골격)을 유지

10 하이브리드 자동차의 정비작업시 유의사항 3가지를 쓰시오. (3점)

① 점화 스위치를 OFF한다.
② 절연장갑을 착용한 후 12V 배터리(보조전원)의 (−) 케이블을 탈거한다.
③ 안전스위치를 OFF한다.
④ 고전압 부품을 취급하기 전에 방전이 확실히 되도록 5~10분 대기한다.

11 에어컨 냉매 및 냉매 용기 취급시 유의사항 4가지를 적으시오.(4점)

① 적적량 주입 여부를 확인한다.
② 기타 오일과 절대 혼용하지 말아야 한다.
③ 수분, 먼지, 금속가루 등의 미물질이 혼입되지 않도록 한다.
④ 오일 보관용기는 플리용 용기가 아닌 스틸켄으로 사용한다.(폴리용기는 수분이 통과함)
⑤ 오일켄 사용 후에는 즉시 뚜껑을 달아 대기와 차단한다.
⑥ 차체 및 피부에 닿지 않게 주의한다.

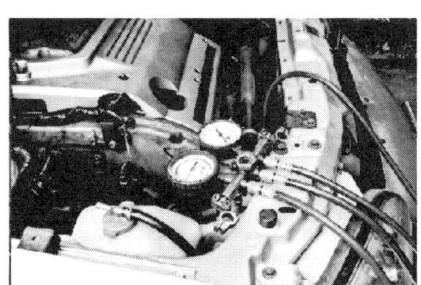
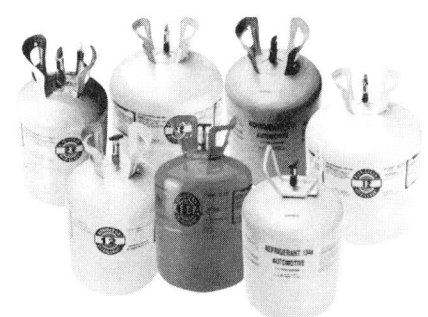

12 휠 얼라이먼트 측정시 점검해야할 사항 4가지를 쓰시오.(4점)

① 타이어의 사이즈, 종류, 생산주차 등 확인
② 서스펜션 부품들의 노후화 및 마모 충격, 손상 누유 등 확인
③ 작업전 타이어 공기압을 규정 공기압으로 충전
④ 타이어의 편마모 확인

13. 리시버 드라이어 기능 3가지를 쓰시오. (3점)

① 냉매를 저장하는 기능을 한다.
② 냉매 속의 기포를 제거하는 기능을 한다.
③ 냉매 속의 수분을 제거하는 기능을 한다.
④ 냉매량을 관찰하는 기능을 한다.
⑤ 냉매의 압력을 감지하는 기능을 한다.

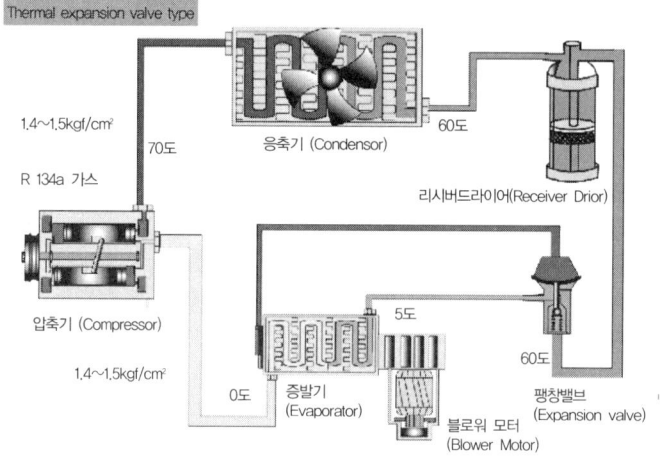

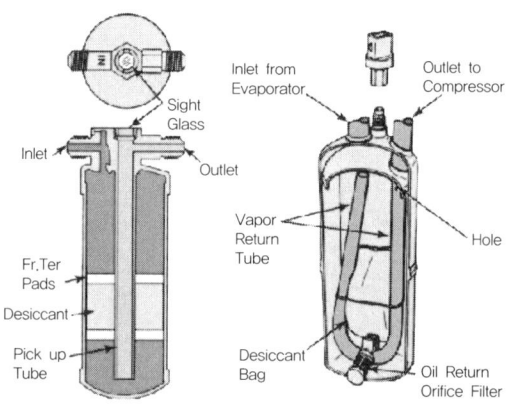

14. 킥다운 스위치(Kickdown Switch)에 대해 설명하시오.(4점)

자동변속기 자동차에서 액셀러레이터 페달을 급히 깊숙하게 밟았을 때 킥다운 브레이크가 작동하기 전에 즉시 킥다운 서보의 위치를 감지하는 기능을 가진 스위치를 말한다.

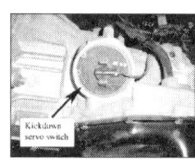
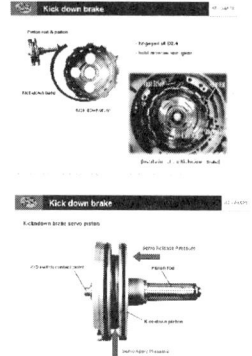

🔺 킥다운 피스톤

2020년 제4회 자동차정비기사 필답시험 기출문제 A형

01 다음중 GDI 엔진의에서 급감속구간에서 리니어센서파형 전압(출력)이 올라간 이유를 설명하시오.(2점)

광역역산소센서의 작동원리는 기준실과 확장실의 편차를 항상 일정한값으로 유지하기 위해 희박한 경우 확장실에서 배기가스측으로 산소의 펌핑이 이루어지고 펌프 전류방향은 배기가스전극에서 확장실 전극으로 흐르며 비교기의 출력단이 전원과 연결되어 전압이 높아지게 된다.

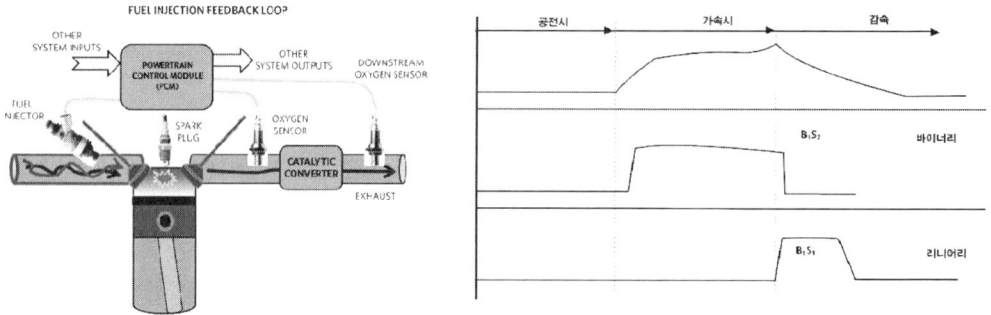

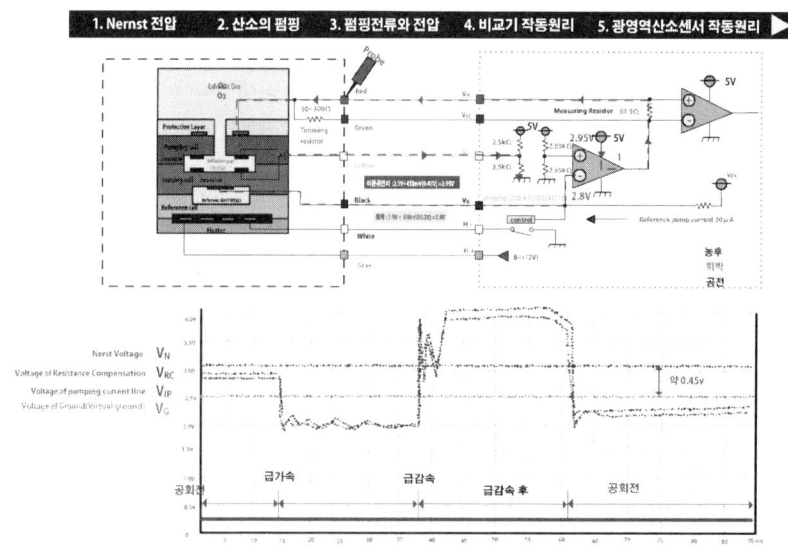

02 자동변속기에 이상이 있을 때 안전기능을 설명하시오.(3점)

페일세이프(Fail safe) 또는 림프홈(Limp home) 기능
① **부분세이프 기능**
   자동변속기의 문제가 발생시 4속 중 2속과 3속만 제어하는 기능-반쪽 제어
② **완벽한 세이프 기능**
   자동변속기 문제시 A/T 릴레이 OFF- 밸브보디 내에 있는 안전밸브에 의해 오직 3속만 제어(3속만 가능)

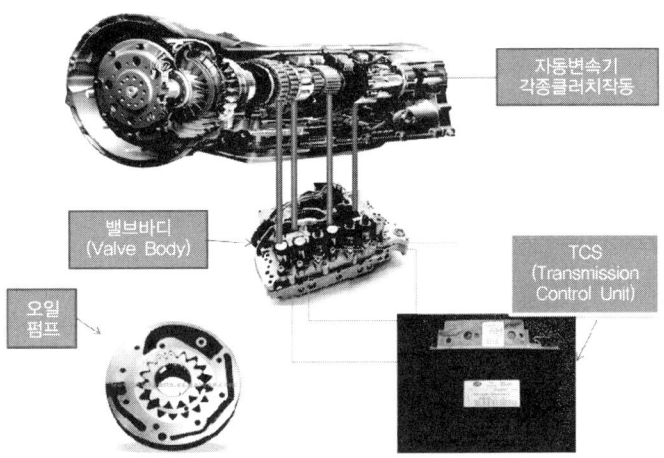

03 PNP트렌지스터기호를 보여주고 각단자의 명칭을 적으시오.(3점)

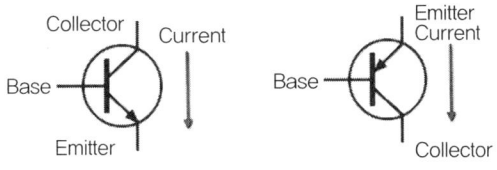

● PNP-Based Circuit

04 차량에 1등급 복합에너지소비율을 적으시오.(3점) (하이브리드, 전기, 수소자동차 제외)

1등급 복합에너지 소비율을 116km/l 이상

1. 2012년 이전에 출시된 차는 정속 위주의 시내주행(CVS-75)만 측정돼 실제 주행한 연비보다 터무니없게 높게 나왔다.
2. 신 연비는 자동차의 고속도로 주행과 시내주행 연비를 더해서 나눈 것으로 기존 연비 보다는 실질적인 연비를 잘 반영하고 있다는 평가를 받고 있다.(복합연비(시내 55%, 고속도로 45%))

■ 기존등급(12년 이전)

에너지소비효율	150 이상	14.9~12.8	12.7~10.6	10.5~8.4	8.3 이하
구분 / 등급	1	2	3	4	5

■ 변경등급(12년 이후)

복합에너지 소비효율	16.0 이상	15.9~13.8	13.7~11.6	11.5~9.4	9.3 이하
구분 / 등급	1	2	3	4	5

【별표 4】

자동차의 복합에너지소비효율에 따른 등급부여 기준

○ 자동차의 복합에너지소비효율에 따른 등급부여 기준

(단위 : km/L)

구분 \ 등급	1	2	3	4	5
복합 에너지소비효율	16.0 이상	15.9~13.8	13.7~11.6	11.5~9.4	9.3 이하

단, 경형 자동차 및 플러그인하이브리드차, 전기자동차, 수소연료전지자동차의 경우 상기의 기준에 따른 등급 부여 대상에서 제외함

자동차의 에너지소비효율 및 등급의 표시방법(광고)

정 부 신 고 연 비 및 등 급
차 종 명 :　　　　　(배기량　　　　cc, 공차중량　　　　kg, 수동·자동　　　　단)
복합연비 :　　　km/L (도심연비 :　　　km/L, 고속도로연비:　　　km/L)
등　　급 :　　　　등급　　　　　　　　　　복합CO_2 배출량 :　　　　g/km
※ 위 연비는 표준모드에 의한 연비로서 도로상태·운전방법·차량적재·정비 상태 및 외기온도에 따라 실주행연비와 차이가 있습니다.

주) ① 여러 차종을 동시에 광고하는 경우에는 세부 동일차종별로 연비, 이산화탄소배출량, 등급 등을 모두 표시하여야 한다.
　　다만, 경형 및 전기자동차, 플러그인하이브리드자동차, 수소연료전지자동차는 등급을 표시하지 않는다.
② 전기자동차의 경우 배기량(cc)은 축전지 정격전압(V) 및 용량(Ah)을, 변속기 형식 및 단수 대신에 1회충전 주행거리(km)를, 연비단위는 km/L 대신에 km/kWh로 표시(저속전기자동차는 도심주행연비만 표시)한다.
③ 플러그인하이브리드자동차의 경우 도심, 고속도로, 복합연비의 표기는 CD연비(km/kWh), CS연비(km/L)로 나누어 표기하고 1회충전 주행거리(km)를 추가 표시한다.
④ 수소연료전지자동차의 경우 연비단위는 km/L 대신에 km/kg으로 표시한다.
⑤ "도심주행연비"는 "도심연비"로 "고속도로주행연비"는 "고속도로연비"로 표시한다.

　경차　　　승용·승합　　　HEV　　　PHEV　　　전기차　　　수소차
　　　　　화물차

05. 공기유량센서 중에서 속도와 밀도를 이용하여 측정하는 센서 2가지는? (3점)

○ 속도밀도(speed density) 방식을 이용한 방식은 MAP 센서 방식과, 칼만와류 방식이다.
  ① 흡기관 내의 압력을 측정하는 MAP 센서
  ② 칼만와류 공기유량센서 : 공기의 흐름 속도와 밀도의 변화에 따른 와류발생기둥을 통과한 공기의 와류를 주파수로 바꾸어 공기량을 계측한다.

○ AFS (칼만와류)/MAP센서는 엔진 회전수를 알 수 있는 CAS (CKP) 의 정보를 이용하여 흡기 공기량 계측한다.

○ 속도밀도(speed density) 방식을 이용 한 방식은 MAP 센서 방식과, 칼만와류 방식이다.

○ 칼만와류식 공기유량센서는 초음파식 방식이라고 알려져 있지만 초음파를 얻은 원천이 흡입공기의 속도와 밀도 변화에 따라 와류발생기 기둥을 통과로 발생한 와류를 초음파로 바꾸어 공기유량을 계산하는 방식이므로 속도와 밀도을 이용한 센서로 볼 수 있습니다.
  ① 흡기관 내의 압력을 측정하는 MAP 센서
  ② 칼만와류 공기유량센서 : 공기의 흐름 속도와 밀도의 변화에 따른 와류발생기 둥을 통과한 공기의 와류를 주파수로 바꾸어 공기량을 계측한다.

○ AFS (칼만와류)/MAP센서는 엔진 회전수를 알 수 있는 CAS(CKP)의 정보를 이용하여 흡기공기량 계측한다.

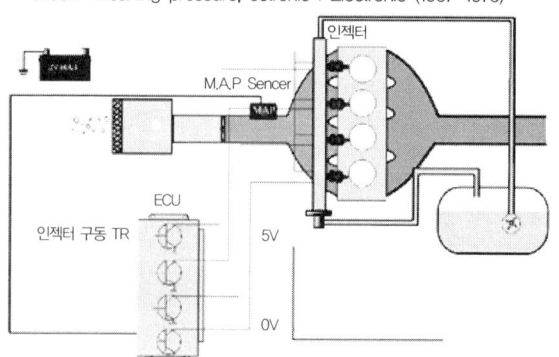

06 수동변속기 클러치 역할 설명하시오.(4점)

엔진의 회전력을 변속기 입력축에 전달 및 차단하는 기능

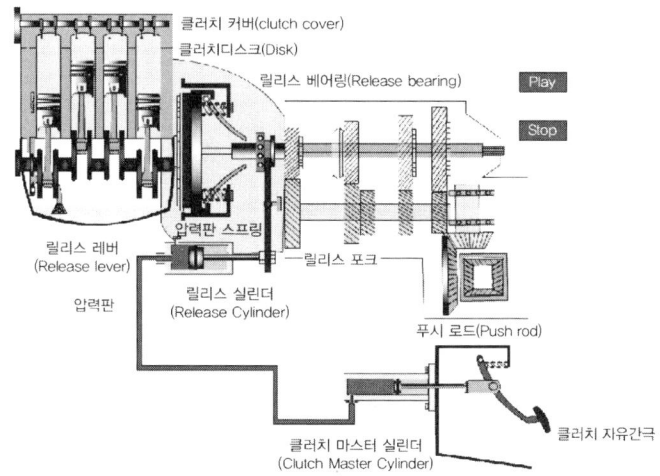

07 디젤 엔진에서 과급기를 설치하면 좋은점 4가지를 적으시오. (4점)

① 엔진의 출력 증대
② 연료소비율 감소
③ 이용 가능한 회전속도영역에서의 회전토크 특성
④ 고지대에서도 출력손실이 거의 없다.
⑤ 배기가스의 품질이 개선된다. - 연소품질 개선으로 유해배출물 저감 효과

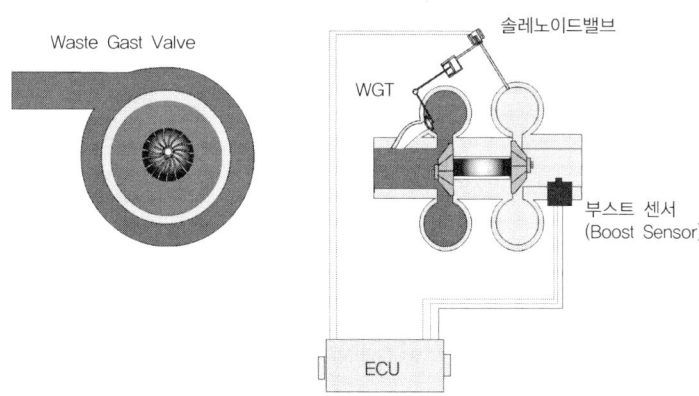

08 배전기 타입 전자제어 엔진에서 1차코일이 단속이 되지 않아 시동이 걸리지 않았다 이상부품 3가지를 쓰시오.(단 퓨즈 배전기 점화스위치 배선은 이상없다) (3점)

① 파워 TR 불량
② 파워TR base단자에서 ECU 제어선의 단선
③ ECU 불량
④ CAS 신호 불량

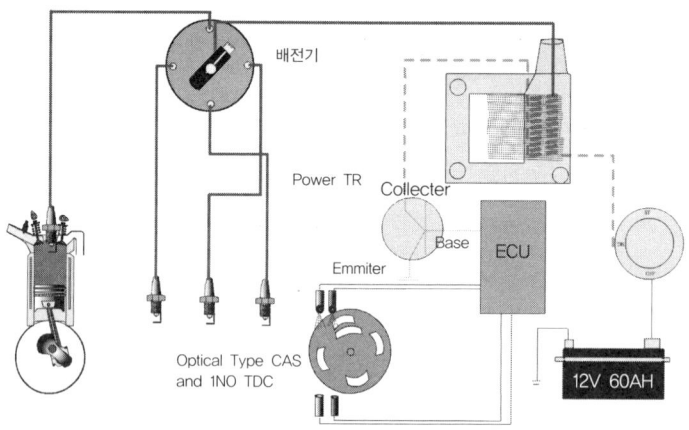

09 터보차체 공기밀도(①)(②)가 필요하다.

① 낮아지므로 ② 인터쿨러

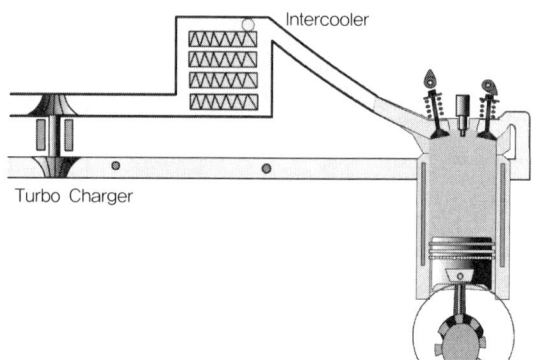

10 다음 아래 그림에서 전압과 전류를 구하시오.(단. 배터리 내부저항은 각가 0.1Ω, 배선임피던스 0Ω이다.)

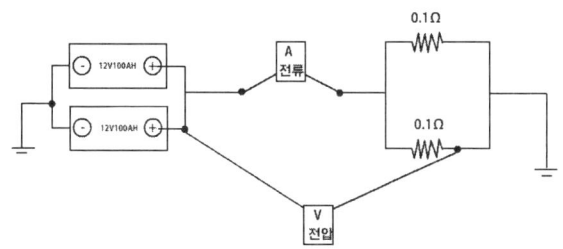

① $R_1(\text{내부저항}) = \dfrac{1}{\dfrac{1}{0.1}+\dfrac{1}{0.1}} = 0.05\Omega$ $R_2(\text{외부저항}) = \dfrac{1}{\dfrac{1}{0.1}+\dfrac{1}{0.1}} = 0.05\Omega$

회로총저항$(R) = R_1 + R_2 = 0.05 + 0.05 = 0.1$ $I = \dfrac{V}{R} = \dfrac{12V}{0.1} = 120A$

② **전압은 12V**

11 감속브레이크 3가지 종류를 쓰시오. (3점)

① 배기 브레이크 ② 엔진 브레이크 ③ 와전류 리타더 ④ 제이크 브레이크

제이크 브레이크(Jake Brake)
제동 시 연료분사를 순간적으로 중단하면 엔진 회전관성에 의해 운동하는 피스톤이 흡입된 공기를 압축하면서 엔진회전수가 급격히 감소하는 원리를 이용한다. 가솔린엔진의 경우는 압축압력이 디젤엔진(약 25:1)의 절반 수준에 불과하고 차체의 절대중량이 적은 편이므로 그 효과가 떨어진다. 그러므로 주로 고압축 디젤엔진을 이용하는 SUV나 픽업트럭, 대형 버스 또는 트레일러에 쓰인다.

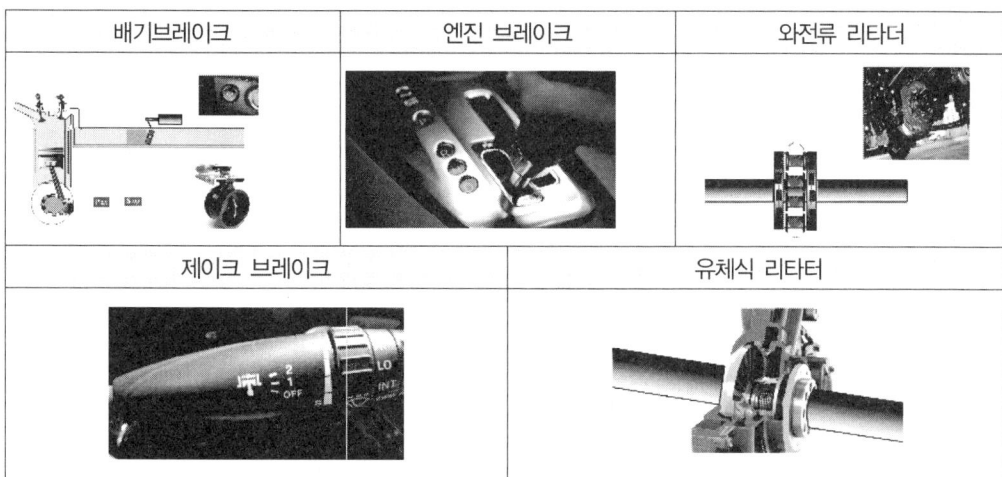

12. ABS시스템을 가진 차량에서 제동시 뒤바퀴 고착을 막고 스핀방지하는 전자제어장치는?

① EBD 시스템
② 안티스키드 시스템

EBE(Electronic Brake Focc Disributino)
- 제동 시 차량의 무게 중심 이동으로 앞바퀴와 뒷바퀴의 제동력 편차가 발생하여 뒷바퀴가 앞바퀴 보다 먼저 잠기면 바퀴의 스핀 현상이 발생한다.
- 이러한 스핀현상을 방지하기 위해 앞바퀴보다 뒷바퀴의 제동압력을 낮추어 차량의 스핀 현상을 억제하는 기능을 하는 프로포셔닝 밸브를 장착하고 있는데 기계적 방식이 아닌 ABS 시스템을 활용하여 전자적인 프로포셔닝 기능을 하는 시스템을 말한다.

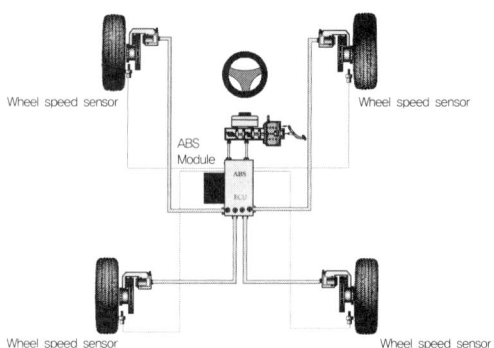

13. 소형승용차 배기소음 2012년 5월 2일 제작된 차량 기준(3점)

운행자동차 소음 허용 기준(제30조 및 제52조 관련) [별표 11] 중 운행자동차〈개정 2004.1.15.〉

▶ 1999년 12월 31일 이전에 제작된 자동차

	배기소음(dB(A))		경적소음(dB(c))
	1995년 12월 31일 이전에 제작된 자동차	1996년 1월 1일 이후에 제작된 자동차	모든 자동차
경자동차	103 이하	100 이하	115 이하
승용자동차	103 이하	100 이하	
소형화물자동차	103 이하	100 이하	
중량자동차	107 이하	105 이하	
이륜자동차	110 이하	105 이하	

▶ 2000년 1월 1일 이후에 제작된 자동차

		배기소음(dB(A))	경적소음(dB(c))
경자동차		100 이하	110 이하
승용자동차	승용 1	100 이하	110 이하
	승용 2	100 이하	110 이하
	승용 3	100 이하	112 이하
	승용 4	105 이하	112 이하
소형화물자동차	화물 1	100 이하	110 이하
	화물 2	100 이하	110 이하
	화물 3	105 이하	112 이하
이륜자동차		105 이하	110 이하

14. 하이브리드 고압케이블 색깔(내부 밀폐된 배선은 제외)(3점)

주황색

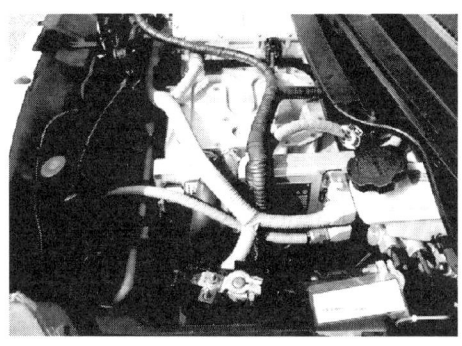

15. 실린더헤드 탈부착시 주의사항 4가지를 쓰시오.

① 헤드볼트 푸는 순서는 바깥에서 안쪽으로 대각선 또는 나선형으로 푼다.
② 헤드볼트의 조임 순서는 안쪽에서 대각선 또는 나선형으로 조인다.
③ 헤드볼트는 규정 토크로 조인다.
④ 헤드와 블록의 접촉면에 이물질이 닿지 않도록 주의한다.

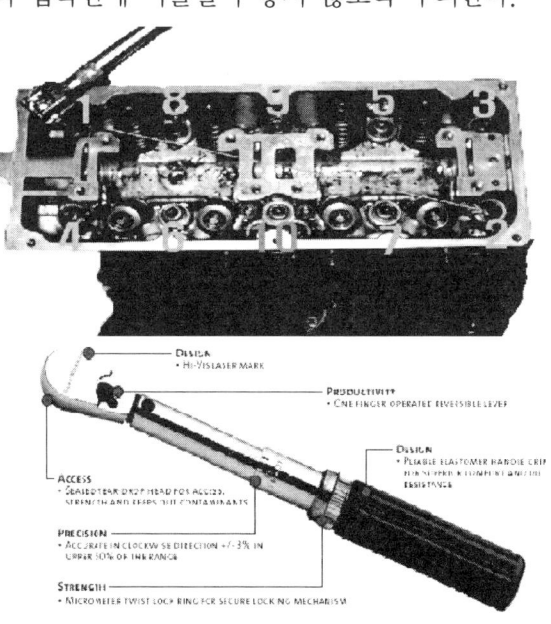

◆ Torque wrench

2021년 제1회 자동차정비기사 필답시험 기출문제 A형

01 기동전동기 전기자코일의 시험 3가지를 적으시오. (3점)

① 단선 ② 단락 ③ 접지

단선

단락

접지

02 자동차 안전기준에 관한 규칙'에 따르면, 자동차의 (　　　　)이란 자동차의 바깥쪽 앞바퀴 자국의 중심선의 궤적을 따라 측정한 반경을 말한다. (4점)

최소회전반경

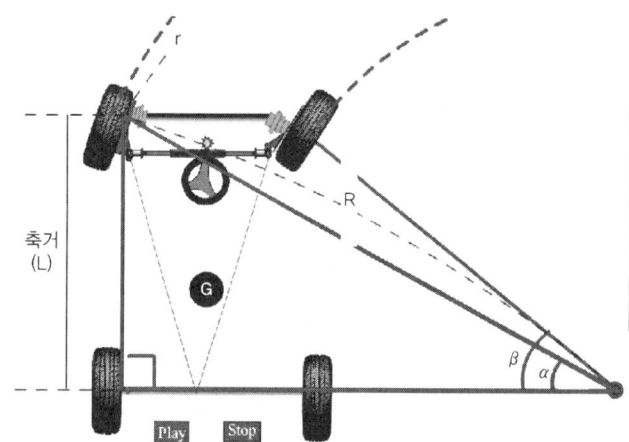

최소회전반경공식

최소회전반경(R) = $\dfrac{L}{\sin\alpha}$ r

L : 축간거리(축거)
α : 바깥쪽 바퀴의 최대 회전각
r : 킹핀 Off Set 거리

03 기동전동기의 회전력이 약한 이유 3가지를 적으시오. (3점)

① 기동전동기의 정류자 및 브러시의 마모로 인한 저항 증가
② 기동전동기의 전원 단자 및 접지 단자의 접촉불량에 의한 저항 증가
③ 기동전동기의 전기자코일의 단선 및 단락
④ 배터리의 방전

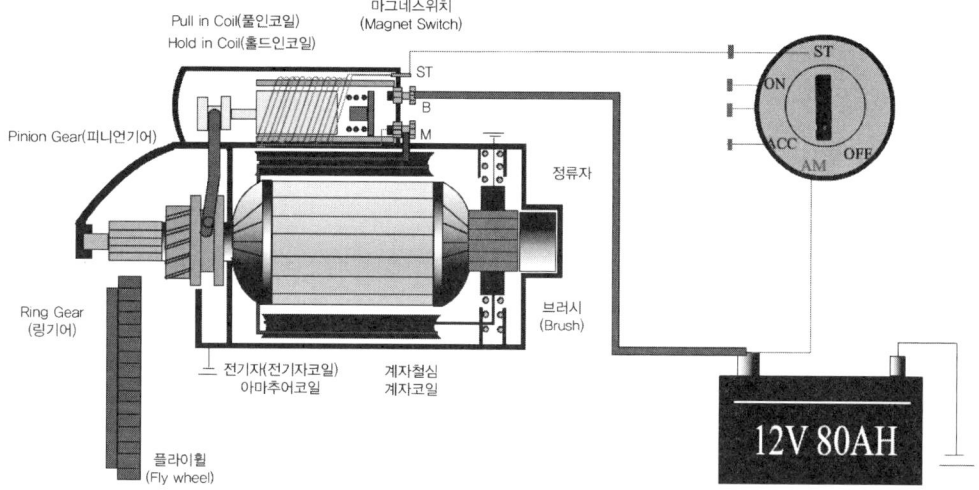

04 TCS(Traction control system)의 기능 2가지를 적으시오. (4점)

① 미끄럼 노면에서 바퀴 슬립에 의한 출발의 안전성 부여
② 급가속 시 발생하는 바퀴의 공회전에 의한 슬립을 제어하여 바퀴의 구동력 전달 안전성을 부여

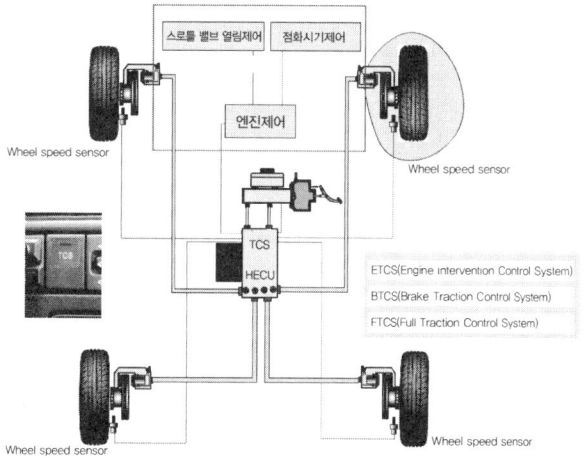

05 주변의 빛의 밝고 어두움을 감지하는 센서를 적으시오.(4점)

조도센서

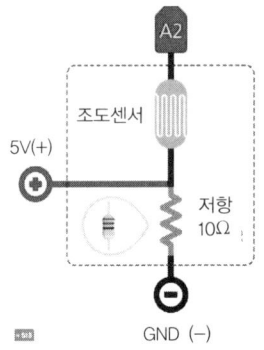

06 밸브서징현상을 방지하는 방법 3가지를 적으시오. (3점)

① 이중 스프링을 사용한다.
② 부등피치 스프링을 사용한다.
③ 원추형 스프링을 사용한다.
④ 고유진동수가 큰 스프링을 사용한다.

- 밸브 스프링 서징현상
기관의 고속회전에서 밸브스프링의 신축이 심하여 밸브 스프링의 고육 진동수와 캠 회전속도 공명에 의하여 스프링이 튕기는 현상이다. 서징 현상이 발생하면 밸브 개폐가 불량하여 흡배기 작용이 불충분하여 엔진의 출력이 저하된다.

- 밸브 서지 현상 방지법
 - 2중 스프링, 부등 피치 스프링, 원뿔형 스프링 등을 사용한다.
 - 정해진 양정 내에서 충분한 스프링 정수를 얻도록 한다.

07 배기가스 재순환 장치 3가지를 적으시오. (3점)

① EGR 밸브
② 부스터 압력센서
③ EGR 쿨러
④ 광역역산소 센서

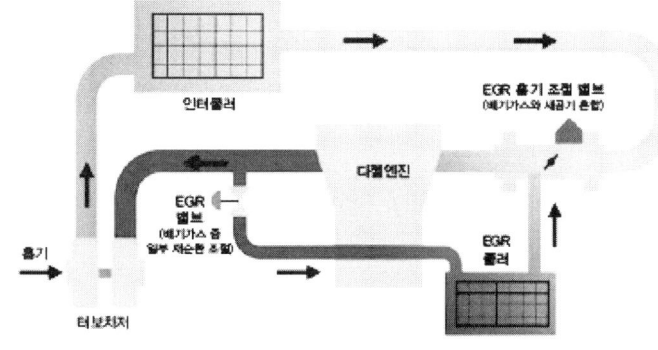

● EGR 구조도

08 에어백 컨트롤 유닛의 기능 4가지를 적으시오. (4점)

① 비상 전원 기능
② DC-DC 컨버터 기능
③ 자기진단 기능(고장 경고등 점등)
④ 충격 감지 기능

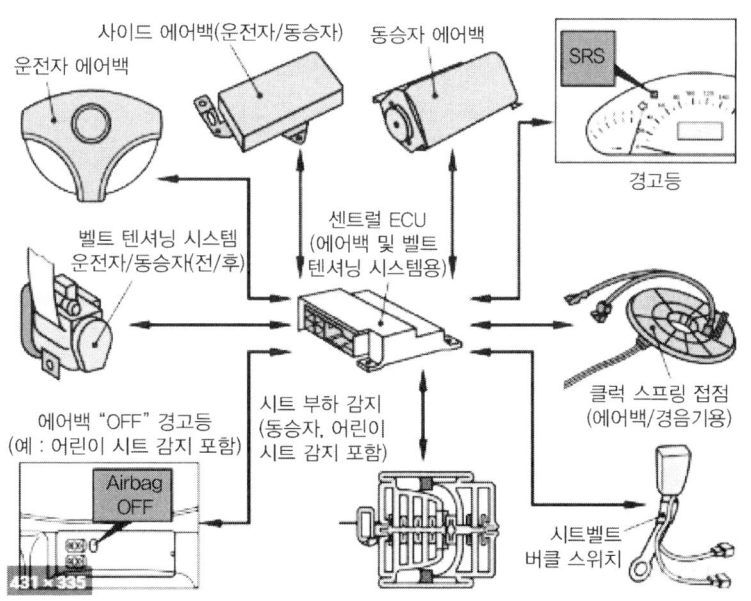

09 가변밸브(CVVT) 시스템에서 클리닝 모드(Cleaning Mode)에 대하여 설명하시오. (5점)

시동키 OFF시에 엔진 컴퓨터는 이물질에 의한 OCV 밸브가 작동되지 않는 경우를 대비하여 OCV 솔레노이드 밸브를 작동, OCV 플런져가 이동케 하여 이물질을 제거하는 기능을 말한다.

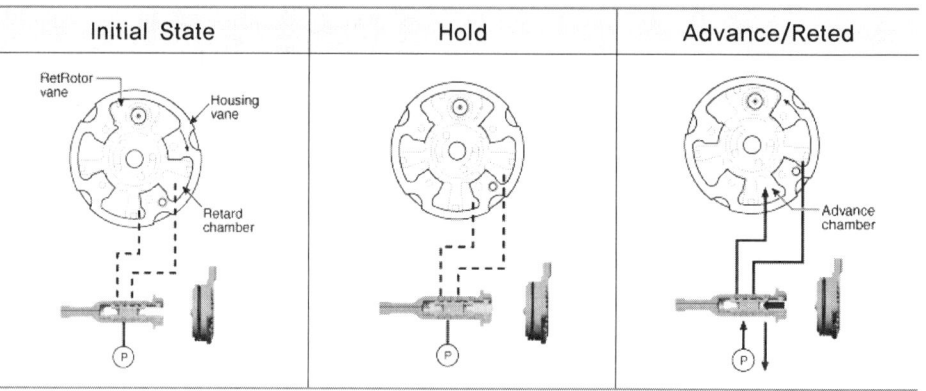

10 브레이크 제동력이 떨어지는 원인 4가지를 적으시오. (4점)

① 브레이크 마스터 백의 진공호스의 누설
② 브레이크 액의 부족 또는 오염
③ 패드 및 라이닝의 심한 마모
④ 패드 및 라이닝의 페이드 현상 발생
⑤ 브레이크 파이프 내의 베이퍼록 현상 발생

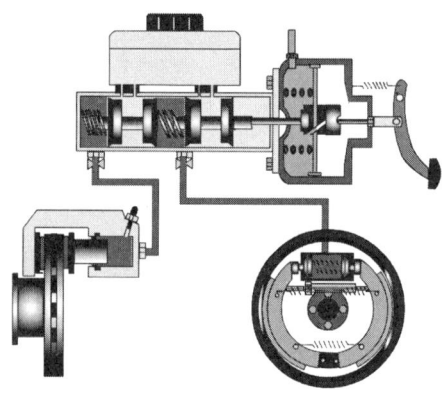

11. 전조등 시험의 준비 사항을 적으시오. (3점)

① 수준기를 확인하여 헤드라이트 테스터의 수평 확인한다.
② 측정대상 차량과 테스터는 직각을 이루고 거리는 3m(스크린식), 또는 1m(집광식)가 되게 한다.
③ 타이어의 공기압을 규정으로 하고 운전자 1인 탑승한다.
④ 차체의 중심이 되는 점을 보닛위에 앞뒤 2곳을 표시한다.
⑤ 점검창을 통해 보닛 위 표시한 중심점 2개가 일직선상에 보이도록 수평 조절나사로 조정한다.
⑥ 좌우, 상하 각도 조정다이얼을 0점에 맞춘다.

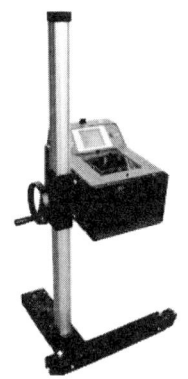

12. 자동변속기의 스톨테스터기를 하는 이유를 설명하시오. (4점)

① 엔진의 출력 상태 확인
② 자동변속기 내부의 각종 클러치의 미끄러짐 여부 상태 확인
③ 토크 컨버터의 미끄러짐 여부 상태를 확인

스톨테스터란?
엔진, 토크컨버터, 자동변속기의 각종 클러치의 이상 여부를 알아보는 시험

　　엔진　　　　　　　토크컨버터　　　　　　자동변속기

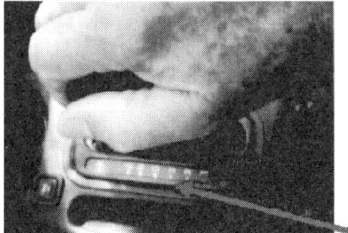   

13 자동변속기차량이 정차 중 시동이 꺼지는 원인인 클러치는? (4점)

① 토크컨버터(Torgue Converter)
② 자동변속기 차량의 정차 중 시동 꺼짐 현상은 자동변속기의 토크 컨버터의 토크 전달력의 부족으로 인한 시동 꺼짐과 자동변속기 내의 설치된 입.출력 회전속도센서(PG-A,PG-B)의 불량으로 엔진의 RPM 보상이 이루어지지 않아 정차 중 시동 꺼짐 현상이 발생한다.

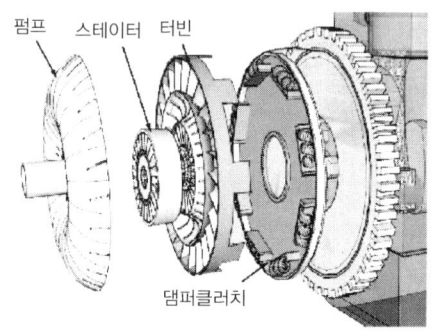

14 탄화수소 발생의 원인 3가지를 적으시오. (3점)

○ **가솔린 엔진의 경우**
① 저속에서 농후한 혼합기에 의한 탄화수소 발생
② 고속시 희박한 혼합기에 의한 탄화 수소 발생
③ 증발가스에 의한 탄화수소 발생
④ 블로우바이 가스에 의한 탄화수소 발생

○ **디젤엔진의 경우**
저온 디젤 연소영역에서 배기가스 재순환률이 증가하고 연료분사시기가 지각됨에 따라 매연과 질소산화물이 동시에 저감되나 탄화수소와 일산화탄소는 증가한다.

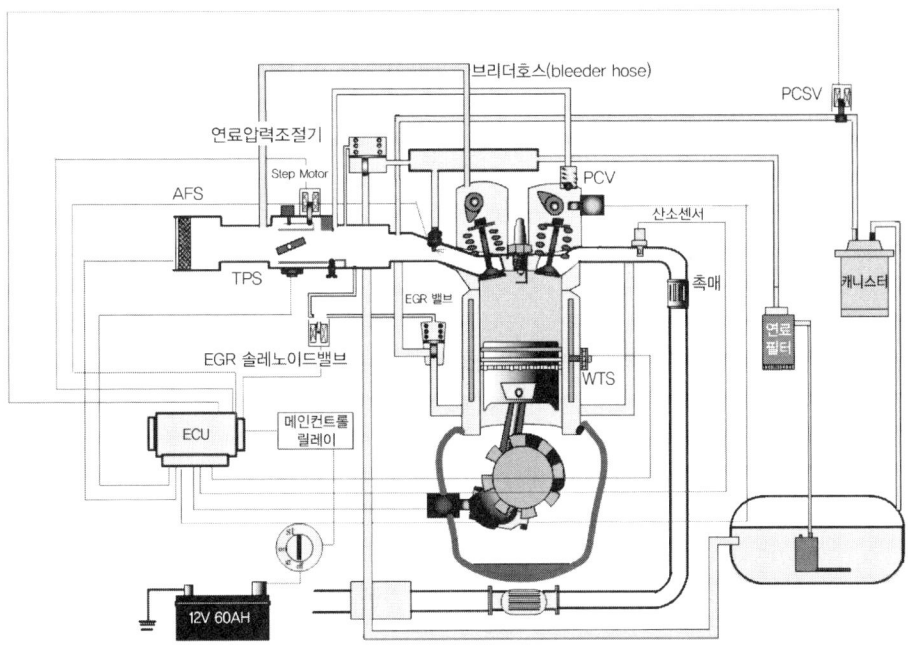

15 차량의 진동방향 중 바운싱에 대하여 설명하시오.(4점)

차량의 스프링 윗질량 운동방향 중 Z축을 중심으로 상하진동을 하는 현상을 바운싱 이라고 한다.

① 바운싱(Bouncing) ② 요잉(Yawing)
③ 피칭(Pitching) ④ 롤링(Rolling)

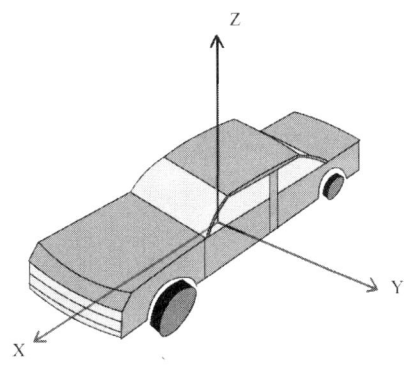

2021년 제2회 자동차정비기사 필답시험 기출문제 A형

01 자동차 규칙에서 도난방지장치가 갖춰야할 기능 4가지를 쓰시오.

자동차 및 자동차부품의 성능과 기준에 관한 규칙(약칭: 자동차규칙)

제22조(도난방지장치) ① 승용자동차와 차량총중량 4.5톤 이하의 승합·화물·특수자동차에는 다음 각 호의 어느 하나 이상의 기능을 갖춘 도난방지장치를 설치하여야 한다.
1. 자동차의 **조향기능**을 억제하는 기능
2. 자동차의 **변속기능**을 억제하는 기능
3. 자동차 변속장치의 위치조작을 억제하는 기능
4. 자동차 **차축** 또는 바퀴에 제동력이 작동하여 자동차의 움직임을 억제하는 기능
5. 전자적으로 동력원의 시동을 방지하는 기능

② 제1항 각 호에 따른 기능이 갖추어야 하는 세부기능 및 그에 대한 확인방법은 <u>국토교통부장관이 정하여 고시한다.</u>
[전문개정 2017. 1. 9.]

02 브레이크 잔압 유지하는 이유 3가지를 쓰시오.

① 브레이크 재 제동성 향상
② 베이퍼록 현상 억제
③ 파이프 공기 유입 방지

03 다음 빈칸에 공통으로 들어갈 용어를 쓰시오.

cvvt는 중부하 여역에서는 밸브 오버랩을 크게해 (①)효율을 향상시키고, 흡기관 부압을 저하시켜 펌핑 로스를 적게 할 수 있어 (②)를 향상시키고, (③)과 (④)를 저감시킨다.

① 체적, ② 연비, ③ HC, ④ Nox

CVVT 적용 목적

2003년부터 SULEV(Super Ultra Low Emissin Vehicle) 대응 자동차 개발이 요구되면서 SULEV 자동차 엔진은 촉매를 거치기 전 배출가스의 저감이 요구되며 이를 위해서는 CVVT장치의 적용이 필수적인 부분이 되었다.

① **배기가스 저감**

　중부하 영역에서는 밸브 오버랩을 크게 해 내부 EGR을 높인다. 이에 따라 질소산화물(Nox)발생을 제어하고 탄화수소(HC)도 저감할 수 있다.

② **연비 저감**

　중부하 영역에서는 밸브 오버랩을 크게 해 흡기관 부압을 저하시켜 펌핑로스를 적게 할 수 있어 연비가 절감되게 한다.

③ **성능 향상**

　고부하 중·저속회전 영역에서는 흡기밸브를 빨리 닫고 (진각)체적효율을 향상시키는데 결과적으로는 오버랩을 최대로 하는 것이다.(최대 진각)

④ **아이들 안정화**

　아이들 회전 영역 및 시동 때 등에서는 밸브 오버랩을 최소로 해 (흡기 최지각), 역류를 막아 연소 상태의 안정화를 도모한다. 흡이공기량 감소로 연비와 시동성을 향상시킨다.

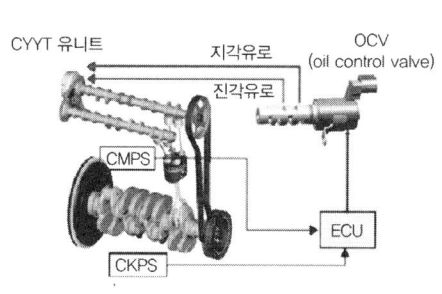
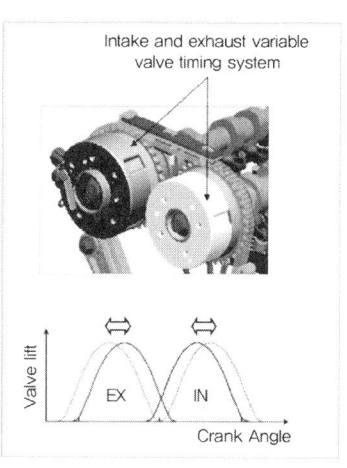

04 방향지시등 좌우 점멸 다르거나 한쪽이 점멸 안되는 경우 예상 원인 3가지를 쓰시오.

① 한쪽 방향지시등 전구 필라멘트의 단선
② 한쪽 방향지시등의 전선 단선 및 단락
③ 한쪽 방향지시등의 전구 용량을 이종 용량 사용

05 변속기 유압테스트를 실시하였더니, 모든 유압이 낮게 측정되었다. 예상되는 고장원인 3가지를 쓰시오.

① 자동변속기 오일량 부족
② 오일필터의 오염으로 인한 막힘
③ 오일펌프의 불량
④ 오일의 오염에 의한 오일의 점도가 낮아짐
⑤ 밸브바디의 유압라인의 오일씰 불량

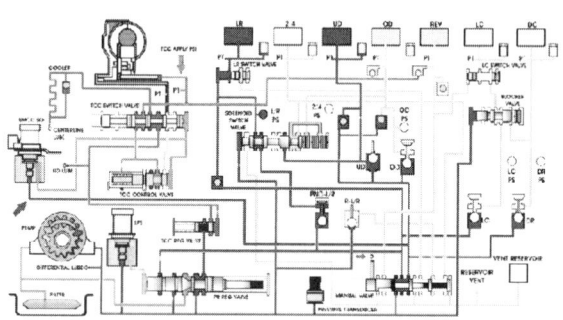

06 자동차 규칙에서 승용자동차 주차제동장치의 발조작식 및 손조작식의 조작력 기준을 빈칸에 쓰시오.

항목	구분	측정 시 조작력
주차제동장치	발 조작식	
	손 조작식	

■ 자동차 및 자동차부품의 성능과 기준에 관한 규칙 [별표 4의2] 〈개정 2009.1.23.〉
주차제동장치의 제동능력 및 조작력 기준(제15조제1항제12호 관련)

구분		기준
1. 측정자동차의 상태		공차상태의 자동차에 운전자 1인이 승차한 상태
2. 측정시 조작력	승용자동차	발조작식의 경우 : 60킬로그램 이하
		손조작식의 경우 : 40킬로그램 이하
	그 밖의 자동차	발조작식의 경우 : 70킬로그램 이하
		손조작식의 경우 : 50킬로그램 이하
3. 제동능력		경사각 11도30분 이상의 경사면에서 정지상태를 유지할 수 있거나 제동능력이 차량중량의 20퍼센트 이상일 것

07 전자제어 제동 시스템에서 안티롤장치에 대해 설명하시오.

언덕길에서 일시 정차 후 출발 시 차량이 뒤로 밀리는 것을 방지하는 장치

① **기계식 안티롤 장치**

언덕길에서 브레이크 페달을 밟으면 볼케이지가 오른쪽으로 움직여 그것을 설치되어 있는 실이 M과 W사이의 구멍을 커버한다. 이때 스프링는 실을 밀어낸다.

② **전자식 : 오토 홀드(auto hold)**

브레이크에서 무심코 발을 떼어도 브레이크가 걸려 차가 나가지 않도록 잡아주는 기능이다. 가속 페달을 밟으며 저절로 브레이크가 풀린다. 언덕길에서는 차가 뒤로 밀리지 않도록 해준다.

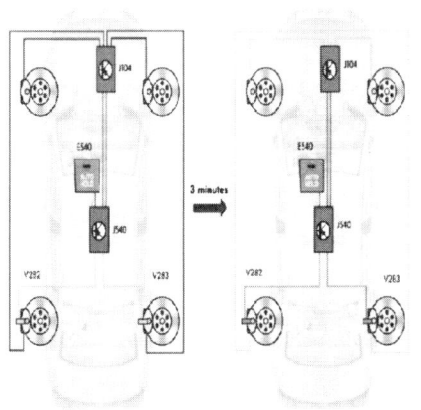

E540 AUTOHOLD button
J104 ABS control unit
J540 Electromechanical paking boake control unit
V282 Left parking brake motor
V283 Right parking brake motor

08 GDI의 영어 풀네임과 특징을 간단히 서술하시오.

① GDI : Gasoline Direct Injection

② 특징
- 가솔린 직접 분사방식 기관은 부분 부하에서는 압축행정 말기에 연료를 분사하여 점화 플러그 주위의 혼합비를 노후하게 하는 성층 연소로 최 희박 혼합비 (25~40:1)에서도 쉽게 점화가 가능하다.
- 높은 부하에서는 흡입행정 초기에 연료를 이론 혼합비로 분사하여 연료에 의한 흡입 공기냉각으로 충전효율을 향상시킨다.

• 낮은 부하영역에서는 최대 30% 정도의 연료 소비율이 향상되며 높은 부하영역에서는 10% 정도의 출력을 향상시키는 것이 가능하다.

09 다음 빈칸에 공통으로 들어갈 용어를 쓰시오.

디스크 형식의 자동간극 조정 장치에서 패드의 마모에 따라 자동츠로 간극을 조정한다. 마스터 실린더에서 유압이 공급되면 피스톤은(씰링)을 변형시키면서 필요한 만큼 이동하여 패드에 압력을 가하게 된다. 유압이 해제되면(씰링)의 탄성에 의해 피스톤이 당겨져 복귀되므로 디스크와 패드와의 사이에는 항상 일정한 간극을 유지하게 된다.

씰링

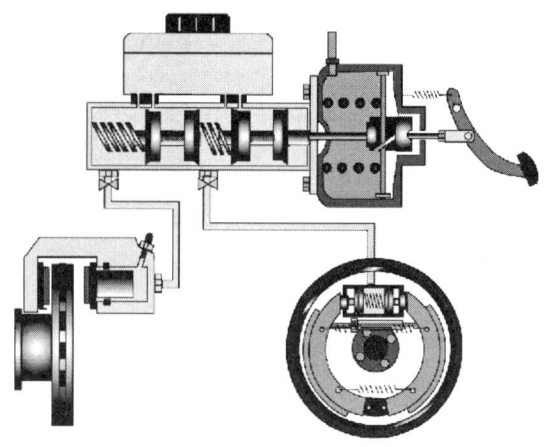

10 리어 열선의 전압 측정을 위해 아래와 같이 뒷유리 열선 중앙에 전압계로 측정하였다. 이때 배터리 충전 전압이 12V라면 작동시 몇 V가 나와야 정상인가?

6V

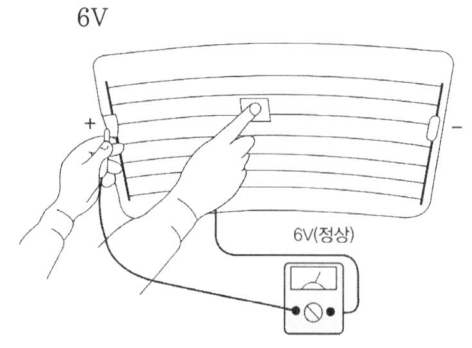

디포거(Defogger) ON
디포거 스위치를 ON에 놓고 전압계로 글래스의 중앙에서 각 열선의 전압을 점검하였을 때 전압이 6V이면 히터리어 윈도우는 양호한 것이다.

11 자동차 관리법에서 자동차 사용자의 자동차정비시설을 갖추지 아니한 경우 자동차 사용자의 원동기 정비 작업 범위를 5가지 쓰시오.

○ 에어클리너엘리먼트의 교환
○ 오일펌프를 제외한 윤활장치의 점검·정비
○ 디젤분사펌프 및 가스용기를 제외한 연료장치의 점검·정비
○ 냉각장치의 점검·정비
○ 머플러의 교환

■ **자동차관리법 시행규칙 [별표9]〈개정 2019.4.23.〉**
　　　　자동차사용자의 정비작업의 범위(제62조 관련)
1. 자동차정비시설등을 갖추지 아니한 경우
　　가. 원동기
　　　　○ 에어클리너엘리먼트의 교환
　　　　○ 오일펌프를 제외한 윤활장치의 점검 · 정비
　　　　○ 디젤분사펌프 및 가스용기를 제외한 연료장치의 점검 · 정비
　　　　○ 냉각장치의 점검 · 정비
　　　　○ 머플러의 교환
　　나. 동력전달장치
　　　　○ 오일의 보충 및 교환
　　　　○ 액셀레이터케이블의 교환
　　　　○ 클러치케이블의 교환
　　다. 제동장치
　　　　○ 오일의 보충 및 교환
　　　　○ 브레이크 호스 · 페달 및 레버의 점검 · 정비
　　　　○ 브레이크라이닝의 교환
　　라. 주행장치
　　　　○ 허브베어링을 제외한 주행장치의 점검 · 정비
　　　　○ 허브베어링의 점검 · 정비(브레이크라이닝의 교환작업을 하는 경우에 한한다)
　　마. 완충장치
　　　　○ 다른 장치와 분리되어 설치된 쇼크업소버(충격흡수장치)의 교환
　　바. 전기장치
　　　　○ 전조등, 속도표시등 및 고전원전기장치를 제외한 전기장치의 점검 · 정비
　　사. 기타
　　　　○ 안전벨트를 제외한 차내설비의 점검 · 정비
　　　　○ 판금 · 도장 및 용접을 제외한 차체의 점검 · 정비
　　　　○ 세차 및 섀시 각부의 급유

구분	내용
1. 차고	보유자동차의 일상점검과 정비에 지장이 없는 면적의 차고를 갖출 것
2. 기계·기구	가. 휠 밸런서 나. 공기압축기 다. 검차시설(핏트 또는 리프트) 라. 스프레이건 마. 부동액회수재생기(당해 사업장에서 발생하는 폐부동액을 폐기물관리법 제25조의 규정에 의하여 위탁처리하는 경우에는 이를 갖춘 것으로 본다)
3. 시설·장비	시·도의 조례로 정하는 자동차종합정비업 및 소형자동차종합정비업 시설기준과 같다. 다만, 작업장 면적과 점검·정비 및 검사용기계·기구는 이를 적용하지 아니한다.
4. 기술인력	가. 정비책임자 1명을 포함하여 「국가기술자격법」에 따른 자동차정비에 관한 산업기사 이상 또는 기능사 이상의 자격을 가진 사람이 2명 이상일 것 나. 정비요원 총 수의 5분의 1 이상은 「국가기술자격법」에 따른 자동차정비에 관한 기능사 이상의 자격을 가진 사람일 것

12 부품 분해조립시 꼭 교환해야 하는 부품 3가지를 쓰시오.

기밀유지 동와셔, 가스켓, 각종 씰링, 소성변형이 발생한 볼트

13 자동차관리법에서 아래에 해당되는 배출가스관련 장치를 보기 중에서 각각 하나만 골라서 쓰시오.

보기 PCV밸브, EGR밸브, 공기펌프, 터보차저, 정화조절밸브

구분	장치
연료 증발가스	정화조절밸브 (Purge Control Valve)
블로바이 가스	PCV 밸브
2차 공기 분사장치	공기펌프 /리드밸브 (Reed Valve)

○ **2차 공기 분사장치**

촉매 컨버터, 서멀리액터 등 배기 정화 장치에 있어 일산화탄소, 탄화수소의 산화를 돕기 위해 배기관에 에어펌프를 통해 강제적으로 2차 공기를 공급하는 장치로서, 다음의 2차 공기 도입 장치는 용적이 큰 엔진, 6기통 이상의 엔진 등 2차 공기량이 크게 요구되는 엔진에 사용된다.

14 다음 빈칸에 들어갈 축전지의 음극판, 양극판, 전해액의 상태를 쓰시오.

방전시 음극판은 (①)이 되며, 전해액은 물이 된다. 이때 음극판은(②)이다.
충전시 양극판은(③)이며, 음극판은(해면상납) 전해액은 (④) 이다.

① 황산납 ② 과산화납 ③ 해면상납 ④ 묽은 황산

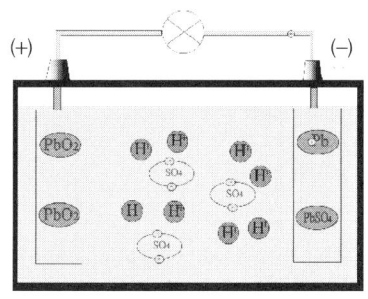

충전상태

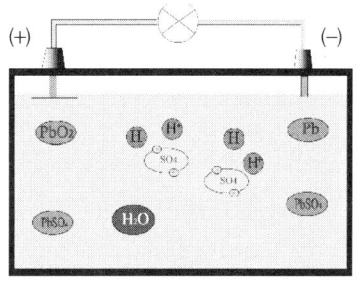

방전상태

2021년 제3회 자동차정비기사 필답시험 기출문제 A형

01 후진 오조작방지기구 명칭은?

5단용 수동변속기에서 5단에서 후진 변속시 치면보호를 위해 장착되어 있는 오동작방지기구는 무엇인가?

스톱퍼(stoper)

02 다음의 ( ) 안에 있는 자동차검사 매연측정 과정을 5개 쓰시오.(5점)

○ 광투과식 매연측정기의 시료 채취관은 배기관의 벽면으로부터 (①) 이상 떨어지도록 설치하고, (②) 정도의 깊이로 삽입한다.
○ 엔진을 정상작동상태로 하고 배기관내에 축적되어 있는 매연을 배출시키기 위하여 측정대상자동차의 엔진을 변속기가 중립인 상태 (정지가동상태)에서 가속페달을 최대로 밟은 상태로 급가속하여 엔진 최고 회전수에 도달하게 한 후 (③)가 유지시키고 정지가동상태로 복귀시킨 다음 5~6초 간 둔다. 이와 같은 과정을 (④) 이상 반복 실시하여 측정한 매연농도를 산술평균하여 소수점 이하는 (⑤) 값을 최종 측정 값으로 한다.

① 5mm, ② 5cm, ③ 2초, ④ 3회, ⑤ 버린

03 LPI 엔진의 인젝터 아이싱(Icing) 현상이 일어나는 원인을 설명하시오.(5점)

인젝터 노즐 끝이 어는 현상을 아이싱이라 하며 이러한 아이싱현상이 일어나는 원인으로는 실린더헤드의 온도가 낮아 인젝터에 후적 현상이 발생함으로써 인젝터 아이싱 현성이 발생하게 된다.

04 촉매컨버터 도포물질 3가지

백금, 로듐, 팔라디움

05. 부특성서미스터 온도 상승 하강시 전압변화에 대하여 설명하시오.

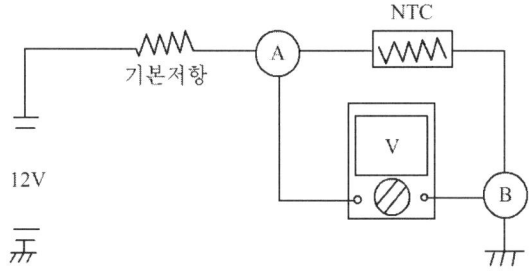

부특성 서미스터는 온도와 저항이 반비례 관계를 갖는 특성을 갖고 있으므로 온도가 상승면 저항이 낮아지고 NTC 전압은 낮아진다. 반대로 온도가 하강하면 저항이 증가하여 NTC전압은 증가하게 된다.

> **A,B 구간의 전압변화를 설명하시오.**
> ① 온도가 높을 때 : 전압이 낮아진다.
> ② 온도가 낮을 때 : 전압이 높아진다.

06. 타이어 카커스와 트레드를 설명하시오.(2점)

① **트레드** : 노면과 접촉하는 부분이며 노면과 내마모성, 내절단성이 양호해야 하며, 외부 충격에 충분히 견딜 수 있고 발열이 적어야 한다.

② **카커스** : 타이어의 골격을 유지하고 노면의 충격을 흡수하는 역할을 한다.

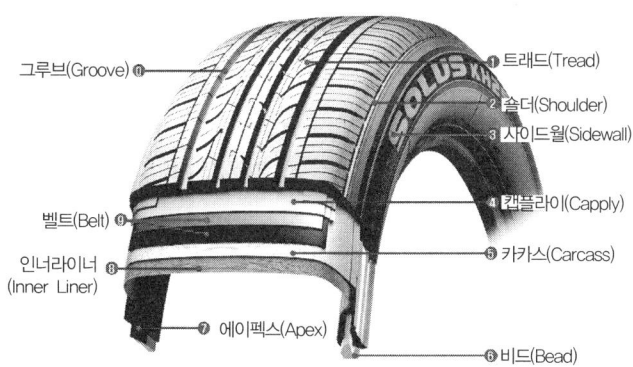

07 마스터실린더 탈부착과정 4단계를 작성하시오.(특정차량이 안닌 보편적인 작업형태로 기술하시오)

① 1단계 : 배터리 (-) 탈거하고 오일경고등 스위치를 탈거한다.
② 2단계 : 브레이크 호스 결합 너트를 풀고 플러그오일액이 세지 않게 플러그를 막는다.
③ 3단계 : 마스터실린더 장착 너트를 풀고 마스터 실린더를 탈거한다.
④ 4단계 : 분해 역순으로 조립한다.

08 다음의 ( ) 안에 있는 자동차검사 매연측정 과정을 5개 쓰시오.(5점)
(1) 괄호 안에 알맞은 내용을 적으시오.
(2) 위와 같은 위치에서 조정치가 더 심해지면 타이어의 마모는 어느 곳이 더 마모가 심해지는가?
(3) 마모가 되는 원인은 무엇인가?

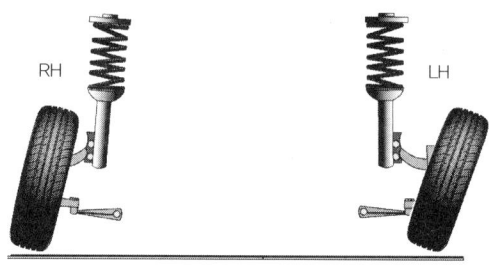

(1) 괄호 안에 알맞은 내용을 적으시오.
　　① LH는 (+) 양의 (캠버)이다.
　　② RH는 (-) 부의 (캠버)이다.
(2) 위와 같은 위치에서 조정치가 더 심해지면 타이어의 마모는 어느 곳이 더 마모가 심해지는가?
　　RH(타이어는 안쪽) LH(타이어는 바깥쪽) 타이어 모서리가 마모된다.
(3) 마모가 되는 원인은 무엇인가?
　　타이어의 심한 캠버각으로 인해 타이어 한쪽 부분만 노면과의 마찰이 지속적으로 이루어져 타이어의 발열이 발생하여 타이어의 마멸을 촉진하기 때문이다.

09 전기배선, 전기계폐기, 축전기 실내 장착시 ( )을 덮어씌운다.

절연물질

10 다음 ( ) 안에 알맞은 내용을 적으시오.
리프트사용과정에서 리프트로 차량들어올린 후( )을(를) 작동시킨다
① 차량에 리프터 지지대를 넣는다.
② 차량을 살짝 들어 올린다.
③ 차량을 흔들어 이상여부를 확인한다.
④ 원하는 작업위치 까지 차량을 들어 올린다.
⑤ ( )을(를) 작동시킨다.

안전록킹장치 또는 걸쇠, 안전장치핀, 고정핀, 고정락, 스톱퍼 등...

11 다음 계기판 경고등의 명칭을 쓰시오.

엔진 경고등   엔진오일 경고등   안개등 경고등

12 전자제어식 동력조향장치의 기능3가지를 쓰시오.

① **제어기능** : 유압밸브에 의한 제어기능
② **배력기능** : 유압펌프 및 실린더에 의한 배력 기능
③ **전달기능** : 유압에너지를 기계적에너지로 또는 핸들의 조작력을 바퀴에 전달

13. 연료탱크증발가스 포집해서 밖으로 배출 안되게 해주는 장치는 무엇인가?

캐니스터(활성탄)

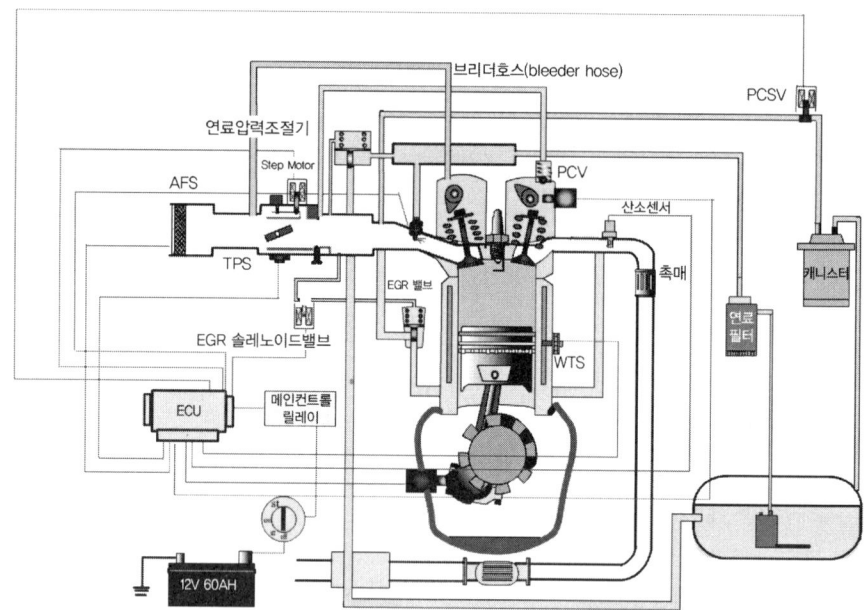

14. ECS 브레이크스위치 역할을 설명하시오.

브레이크 스위치 신호는 제동시 다이브제어(안티다이브)의 기준 신호로 사용되는 센서이다.

15. 1-5-3-6-2-4 6기통 엔진에서 6번 실린더가 동력중에 있을 때 3번 실린더의 위치는?

3번 실린더는 배기 초기 위치에 있다.

2022년 제1회 자동차정비기사 필답시험 기출문제 A형

01 조향각도 특성(그림) 언더스티어링 오버스티어링를 구분하시오.

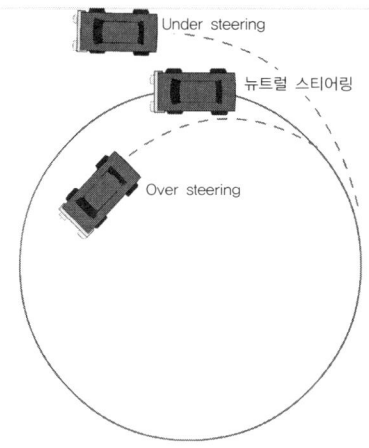

02 피스톤 플레터 방지법 3가지를 적으시오.

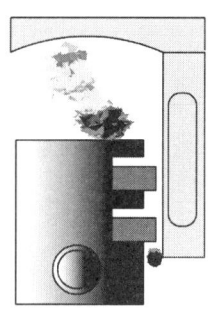

피스톤링의 플레터(Flutter)
피스톤링의 마모나 강성이 약한 피스톤인 경우 압축이나 폭발시 피스톤링의 장력이 기밀유지를 하지 못하고 틈을 만들며너 피스톤 링이 떠는 현상을 말한다.

① 피스톤 링의 장력을 높여서 면압을 증가시킨다.
② 얇은 링을 사용하고 무게를 줄여 관성력을 감소시킨다.
③ 링 이음부는 배압이 작으므로 링 이음부의 면압 분포를 높게 한다.
④ 실린더 벽에서 긁어내린 윤활유의 배출 홈을 링 랜드에 둔다

03 주차 브레이크 경고등 발생하는 원인 3가지를 적으시오.(EBD 적용 차량)

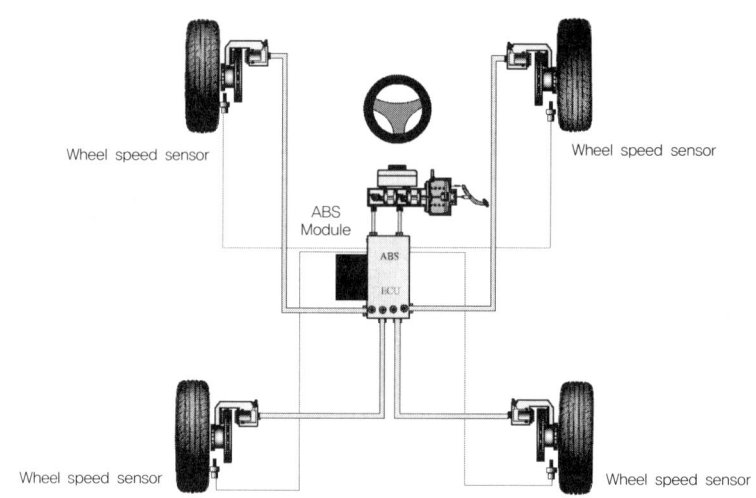

① 브레이크 오일량 부족
② 사이드 브레이크 작동시
③ 브레이크 작동관련 전자계통 이상

04 빛의 밝기에 따라 조도센서(Cds)의 출력값의 특성을 작성하시오.

- 빛의 밝은 경우 : 조도센서의 저항이 작아져서 오토제어 전조등의 전조등을 off로 제어한다.
- 빛이 어두운 경우 : 조도센서의 저항이 커져서 오토제어 전조등의 전조등을 on으로 제어한다.

05 엔진의 피스톤과 실린더 사이에서 새는 가스(   )라고 말한다.

블로우바이가스

06 연소실 혼합기 형성을 위한 와류의 종류 중 하나를 쓰시오.

○ **스월**
 연소실 속에서 흡입 때 생기는 소용돌이 현상을 말하는데, 스월이 적당한 크기로 되면 착화 상태가 좋아지고 연소 효율이 향상된다.

○ **텀블**
 연소실에 텀블 유동(종와류)을 발생시켜 연소 효율의 개선을 도모한 것을 말한다.

○ **스퀴시**
 ① 연소실 내에서 혼합 가스를 좁은 틈새로 밀어붙이는 것을 이른다.
 ② 피스톤이 상사점에 가까워졌을 때 실린더 헤더와의 틈새가 특히 좁아지도록 한 부분(스퀴시 에어리어)을 설치해 두면, 압축 행정에서 이 부분에 화염이 흡입된 혼합 가스가 밀려나 다음의 팽창 행정에서 흡입되므로(역스퀴시) 혼합 가스의 연소 속도가 높아지고 연료 소비율이 좋아지는 효과가 있다.

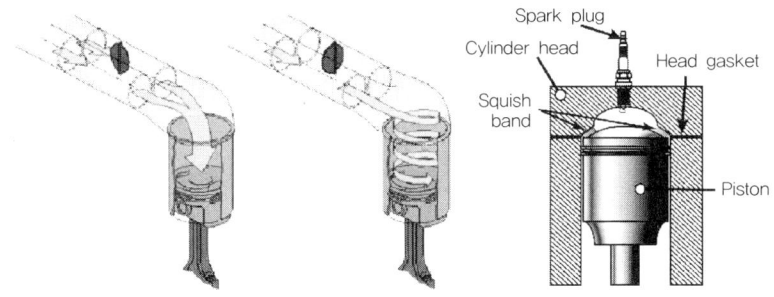

08 TXV 냉동 사이클의 사이클 순서가 다음과 같다. ( ) 안의 내용을 순서대로 적으시오.

압축기 – ( ) – ( ) – ( ) – ( ) – 압축기

① **압축기** : 냉매가 고온 고압의 기체로 압축
② **응축기** : 고온 고압의 기체 냉매가 응축기를 통하여 고온 고압의 액체로 상태변환
③ **리시버 드라이어** : 냉매의 수분, 이물질이 걸러주면서 냉매를 일시적으로 저장
④ **팽창밸브** : 고온고압의 액체 냉매가 팽창밸브를 통하여 저압호스로 들어가면서 저온저압의 순간 액체 상태로 변환
⑤ **증발기** : 주변의 공기에서 열을 흡수하여 저온 저압의 기체로 변환되어 압축기로 들어감

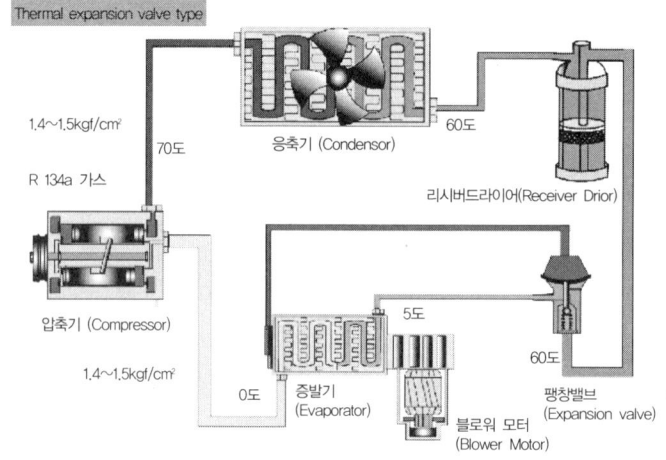

08 계기장치 갖추어야 하는 사항 4가지

① 구조가 간단하고 내구성·내진성이 높을 것
② 소형 경량일 것
③ 지시가 안정되어 있고, 정확할 것
④ 읽기가 쉬울 것
⑤ 장식적인 면도 고려되어 있을 것
⑥ 가격이 쌀 것

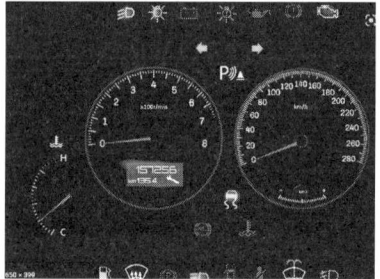

09 수온조절기 역할 4가지를 적으시오.

① 냉각수 유량 조절
② 엔진의 온도를 적절하게 유지
③ 엔진 과열시 냉각기능
④ 워밍업 시간을 단축

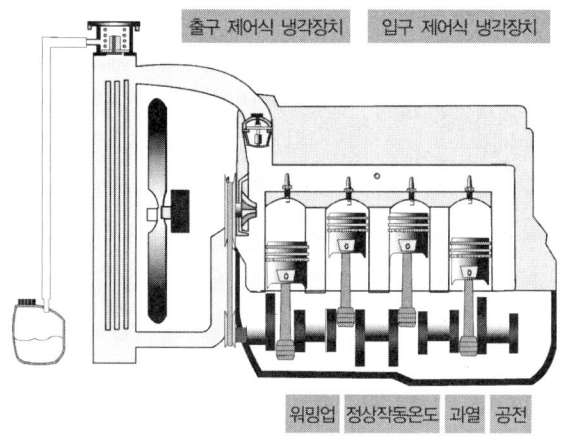

10 공기압축기 설치 조건 5가지 (5점)

① 환기 장치가 충분할 것
② 수평하고, 깨끗한 장소
③ 열원이 근처에 없을 것
④ 충격을 줄 사물이 근처에 없을 것
⑤ 안전규칙에 따른 방호장치를 갖출 것

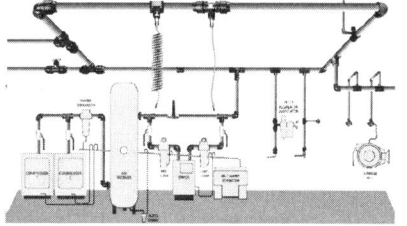

11 볼트 조임의 종류를 쓰시오.

① **토크법** : 체결 시 정해진 토크로 조임 (재사용 가능)
② **탄성역 각도법** : 초기체결 토크 + 각도(볼트의 소성변형이 없어 재사용 가능)
③ **소성역 각도법** : 초기체결 토크 + 각도(소성에 의한 변형으로 재사용 불가)

12. 스프링 위질량 그림 나오고 z-z'축 움직임이 무엇인가?

차량 스프링 윗 질량진동의 종류

① 바운싱(Bouncing) : z축을 중심으로 상하운동
② 롤링(Rolling) : X축을 중심으로 좌우 운동
③ 피칭(Pitching) : Y축을 중심으로 앞뒤 운동
④ 요잉(Yawing) : Z축을 중심으로 회전 운동

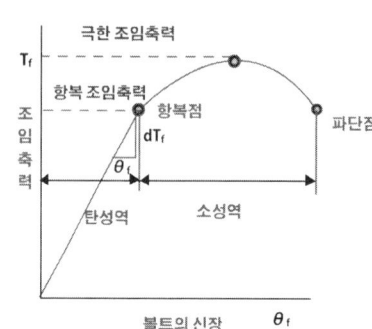

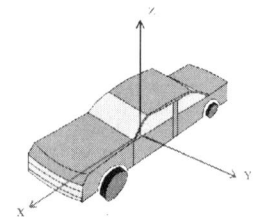

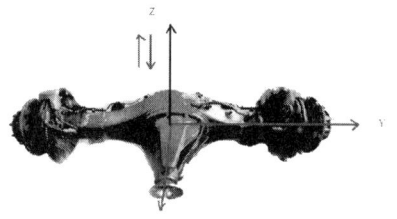

스프링 윗 질량 운동의 종류
① 바운싱(bouncing) ② 요잉(Yawing)
③ 피칭(Pitching) ④ 롤링(Rolling)

스프링 아랫 질량 운동의 종류
① 휠 홉(wheel hup) ② 와인드 업(wind up)
③ 조우(Jaw) ④ 휠 트램프(wheel tramp)

13 압축압력 습식시험을 실시하였을 때 압축압력이 증가하는 경우와 감소하는 경우를 보기에서 고르시오.(4점)

> 보기 피스톤링의 마멸, 실린더 오일 간극 불량, 헤드가스킷 불량, 밸브불량

① **압축압력이 증가하는 경우** : 피스톤링의 마멸, 실린더 오일 간극 불량
② **압축압력이 감소하는 경우** : 헤드가스킷 불량, 밸브 불량

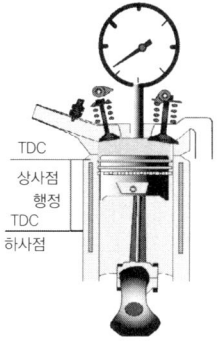

14 하이드로백(마스터백) 점검법을 쓰시오

① **작동점검**
   시동을 끈 상태에서 브레이크 2~3회 페달을 밟아 페달이 딱딱해진 상태에서 시동을 걸면 페달이 미트로 쑥 내려가야 한다.
② **기밀 시험**
   시동을 걸고 1분 후에 시동을 끈 상태에서 브레이크 페달을 2~3회 밟으면 브레이크 페달이 밟을 때 마다 위로 올라와야 한다.
③ **기밀 부사시험**
   시동을 건 상태에서 브레이크 페달을 힘껏 밟은 상태에서 시동을 끄고 이때 브레이크 페달이 30초 동안 현재 위치를 유지해야 한다. 브레이크 페달이 내려가거나 올라오면 브레이크 계통문제이다.

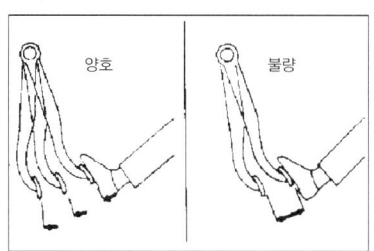
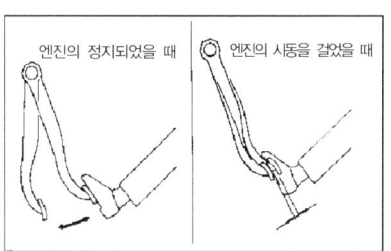

3가지 중 하나라도 제대로 되지 않으면 바로 입고 조치 하시고 브레이크 계통 점검 필요합니다.

2022년 제2회 자동차정비기사 필답시험 기출문제 A형

01 전조등 변빔의 설치 높이에 따라 전방 10m에서의 진폭 기준을 적으시오.

① ≤100cm일 경우 : 상하 기준(-0.5%~-2.5%)
② ≥100cm일 경우 : 상하 기준(-1%~-3%)

02 AQS 에어 퀄리티 시스템 시스템에 대하여 설명하시오.

① 오염된 공기가 차실안으로 유입되는 것을 방지하는 기능을 말한다.
② 악취, NOx, SOx, CO. PM 등의 가스를 자동차단하는 기능이 있다.

03 전자제어 공기 현가장치에서 급제동시 공기스프링의 작동하는 방법을 설명하시오.

① 앞 공기 스프링
  • 제동시 : 노즈다운을 방지를 위해 공기스프링의 공기를 주입
  • 제동해지시 : 공기를 배기한다.
② 뒤 공기 스프링
  • 제동시 : 공기스프링에 공기를 배기한다.
  • 제동해지시 : 공기를 주입한다.

04 리시버 드라이어 기능 3가지를 적으시오.

냉매 저장. 수분제거, 냉매압력조절

05 클러치 다이어프램 방식의 장점 3가지를 적으시오.

다이어프램식 단판클러치에서는 다이어프램스프링이 코일스프링의 역할을 한다.
○ 장점
① 구조가 간단(릴리스레버와 압력스프링의 기능이 복합된 다이어프램 스프링 사용
② 디스크 페이싱의 마모와 상관없이 접촉면압이 거의 일정
③ 페달압력이 적어도 됨.
④ 고회전시 원심력에 의한 압착력의 감소가 거의 없음
⑤ 다이어프램 스프링은 원판형이므로 회전평형이 좋고, 또 압력판에 작용하는 장력도 균일
⑥ 수명이 김

06 휘발유와 가스를 같이 사용하는 자동차의 배출가스 측정 및 배출 허용 기준은 (　)의 기준을 적용한다. 희박 연소의 차량 린버차량은 (　) 기준으로 측정하지 아니한다. 터보차량은 연(　)%를 합산한다.

가스, 공기과잉률, 5

07 디젤 연료장치에 공기 유입시 발생되는 현상을 적으시오.

① 시동성 불량
② 연료분사량 부족에 의한 출력 부족
③ 배기가스 및 매연 증가
④ 고압펌프의 파손 유발 등을 예상할 수 있다.

08 가솔린엔진의 압축압력 습식시험 시에 압축압력이 낮게 나온 경우 엔진의 이상 부품을 적으시오. (단, 흡배기 밸브는 정상이다.)

① 실린더 헤드의 균열 손상　② 실린더 헤드 가스켓의 파손
③ 실린더 블록의 균열 손상　④ 실린더 헤드 볼트의 조임 불량
⑤ 피스톤 헤드의 균열 또는 파손

09 자동차검사장비 정밀측정을 테스트를 통과한 정밀도 검사시 약어를 쓰시오.

■ 자동차관리법 시행령 별표 13]
기계·기구의 정밀도검사 합격표(제69조 제4항 관련)

기계·기구의 명칭은 다음 약호를 사용할 수 있다.
가. AT(Alignment Test) : 사이드슬립측정기
나. BT (Brake test): 제동시험기
다. ST (speed test)속도계시험기
라. HT(Head light test) : 전조등시험기
마. BST : BT와 ST의 복합기기
바. GT (Gas leak test): 가스누출감지기
사. TT(Taxi meter test) : 택시미터주행검사기

10 안전기준 화물 및 특수자동차 제외 일반차량의 차량총중량은 (   ), 축중(   ), 윤중(   )를 초과하여서는 안된다. (3점)

20톤, 10톤, 5톤

제6조(차량총중량 등)
① 자동차의 차량총중량은 20톤(승합자동차의 경우에는 30톤, 화물자동차 및 특수자동차의 경우에는 40톤), 축중은 10톤, 윤중은 5톤을 초과하여서는 아니된다.〈개정 2004. 8. 6〉
② 제1항의 규정에 의한 차량총중량·축중 및 윤중은 연결자동차의 경우에도 또한 같다.
③ 초소형승용자동차의 경우 차량중량은 600kg을, 초소형화물자동차의 경우 차량중량은 750kg을 초과하여서는 아니 된다.〈신설 2018. 7. 11〉

11 토크 컨버터 구성요소를 적으시오.

① 터빈, ② 스테이터, ③ 펌프(임펠러)

12 친환경 차량 에너지 소비효율 단위를 쓰시오.

① 플러그인 하이브리드 전기(km/kwh), 휘발유(km/L)
② 전기자동차(km/kwh)
③ 수소전기자동차(km/kg)

13 쓰러스트 각 불량시 발생되는 현상 3가지를 적으시오.

쓰러스트 라인은 뒤차축 중심선과 직각이 되는 선을 말하며 기하학적 센터라인과 이루는 각을 말하며, 불량하면
① 타이어 마모 증가
② 조향 방향성 감소
③ 차량의 안전성 감소

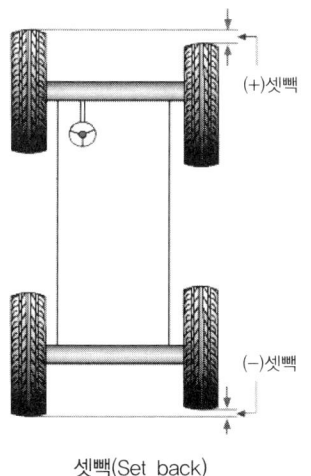

셋빽(Set back)   쓰러스트 앵글(Thrust Angle)

2022년 제3회 자동차정비기사 필답시험 기출문제 A형

01 전기차 충전 규격에 따른 충전기 형식 3가지를 적으시오.

- AC 단상 : 완속 충전
- AC 3상 : 급속/완속
- DC 콤보 : 급속
- DC 차데모 : 급속

▶ 전기차 충전기커넥터 및 차량측 소켓

구분	AC단상 5핀(완속)	AC3상 7핀(급속/완속)	DC차데모 10핀(급속)	DC콤보 7핀(급속)
충전기커넥터				
차량측 소켓				
가능 차종	블루온, 레이, 쏘울, 아이오닉, 스파크, i3, Leaf, 볼트	SM3	블루온, 레이, 쏘울, 아이오닉, Leaf	스파크, 볼트, 아이오닉, i3, 코나, 니로, 쏘울

02 스톨시험하는 이유에 대하여 설명하시오.

① 엔진의 출력 상태 확인
② 자동변속기 내부의 각종 클러치의 미끄러짐 여부 상태 확인
③ 토크 컨버터의 미끄러짐 여부 상태를 확인

스톨테스터란?
엔진, 토크컨버터, 자동변속기의 각종 클러치의 이상 여부를 알아보는 시험

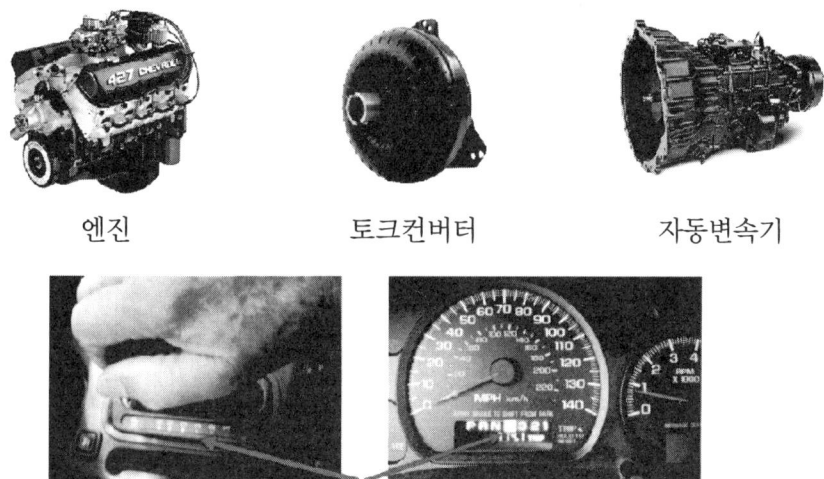

엔진　　　　　　　토크컨버터　　　　　　자동변속기

03 가변 흡기 시스템의 원리 및 특징을 작성하시오.

○ **원리** : 흡기다기관의 길이를 고속과 저속용 2개의 통로로 분리하여 각각 관의 직경과 길이를 부압이나 스텝모터를 이용하여 기관 회전수에 맞게 변환하는 시스템이다.

○ **특징**
① 고속 영역에서 흡기관의 길이를 짧게 하여 공기를 빠르게 유입
② 저속영역에서는 흡기관의 길이를 길게 하여 공기를 느리게 유입
③ 저, 중속 토크 및 연비 향상에 도움
④ 공기 유량을 가변적으로 조절하여 RPM에 관계없이 고른 출력을 낼 수 있다.

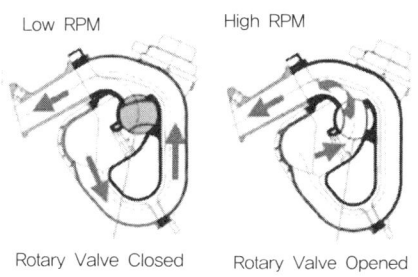

Low RPM　　　　　　High RPM
Rotary Valve Closed　　Rotary Valve Opened

04. 다음 접지의 이름을 적으시오.

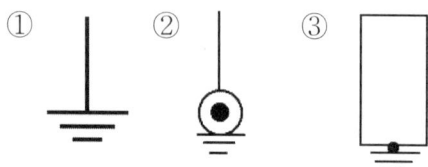

① 접지 그라운드(Earth Ground)
② 금속부분에 접속되는 와이어의 끝선표기접지
③ 부품하우징이 직접 차량금속 부분에 부여진다는 의미의 접지

05. 정비, 검사소 기기중 정밀 검사가 필요한 공구 및 기기 4가지를 적으시오.

① 토크렌지
② 배기가스테스터기
③ 매연테스턱
④ 제동력테스턱
⑤ 사이드 슬립 테스터기
⑥ 전조등 테스터기 등

06. 차량의 휠의 PCD에 대하여 설명하시오.

휠 볼트 중심을 지나는 원의 지름이다. 이 지름은 휠의 사이즈 마다 다르므로 같은 간격의 휠을 사용해야 한다.

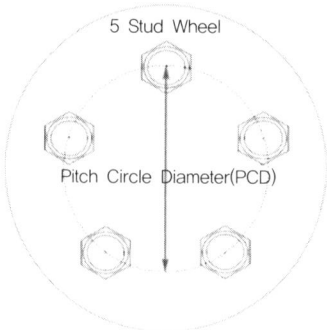

07. 자동차의 너비, 높이 길이에 대하여 설명하시오.

① 길이 : 13m ② 너비 : 2.5m ③ 높이 : 4m

① **전길이(전장)**
자동차의 중심면 및 접지면에서 평행으로 측정하였을 때 부속물(범퍼, 미등 등)을 포함하는 자동차의 최전단에서 최후단까지의 거리는 13m를 초과해서는 안된다.

② **전 너비(전폭)**
자동차의 중심면에서 직각으로 측정하였을 때 부속물을 포함하여 가장 넓은 곳의 폭(하대 및 환기장치는 닫혀진상태, 사이드미러는 포함하지 않으며, 2.5m를 초과해서는 안된다.

③ **전 높이(전고)**
집지면에서 자동차 천정 부까지의 높이는 4m를 초과해서는 안된다.

④ **최저 시상고**
접지면과 자동차 중앙부분의 최하부와의 거리는 10cm 이상으로 제작하여야 한다.

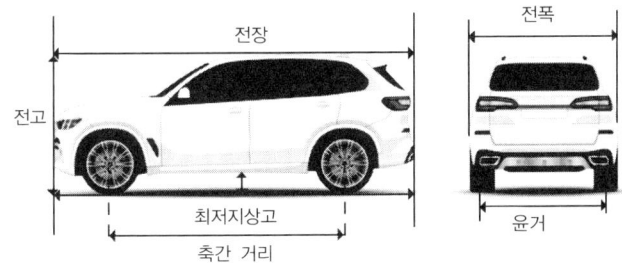

08. VGT 시스템 구성 부품 5가지를 적으시오.

① VGT 솔레노이드 밸브
② 부스터 센서
③ ECU
④ 터보차져
⑤ VGT 액추에이터

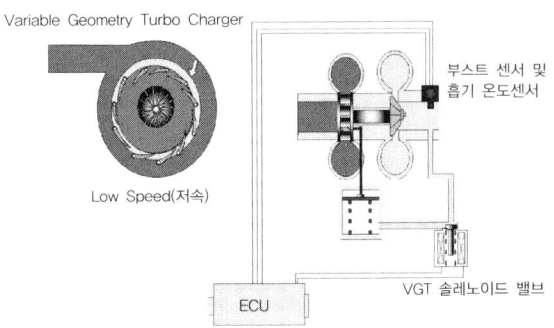

09 이론공기량과 실제 흡입공기량의 차이가 나는 이유 3가지는?(단, 온도, 밀도는 일정 조건이다.)

① 공기의 온도 편차에 의한 차이
② 공기의 습도 편차에 의한 차이
③ 흡입 관성 및 와류에 의한 차이
④ 피스톤과 실린더 간극에 의한 흡입 펌핑 능력의 오차

$$람다(\lambda 공기비) = \frac{실제흡입공기량}{이론공기량} = 1 \pm 0.1$$

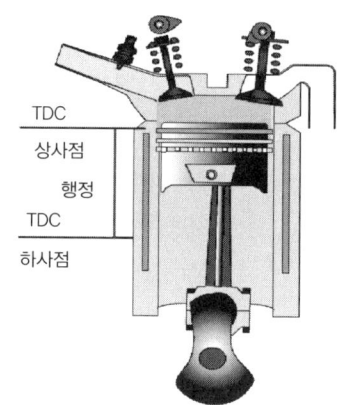

10 에어공구를 사용할 때 쓰는 공기압축기의 점검사항 3가지를 쓰시오.

① 공기 정장 압력용기의 외관 상태 점검
② 드레인 밸브의 조작 상태 및 배수 상태 점검
③ 언로드밸브의 작동 상태
④ 윤활유의 상태
⑤ 회전부의 덮개 상태 점검

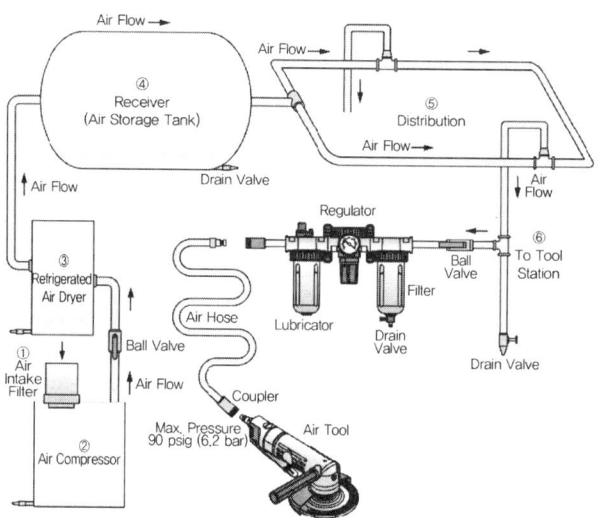

11. 가변밸브 타이밍 시스템(VVT, Variable Valve Timing) 사용 목적 3가지?

① 유해배출가스 감소 ② 연료소비율 향상
③ 엔진성능 향상 ④ 공회전속도 안정
⑤ 출력 향상 ⑥ 응답성 향상

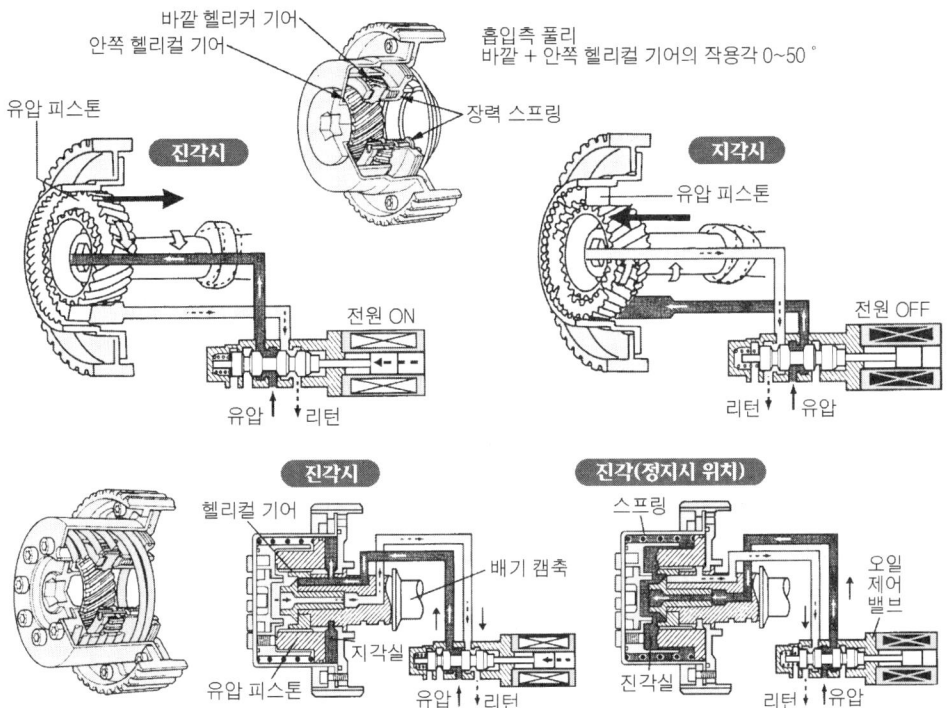

헬리컬 기어 방식 (위: 흡입쪽, 아래: 배기쪽)

12 CRDI 기관 사후분사 실시하는 이유는?

필터에 포집된 미립자를 태우기 위해서 사후분사를 실시한다.

▶ CRDI 엔진의 연료 분사 방식의 종류

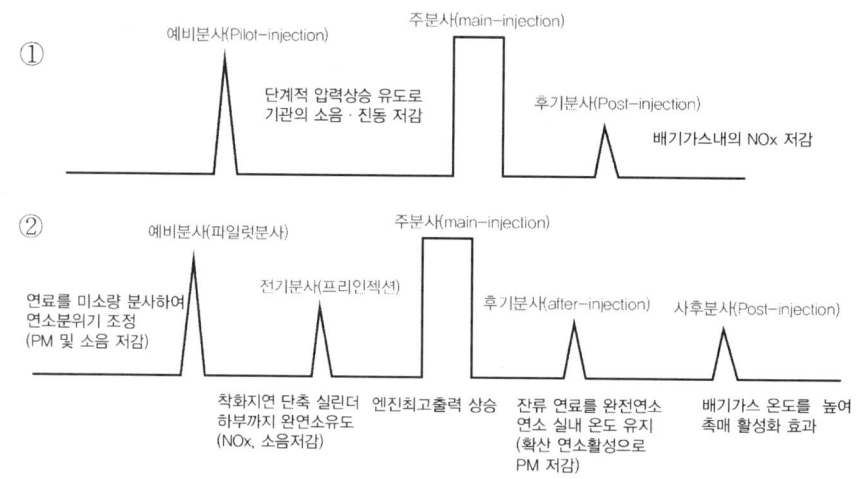

13 파워 스티어링의 핸들이 무거워지는 원인 3가지를 적으시오.

① 파워 스티어링의 오일 부족
② 파워 스티어링의 구동벨트의 장력이 느슨하다.
③ 유압호스의 누유로 인한 파워 부족
④ 바퀴의 공기압이 너무 낮은 경우
⑤ 유압 라인 내에 공기 유입
⑥ 파워스티어링의 펌핑 능력의 저하

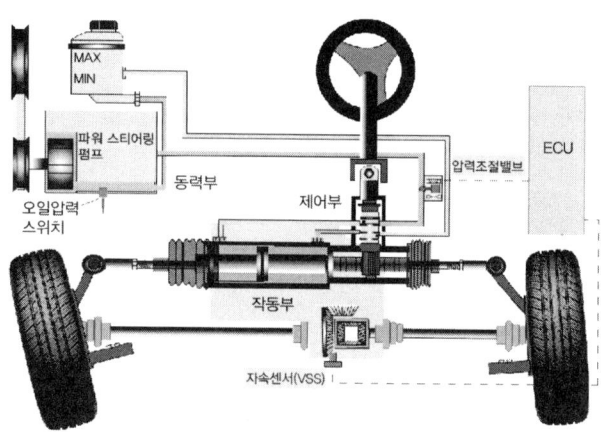

14. 에어백 탈거 및 정비 시 주의할 점 3가지를 적으시오.

① 배터리의 (-) 단자를 제거하고 60초 경과 후 작업한다.
② 에어백 모듈은 탈거 후 상 방향으로 보관한다.
③ 손상된 배선은 수리하지 말고 교환한다.
④ 임펙트 센서는 충격을 가하거나 분해하여서는 안된다.
⑤ 클럭 스프링은 탈, 부착 혹은 교환시 중심 마크를 일치시킨다.
⑥ 에어백 모듈에 전기 테스트를 하거나 충격을 가하지 않는다.

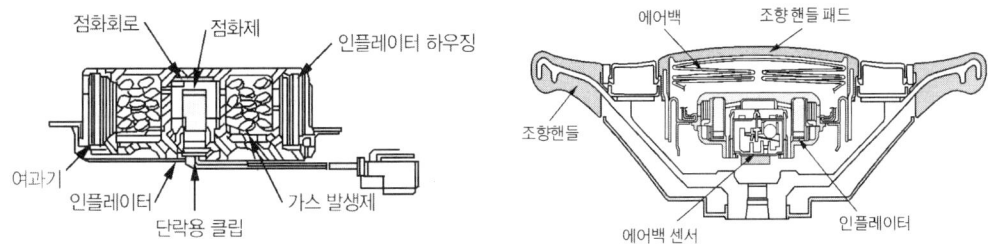

인플레이터의 구조

2023년 제1회 자동차정비기사 필답시험 기출문제 A형

01 제동력 측정시 주의사항 4가지를 적으시오.

○ 타이어 공기압 적정 여부, 타이어 마모상태, 타이어의 이물질을 제거한다.
○ 측정하지 않는 바퀴에 고임목을 설치한다.
○ 측정 차량은 공차상태에서 운전자 1인이 탑승한다.
○ 측정시 시동을 하고 변속레버는 중립에 놓는다.
○ 롤러의 이물질을 제거한다.
○ 현가장치의 절손이나 고장 등을 검검한다.
○ 시험기 본체의 오일량을 점검한다.

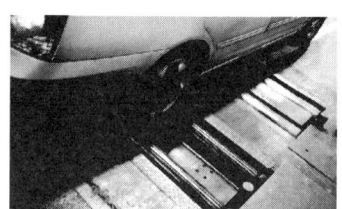

02 자동차 종합검사 신규검사원의 교육시간 3가지를 적으시오.

신규 인성교육 및 자동차관련 법령 교육시간은 (①)시간 이상이고, 자동차 검사 기기관련 교육 시간은 (②)시간, 자동차 검사 실무 교육시간은 (③)시간 이상이다.

① 20 ② 5 ③ 10

03 라디에이터의 구비요건 4가지를 쓰시오.

○ 단위 면적당 방열량이 클 것
○ 냉각수의 흐름이 원활할 것
○ 공기의 흐름 저항이 적을 것
○ 가볍고 작으며 강도가 클 것

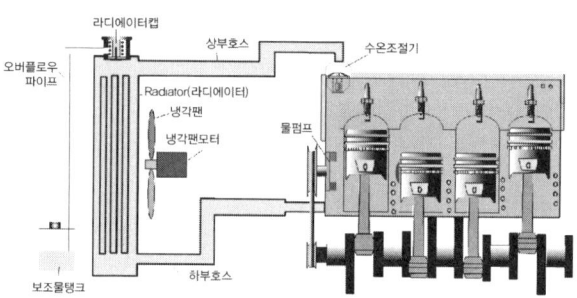

04 직렬형 시동전동기의 3개 유형에 괄호 안에 들어갈 말로 알맞은 것을 보기에서 찾아 적으시오.

보기 직렬, 병렬, 직병렬, 분권, Y결선, 델타결선, (기타결선)

○ **(직권) 전동기** : 전기자,계자 권선이 (직렬)로 연결
○ **(분권) 전동기** : 전기자,계자 권선이 (병렬)로 연결
○ **(복권) 전동기** : 전기자,계자 권선이 (직병렬)로 연결

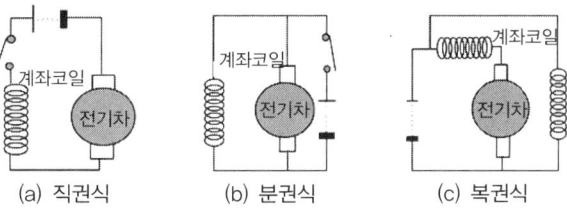

(a) 직권식   (b) 분권식   (c) 복권식

05 배선 표기 보고 3가지 내용 쓰기

0.5 - 배선을 굵기를 표현
G - 배선의 바탕색을 의미한다.(Green)
Y - 배선의 줄무늬 색을 의미한다.(Yellow)

0.5	G	Y
배선굵기	바탕색	줄무늬색

○ **배선**

−40~100℃에서도 탄성을 유지하고 절연기능을 갖춘 합성수지 절연물로 도선을 보호하고 있으며 전기회로도에는 배선의 색깔과 굵기를 표기하고 있다.

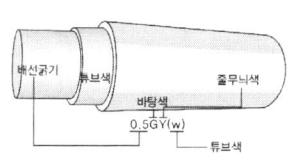

기호		기호		기호	
B	검정색(Black)	O	오랜지(Orange)	GW	녹/희(Green / White)
Br	갈색(Brown)	P	분홍색(Pink)	BrY	갈/노(Brown / Yellow)
G	녹색(Green)	R	빨강색(Red)	T	황갈색(Tawniness)
Gr	흰색(Gray)	Lg	연두(Light green)	W	흰색(White)
L	파란색(Blue)	BY	검/노(Black / Yellow)		

06 스톨 시험방법 및 문제시 원인을 적으시오.

○ 시험방법
① 각 바퀴에 고임목을 설치한다.
② 엔진을 워밍업 후 변속기 오일의 온도가 정상작동온도가 되면 변속기 오일량 점검
③ 주차 브레이크를 채우고 브레이크 페달을 완전히 밟는다.
④ 선택레버 각 위치를 차례로 2~3초 유지하였다가 중립에 놓는다.
⑤ 선택레버를 D위치 또는 R위치에 놓고 액셀레이터 페달을 완전히 밟은 상태로 최대 RPM을 읽는다.
⑥ 테스트는 5초 이상 하지 않는다.
⑦ 측정 rpm이 2200±200rpm이면 정상이다.

○ 문제시 원인
① 스톨 rpm이 규정 rpm 보다 높으면 자동변속기의 클러치 및 토크컨버터의 불량
② 스톨 rpm이 규정 rpm 보다 낮으면 엔진의 성능 불량

07 ABS 브레이크 센서 채널 관련에 따른 괄호에 알맞은 내용을 보기 중에 고르시오.(4점)

보기 독립, 병행, 전륜, 후륜, x, h, y

① 4센서 4채널 : 각 바퀴를 (①   ) 제어
② 4센서 3채널 : (②   )구동 차량에 주로 사용
③ 4센서 2채널 : (③   )형 배관방식에 사용
④ 3센서 3채널 : (④   )형 배관방식에 사용하며 주로 후륜구동 차량에 사용
⑤ 2센서 2채절 : 2륜차에 사용

① 독립   ② 후륜   ③ ×   ④ H

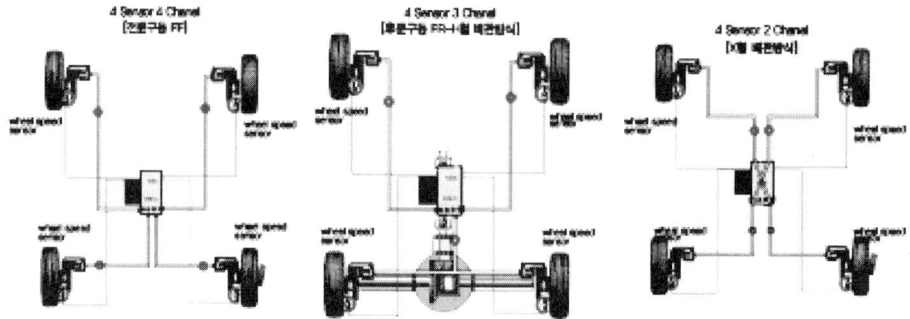

08 안티 스키드 방지하기 위한 브레이크 장치를 적으시오.

○ Anti-Skid Brake 장치란?
자동차의 감속시 자동차의 하중변화가 앞쪽에 쏠림으로써 뒤바퀴의 제동력이 앞바퀴 보다 작아짐으로 인해 뒤바퀴가 고착 되는 현상을 방지하는 시스템으로서 마스터 실린더와 뒤바퀴의 휠실린더 사이에 안티 스키드 브레이크 장치를 장착하여 뒤바퀴 잠김 현상을 방지하는 시스템이다.
그 종류에는 미터링 밸브, 프로포셔닝밸브, G 밸브, 로드센싱 벨브 등이 있다.

09 배기라인에 삼원 촉매 후 소음기에 구멍이 있는 차량의 검사 시 CO는 (①), HC는 (②), CO_2는 (③), O_2는 (④)(예로 증가한다, 감소한다, 변화없다)로 한다.

① Co(감소) ② HC(감소), ③ CO_2(감소), ④ O_2(증가)

10 PCSV 작동조건 3가지를 적으시오.

○ 냉각수 온도가 80℃ 이상인 경우(워밍업 이후)
○ 공회전 이외의 운전상태
○ 공연비 학습을 하지 않는 경우

연료 탱크내의 증발가스를 캐니스터에서 포집하였다가 냉각수온도가 일정 온도 이상의 저속과 중속에서 PCSV가 작동(open)되어 증발가스를 흡기관 쪽에 유입시켜 연소하고 고속에서는 그 양이 매우 작아 작동하지 않는 것으로 보아도 무방하다.

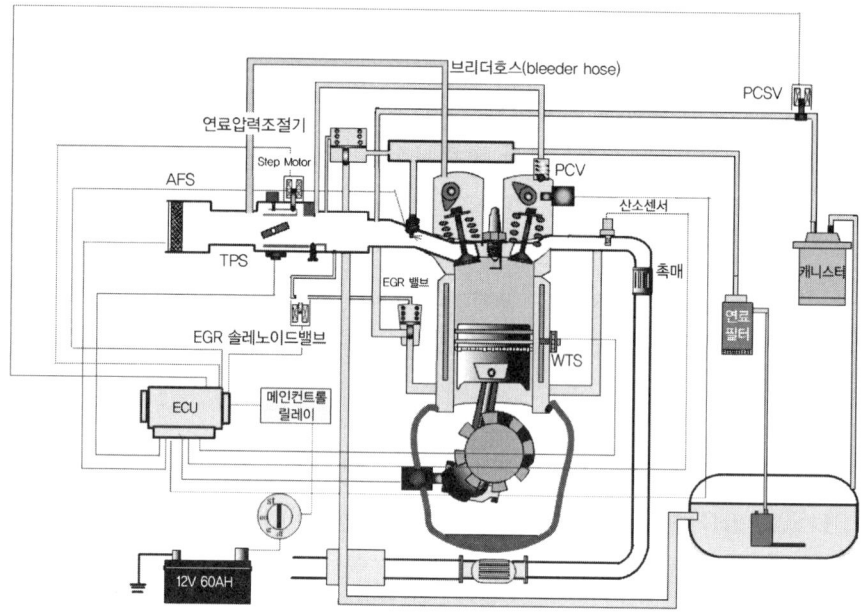

11 GDI 엔진에서 기본 분사량 결정하는 센서 2가지는?

  ○ AFS 또는 (MAP) 센서(흡입공기량센서)
  ○ 크랭크 각 센서

12 자동차 부품기준에 따른 와이퍼 기준이다. ( ) 안의 숫자를 적으시오.

제51조(창닦이기 장치 등)
① 자동차의 앞면창유리(천정개방2층대형승합자동차의 위층 앞면창유리는 제외한다)에는 시야확보를 위한 자동식창닦이기·세정액분사장치·서리제거장치 및 안개제거장치를 설치하여야 하며, 필요한 경우 뒷면 및 기타 창유리의 경우에도 창닦이기·세정액분사장치·서리제거장치 또는 안개제거장치 등을 설치할 수 있다. 〈개정 1997. 1. 17., 2014. 6. 10.〉
② 자동차(초소형자동차는 제외한다)의 앞면창유리에 설치하는 창닦이기는 다음 각호의 기준에 적합하여야 한다. 〈개정 1997. 1. 17., 2018. 7. 11.〉
1. 작동주기의 종류는 2가지 이상일 것
2. 최저작동주기는 매분당 (①)회 이상이고, 다른 하나의 작동주기는 매분당 (②)회 이상일 것
3. 최고작동주기와 다른 하나의 작동주기의 차이는 매분당 (③) 이상일 것
4. 작동을 정지시킨 경우 자동적으로 최초의 위치로 복귀되는 구조일 것

① 20 ② 45 ③ 15

13 자동차 부품 기준에 따른 타이어 압력 경고장치에 대해 (   ) 안에 들어갈 말을 적으시오.

– 최소 (   )에서 자동차 최고속도까지 범위에서 경고를 표시할 수 있을 것.

40km/h

자동차 및 자동차부품의 성능과 기준에 관한 규칙 (약칭 : 자동차규칙)
[시행 2024. 1. 1.] [국토교통부령 제1155호, 2022. 10. 26., 일부개정]

제12조의2(타이어공기압경고장치) ① 승용자동차와 차량총중량이 3.5톤 이하인 승합·화물·특수자동차에는 타이어공기압 경고장치를 설치하여야 한다. 다만, 복륜(複輪)인 자동차, 피견인자동차 및 초소형자동차는 제외한다. 〈개정 2018. 7. 11.〉
② 타이어공기압경고장치는 다음 각 호의 기준에 적합해야 한다. 〈개정 2020. 12. 24., 2021. 8. 27.〉
1. 최소한 시속 40킬로미터부터 해당 자동차의 최고속도까지의 범위에서 작동될 것
2. 경고등은 다음 각 목의 기준에 적합할 것
가. 시동장치의 열쇠가 원동기 작동 위치에 있는 상태에서 점등되고 정상상태 시 소등될 것. 다만, 공유구역에 표시되는 식별표시에서는 그렇지 않다.
나. 운전자가 낮에도 운전석에서 맨눈으로 쉽게 식별할 수 있을 것
[본조신설 2011. 3. 16.]

2023년 제2회 자동차정비기사 필답시험 기출문제 A형

01 디스크 브레이크 특징3가지를 적으시오.(3점)

① 드럼브레이크 방식보다 제동성능이 우수하다.
② 브레이크의 정비성이 우수하다.
③ 페이드현상이 드럼브레이크 방식보다 적다.

02 공차상태가 아닌 것을 고르시오.(4점)

보기 ① 예비타이어 ② 연료 ③ 예비부품 ④ 냉각수 ⑤ 승차원 ⑥ 윤활유
⑦ 기타 휴대품 ⑧ 공구

③ 예비부품, ⑤ 승차원, ⑦ 기타 휴대품, ⑧ 공구

자동차에 사람이 승차하지 아니하고 물품(예비 부분품 및 공구 기타 휴대 물 품을 포함함)을 적재하지 아니한 상태로서 연료·냉각수 및 윤활유를 만재(滿載)하고 예비 타이어(예비 타이어를 장착할 수 있는 자동차에 한함)를 설치하여 운행할 수 있는 상태를 말한다.

1. "공차상태"란 자동차에 사람이 승차하지 아니하고 물품(예비부분품 및 공구 기타 휴대물품을 포함한다)을 적재하지 아니한 상태로서 연료·냉각수 및 윤활유를 만재하고 예비타이어(예비타이어를 장착한 자동차만 해당한다)를 설치하여 운행할 수 있는 상태를 말한다.

2. "적차상태"란 함은 공차상태의 자동차에 승차정원의 인원이 승차하고 최대적재량의 물품이 적재된 상태를 말한다. 이 경우 승차정원 1인(13세 미만의 자는 1.5인을 승차정원 1인으로 본다)의 중량은 65kg으로 계산하고, 좌석정원의 인원은 정위치에, 입석정원의 인원은 입석에 균등하게 승차시키며, 물품은 물품적재장치에 균등하게 적재시킨 상태이어야 한다.

03 "저속공회전 검사모드"란 [대기환경보전법 시행규칙] 별표22 제3호와 별표26제3호 나목 중 검사항목란에 1)에서 정하는 검사방법으로서 가속페달을 밟지 않고 엔진을 가동하여 엔진 공회전상태(① ± ② rpm)에서 배출가스를 측정하는 것을 말한다.

① 750rpm ② 250rpm

04 인터쿨러 필요성 3가지 적으시오.(3점)

① 흡입 공기 온도를 낮추어 공기 밀도의 증가
② 흡기 효율 증대   ③ 출력 증대
④ 엔진 과열 방지   ⑤ 유해 배기가스 저감

05 브레이크 답력계산

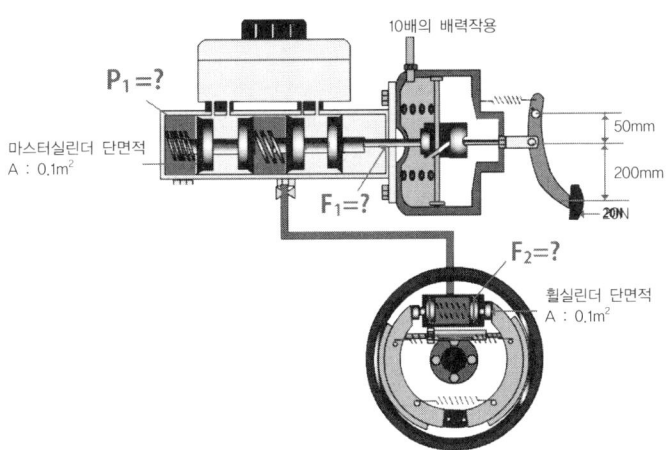

○ 단위 면적이 m^2인 경우

$$F_1 = \frac{50+200}{50} \times 20N = 100N \text{에서 10배의 배력 발생하므로 } 1000N$$

$$P = \frac{F}{A} \text{ 공식을 이용하여}$$

$$P_1 = \frac{1000N}{0.1m^2} = 10000Pa$$

$$F_2 = PA = 10000Pa \times 0.002m^2 = 20N$$

○ 단위 면적의 mm^2인 경우

$F_1 = \dfrac{50+200}{50} \times 20N = 100N$에서 10배의 배력이 발생하므로 $1000N$

$P = \dfrac{F}{A}$ 공식을 이용하여

$P_1 = \dfrac{1000N}{0.1mm^2 \times (\dfrac{1}{1,000,000})} = 10,000,000,000 Pa$

$1Pa = 1N/m^2$이고, $0.1mm^2$을 m^2으로 환산하면
$0.1mm^2 \times \dfrac{1}{1,000,000} = 0.0000001 m^2$

$F_2 = PA = 10,000,000,000 Pa \times (0..002mm^2 \times (\dfrac{1}{1,000,000})) = 20N$

06
자동차의 내압용기 설치에서 배관 및 접하부는 최소 (   ) 고정하고 진동 및 충격으로부터 보호해야 한다.(3점)

60cm

07
다음 제동력 계산의 적합기준을 적으시오.(5점)

① 총제동력은 차량중량의 (%) 이상
② 전륜제동력은 앞축중의 (%) 이상
③ 후륜제동력은 후축중의 (%) 이상
⑤ 편차 해당축중의 (%) 이하
④ 주차 제동력은 후축중의 (%) 이상

① 50 ② 50 ③ 20 ⑤ 8 ④ 20

08
웨스트게이트란를 설명하시오.

웨스트게이트 (Waste gate)란? **터보의 압력조절밸브**로 터보차저의 과급압이 일정 압력 이상으로 상승 시 엔진의 기계적 부하가 증대되거나 배기압력의 과대로 인한 터보차저 내부의 손상 등을 방지하기 위해 배기가스를 바이패스 시키는 기능을 한다.

09 수동클러치 단절이 불량한 이유 3가지를 작성하시오.

① 마스터실린더의 클러치 오일이 부족하거나 없는 경우
② 클러치 오일 시스템의 오일 호스 및 파이프가 파손된 경우
③ 마스터실린더 및 릴리스 실린더의 피스톤 컵씰의 마모 및 파손에의 오일 누유

10 CVVT의 캠각 제어시 밸브 오랩의 경우 저속 시 밸브 오버랩 간격과 중속시 밸브 오버랩의 간격에 대하여 설명하시오.

① 저속 시 밸브 오버랩 간격은 중소보다 작아진다.
② 중속 시 밸브 오버랩 간격은 저속도다 크게 제어된다.

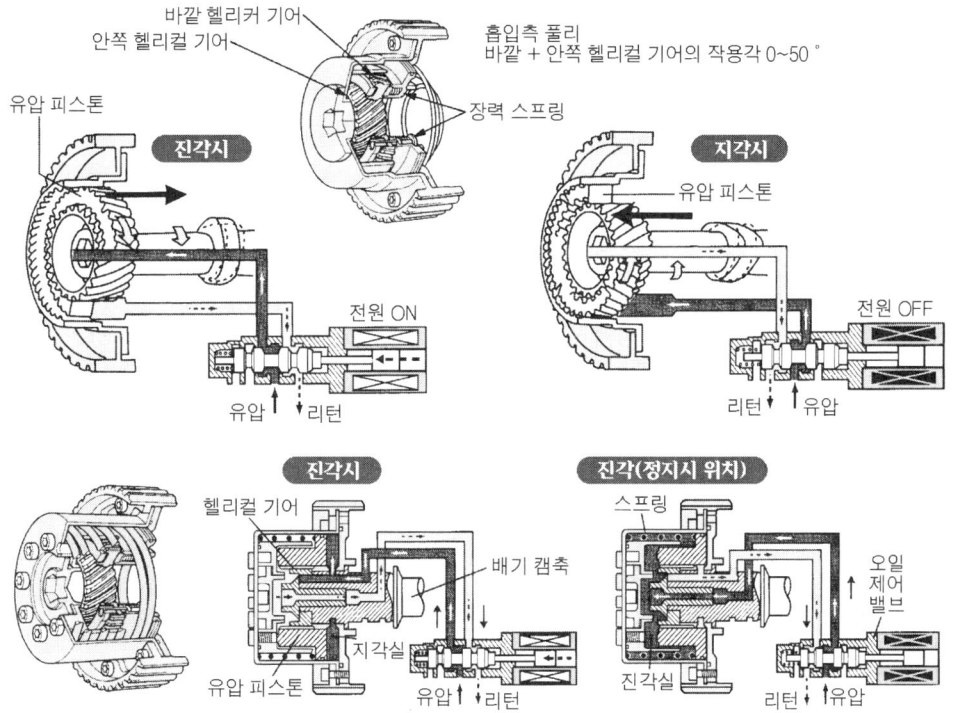

헬리컬 기어 방식 (위: 흡입쪽, 아래: 배기쪽)

11. 교류발전기 플레밍의 (①) 법칙을 이용하여, 엄지는 (②)의 운동방향, 중지는 (③)의 방향을 가리킨다.

보기 오른손, 왼손, 자계보선, 유도기전력, 전자력

① 오른손　② 전자력　③ 전류

12. 암전류에 대하여 설명하시오.(5점)

암전류란 자동차의 점화키를 OFF, 모든 도어의 잠금, 후드와 트렁크 스위치 OFF후에도 자동차에 필요한 최소한의 소모전류를 말하며 허용 암전류 값보다 큰 암전류는 전기회로의 회로 단락현상을 의심할 수 있다.

13. 후륜 로워암 정비후 얼라인먼트시 제일 먼저 보는 것으로 자동차의 진행하는 방향과 자동차의 중심선과의 각도차를 무엇이라고 하는가?

○ 스러스트각

① 스러스트각이란 자동차의 진행선(스러스트 라인)즉 자동차가 진행하는 방향과 자동차의 중심선(정확하게는 기하학적 중심선)과의 각도차를 말한다.
② 스러스트각은 우리나라에서는 그다지 중요시 하지 않는 경향이 있으나 고속도로가 발달한 유럽에서는 매우 중요시하며 허용 범위도 0도 00분(허용오차10분)이라는 매우 좁은 범위로 한정하고 있다.

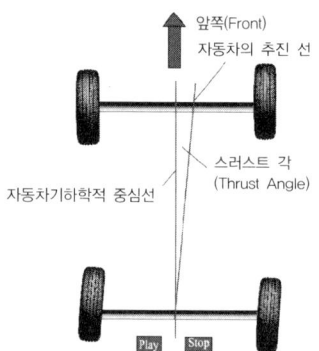

① 비스듬히 진행하게 되어 극단의 경우에는 자동차의 앞부분이 통과해도 뒷부분이 다른 물체에 부딪치게 된다.
② 스티어링 휠의 센터가 틀려지게 된다.
③ 좌우로 코너링 할 때 한쪽이 오버스티어로 되고 다른 한쪽은 언더스티어로 된다.
④ 직진 위치로 스티어링 휠을 놓고 자동차에서 내려 왔을 때 앞에서 자동차를 바라보면 앞바퀴가 좌 또는 우로 꺾여있다.
⑤ 휠얼라인먼트 테스터로 스티어링 휠을 바른 위치로 조정해도 주행 테스트에서 시티어링 휠의 센터가 맞지 않는 등의 이상이 발생한다.

14 3원 촉매장치 귀금속 3가지를 적으시오.

① 백금 ② 로듐 ③ 팔라듐

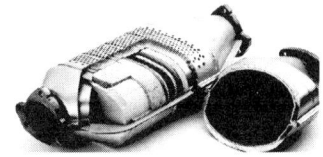

15 일반 전조등에 비해 HID의 전조등의 장점 3가지를 적으시오.

① 전력소모량이 적다.
② 사용 수명이 길다.
③ 일반 전조등에 비해 밝기가 밝다.
④ 야간 또는 악천후에 운전을 할 때 전방 시야를 확보할 수 있다.
⑤ 빛이 자연광인 태양광과 비슷해 눈에 피로감을 주지 않는다.

2023년 제3회 자동차정비기사 필답시험 기출문제 A형

01 ECS 자세제어기능 4가지를 적으시오. (4점)

① 안티스쿼트제어   ② 안티다이브제어
③ 안티롤링제어   ④ 안티요잉제어

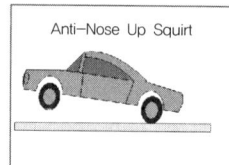
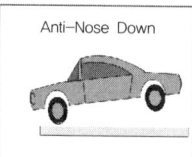
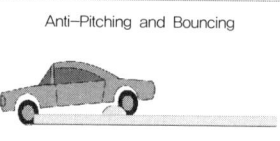

02 Lim home 시동에 대해 설명하시오. (4점)

림프 홈(LIMP HOME) 시동

자동차의 점화 키 스위치 분실과 통신 데이터의 불일치 그리고 트랜스 폰더의 고장 및 훼손으로 인한 기능장애의 경우 암호를 이용하여 시동을 걸 수 있는데 이 기능을 림프 홈 시동이라고 한다. 림프 홈 기능은 차량키, 즉 트랜스폰더에 문제가 발생한 상태에서 고객이 지정하는 암호 4자리를 사용하여 시동을 걸 수 있는 방법이다.

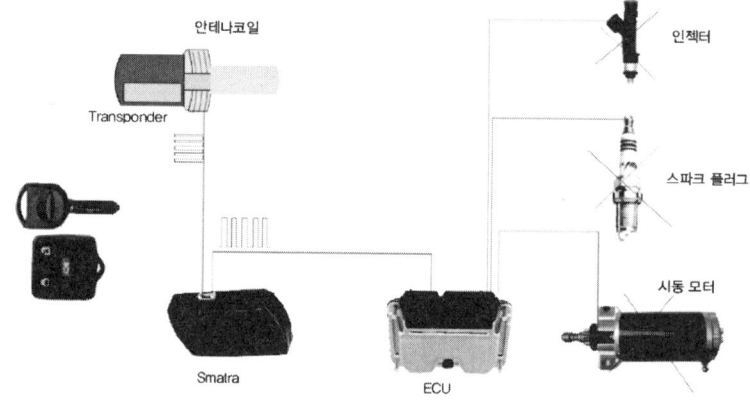

◆ 이모빌라이져 시스템 구성

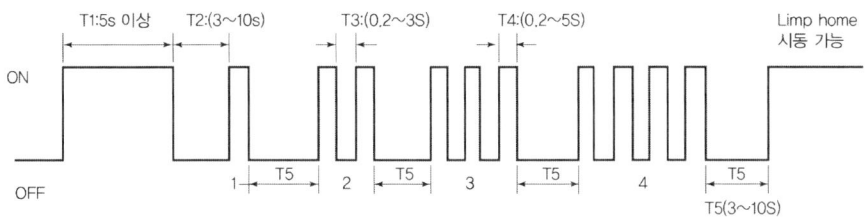

○ 림프홈 점화스위치 암호 구성 원리

03 펌프측에서 터빈측으로 나오는 오일의 흐름을 펌프측으로 바꾸어 토크를 1~3배 증폭시키는 장치 이름은 무엇인가?

스테이터(stator)

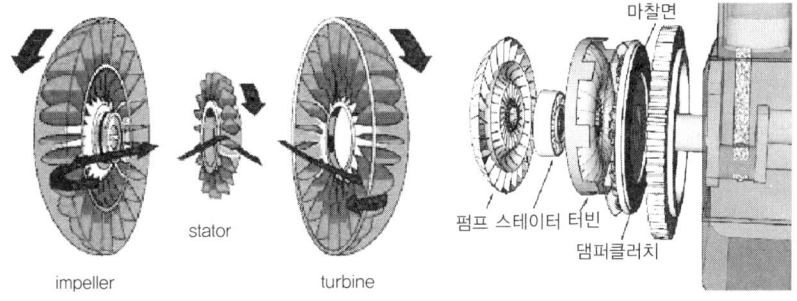

04 자동차관리법령상 기구기구의 정밀도검사기준 및 검사방법에 따르면 속도계시험계의 정밀도 기준은?(3점)

① 설정속도(매시 35km 이상) ±( )% 이내
② 자동차종합검사법 시행규칙 별표 12에 따르면 ±3%

05 ECU에서 TCU로 입력하는 신호 4가지는?(3점)

① 엔진 회전수(rpm)
② 냉각수 온도센서(WTS)
③ 엔진 토크
④ TPS 신호
⑤ APS(Accell Position Sensor)
⑥ VSS 신호(Vehcle Speed Sensor)

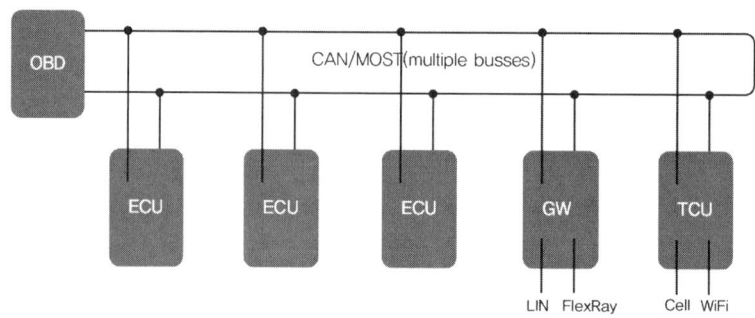

06 주행 중 타이어 휠의 불평형 원인 3가지를 쓰시오.(3점)

① **시미현상** : 동적 불평등
② **트램핑 현상** : 정적 불평등
③ **스탠딩 웨이브 현상** : 타이어 공기압 부족 및 강성불량

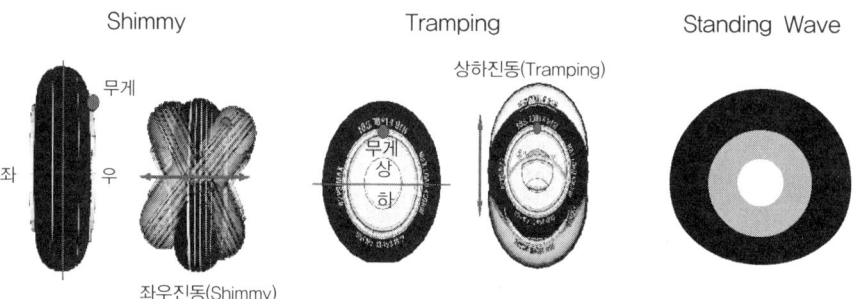

07 PCSV와 CCV의 3단계 개폐 (닫힘 또는 열림으로 쓸 것)에 따라 연료탱크 압력이 어떻게 변하는지 압력상승 또는 압력하강으로 표 9칸을 채우시오. (6점)

	PCSV	CCV	연료탱크 입력
1단계	닫힘	닫힘	압력 미세상승(증발가스)
2단계	열림	닫힘	압력하강(서지탱크 부압)
3단계	닫힘	닫힘	압력 복귀(미세상승
4단계	열림	열림	압력 복귀

조건
① 공회전 중에만 실시   ② 운행 중 1회만 실시   ③ 냉각수온 4~50도
④ 시동 후 10분 뒤   ⑤ 연료량 15~85%   ⑥ 모든 부품정상

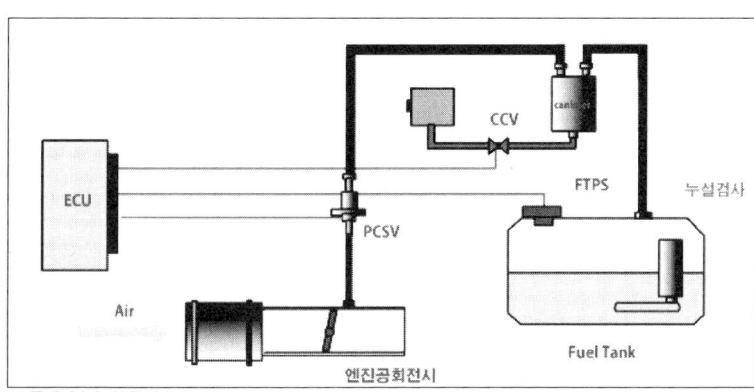

08 ( ) 안에 알맞은 말을 넣으시오. (3점)

자동차관리법령상 내압용기재검사 기준 및 방법에 따르면 자동차관리 수소전기차 내압용기를 검사하려는 경우에는 연료계통의 화재를 검출할 수 있는 (   )와 가스가 누출될 경우 이를 자동으로 감지하고 강제로 환기할 수 있는 장치를 설치해야 한다.

열화상카메라

> **내압 용기재검사기준 및 방법 : 열화상카메라**
>
> 교통안전공단은 '수소전기차 내압용기를 검사하려는 경우에는 연료계통의 화재를 감지할 수 있는 장치와 가스가 누출될 경우 이를 자동으로 감지하고 강제로 환기할 수 있는 장치를 설치해야 한다'는 규정에 따라 자동감지센서, 자동환기설비, 적외선 열화상카메라 등을 검사소에 설치했다.
> 출처 : 월간수소경제(https://www.h2news.kr)

자동차관리법 시행규칙[별표 5의8] 〈개정 2021. 8. 27〉
내압용기재검사기준 및 방법(제57조의13 제2항 관련)

나. 상세정밀검사
(1) 환기시설을 갖춘 검차장에서 내압용기가 자동차에 장착된 상태로 누출검사를 실시한 다음 2명이 상호 교차로 맨눈 및 검사기기로 내압용기 등을 실시한다.
(2) 내압용기를 맨눈으로 직접 확인할 수 없는 부분은 반사경 등 기계·기구를 이용하여 확인하여야 한다. 다만, 내압용기 고정장치 설치 또는 차체 구조상 곤란한 부분은 계측기 및 맨눈검사를 생략할 수 있다.
(3) 공간이 협소하여 계측기 측정이 곤란한 경우에는 부식 등의 깊이 측정을 생략하고, 맨눈으로 판정할 수 있다.
(4) 검사는 초음파 두께측정기, 내시경 및 아들자 캘리퍼스(버니어캘리퍼스 : 아들자가 달려 두께나 지름을 재는 기구) 등 결함 측정 장비와 확대경 및 전자장치진단기 등 보조 장비를 사용하여 검사한다.
(5) <u>수소전기차 내압용기를 검사하려는 경우에는 연료계통의 화재를 감지 할 수 있는 열화상카메라와 가스가 누출될 경우 이를 자동으로 감지하고 강제로 환기할 수 있는 장치를 설치해야 한다.</u>

09 에어컨 시스템의 Dual pressure switch의 기능 2가지를 쓰고 설명하시오. (3점)

> 1) 듀얼 압력스위치(DUAL PRESSURE S/W)
> ① 기능 : DUAL RPESSURE S/W는 일반적으로 고압측의 RECRIBE DRIER에 설치되며, 두 개의 압력 설정치(저압 및 고압)를 갖고 한 개의 스위치로 두 가지의 기능을 수행한다.
> ② HIGH SIDE LIW PRESSUER : A/CON SYSTEM내에 냉매가 없거나 외기온도가 0℃ 이하인 경우, S/W를 "OPEN"시켜 COMPRESSOR CLUTCH로의 전원 공급을 차단하여 COMPRESSOR의 파손을 예방한다.
> ③ HIGH PRESSURE CUT-OUT : 고압측 냉매 압력을 감지, 압력이 규정치 이상으로 올라가면 스위치를 접점을 "OPEN"시켜 전원 공급을 차단하여 A/CON SYSTEM을 이상 고압으로부터 보호한다.

2) 트리플 스위치(TRIPLE S/W)

TRIPLE S/W는 세 개의 압력 설정치를 갖고 있으며, DUAL S/W 기능에 FAN SPEED 조정용 HIGH PRESS. S/W기능을 접목시킨 것이다. 고압측 냉매 압력를 감지, 압력이 규정치 이상으로 올라가면 S/W의 접점을 "CLOSE"시켜, COOLING FAN을 HIGH SPEED용 릴레이로 전환시켜 FAN이 고속으로 작동하게 한다.

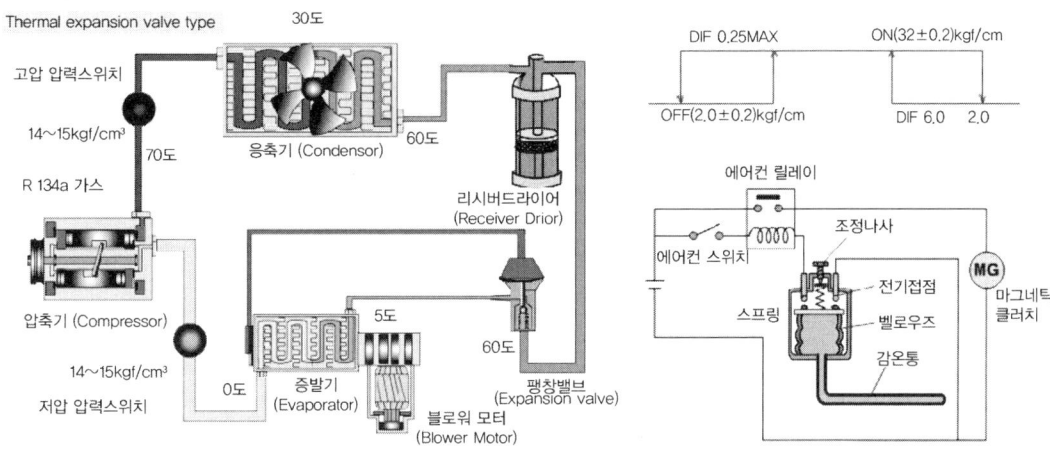

10 DPF 전후에 설치되어 압력의 차이를 감지하는 센서의 이름과 압력차를 감지하는 이유를 쓰시오. (4점)

DPF에 축적된 PM(입자상물질)의 양을 감지하기 위해 DPF 전후의 압력차를 감지하며 일정 전압의 압력 차가 발생되면 ECU에서 DPF 자동 재생 기능을 수행도록 한다.

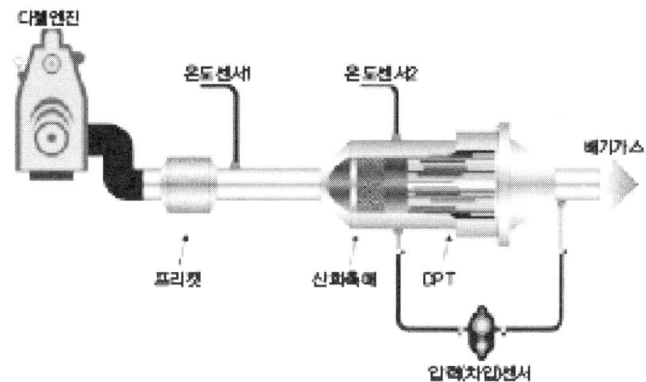

11. 냉동싸이클에서 빈칸에 온도와 압력의 특징을 쓰시오. (3점)

압축기에서 나오는 냉매는 (①)의 기체이다. 응축기를 통과하게 되면 (②)의 액체가 되며 팽창밸브를 통과한 (③)의 기체가 증발기로 들어가게 된다.

① 고온고압 ② 고온고압 ③ 저온저압

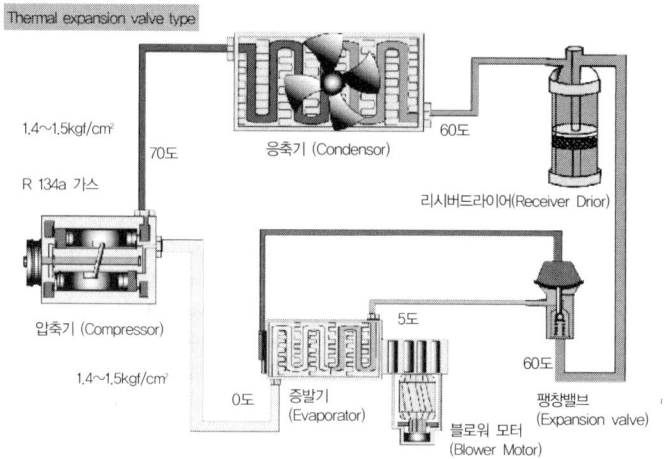

12. 다음 빈칸을 채우시오. (4점)

- 신규 인정 교육 및 자동차 관렵 법령 교육시간 : (   )
- 자동차 검사 기기관련 교육시간 : (   )

① 20시간 ② 5시간

13 배출가스 중 탄화수소가 발생한 원인을 3가지 쓰시오. (3점)

① 농후한 혼합기의 불완전 연소
② 실린더 벽과 피스톤 사이의 간극으로 새어나는 블로우바이 가스
③ 연료탱크 내에서 발생하는 증발가스

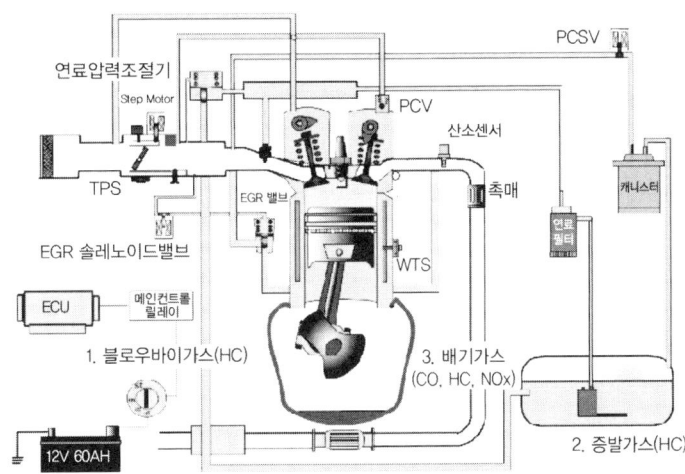

14 다음 빈칸을 채우시오. (3점)

자동차 및 자동차부품의 성능과 기준에 관한 규칙에서(활선도체부)란 통상 사용 상태에서 전기적으로 통전(通電)되는 도체(導體) 또는 도전성(導電性) 부위를 말한다.

활선도체부 : 살아있는 선, 전기가 통하는 선

> 자동차 및 자동차부품의 성능과 기준에 관한 규칙 제1장 총칙 제2장(용어 정의)
> 55. "활선도체부"란 통상 사용 상태에서 전기적으로 통전(通電)되는 도체(導體) 또는 도전성(導電性) 부위를 말한다.

① 도체
② 절연체
③ 개재물
④ 바인더테이프
⑤ 시스

2024년 제1회 자동차정비기사 필답시험 기출문제 A형

01 유압 브레이크 라인 내에 잔압을 두는 이류를 3가지 적으시오. (3점)

① 브레이크 라인 내의 베이퍼 록 현상 방지
② 재제동성 성능을 좋게 하기 위해
③ 브레이크 라인 내에 공기 유입 방지

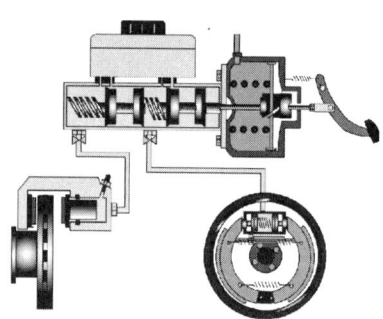

02 다음 사진은 차량 스프링 윗 방향 진동현상이다. 다음 현상이 무엇인지 쓰시오.

롤링(Rolling)-X축을 중심으로 회전 운동

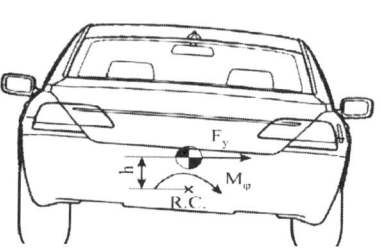

03 하이브리드 고압케이블 색깔(내부 밀폐된 배선은 제외)은?(3점)

주황색

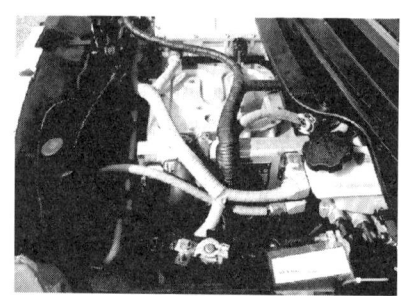

04 연료 탱크의 구성 부품 중 다음의 상황에서 문제가 있는 부품을 적으시오.(증발가스가 제어가 안되고 대기로 배출되며, 계기판 유량게이지가 작동되지 않는 조건)(2점)

① CCV 밸브 열림 고장 ② 연료 유량게이지 불량

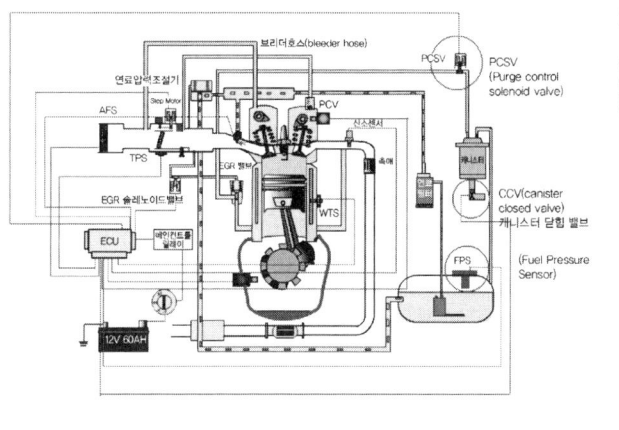
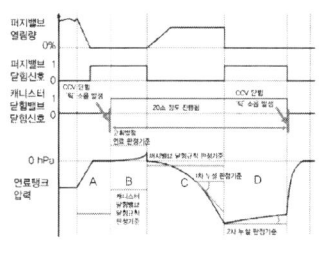
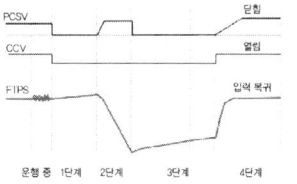

05 공회전 시 회전속도 보상을 위해 공전속도 제어장치가 작동되는 조건 5가지를 쓰시오.(5점)

① 전기적 부하 발생시
② 공전시 에어컨을 작동시킬 경우
③ 공전시 유압식 파워스티어링 작동시킬 경우
④ 공전시 자동변속기를 N단에서 D단으로 작동시킬 경우
⑤ 시동 후 냉각수 온도가 정상작동온도 범위에 빠르게 도달 되로록 페스트 아이들 기능 적용시

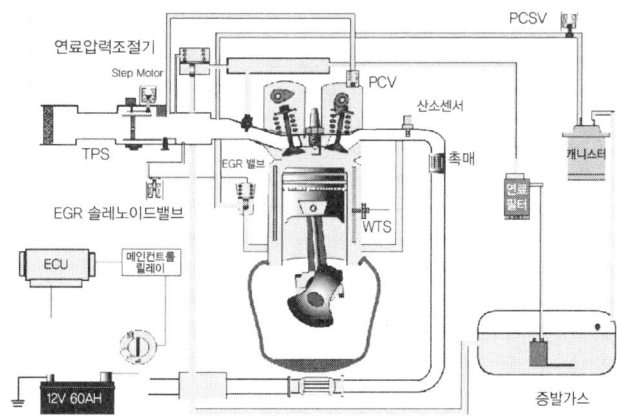

06 다음 제동시험기 형식은 어떤 형식인가?

차륜구동형

시험기의 롤러 위에 자동차의 바퀴를 올려 놓고 바퀴의 구동에 의하여 롤러를 회전시켜 일정속도에서 제동할 때의 롤러의 감속도를 검출하여 각 바퀴의 제동력을 측정하거나 적합여부를 판정하는 형식

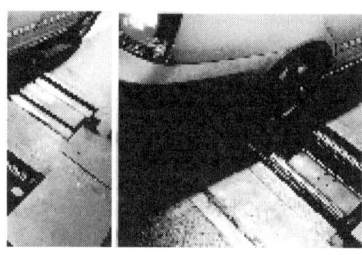

07 전자제어 시스템을 가진 차량에서 제동시 뒷바퀴 고착을 막고 스핀을 방지 하는 전자제어 장치는?(3점)

EBD시스템

탑승 인원의 변화 및 적재상태의 변화에 따른 감속도에 의한 하중 이동에 맞추어 앞뒤의 제동력을 ABS의 액추에이터에 의해 뒷바퀴 제동력을 자동으로 최적 배분하며, 선회 중 제동 시 좌우바퀴의 제동력을 제어하여 차량 안정성을 확보하는 시스템이다.

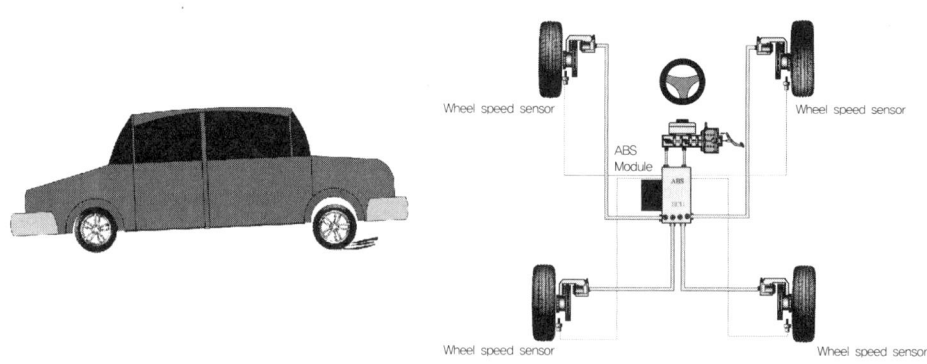

08 주행 중 브레이크 패드에 소음이 나는 원인과 조치 사항을 각각 1가지씩 적으시오.(4점)

○ 원인
　① 브레이크 패드 마모로 인한 인디케이드 편과 디스크 면의 접촉으로 인한 소음 발생
　② 패드의 경화
　③ 브레이크 패드 정품이 아닌 비품 패드 사용으로 인한 불량 패드 사용시
○ **조치사항** : 이크 패드를 새 정품 부품으로 교환한다.

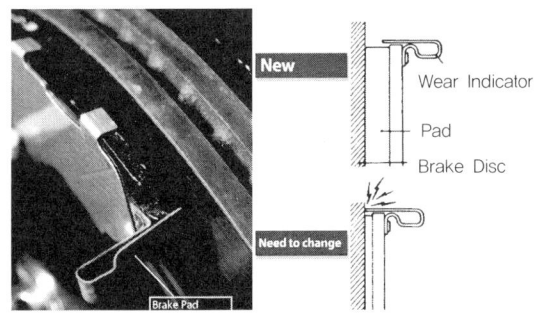

09 전조등의 왼쪽 하이 빔과 로우 빔에 연결된 선을 단락시킨 상황이다. 상향등, 하향등, 패싱라이트를 켰을 때 나타나는 현상을 각각 적으시오. (상향등 전구 65W, 하향등 전구 55W, 휴즈는 25A이다.) (3점)

① **상향등을 ON 시** : 왼쪽 로우 및 하이등 점등, 오른쪽 하이등 점등
② **하향들을 ON 시** : 왼쪽 로우 및 하이등 점등, 오른쪽 로우등 점등
③ **패싱라이트 ON 시** : 왼쪽 로우 및 하이등 점등 , 오른쪽 하이등 점등

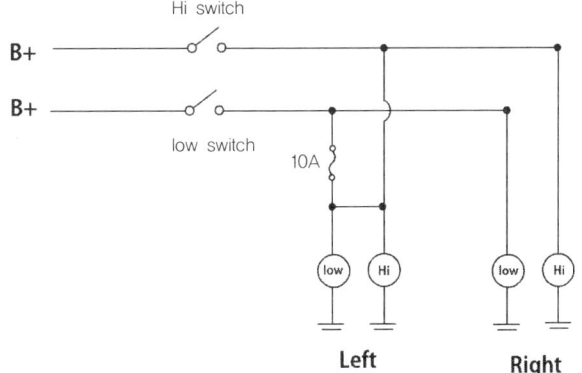

10 유해배출가스 바이너리 산소센서가 공연비를 제어하는 이유에 대해 1가지를 쓰시오. (3점)

유해 배기가스를 줄이기 위함이다.

> **참조설명**
> 배기가스의 CO, HC, NOx를 줄이기 위해 배기관에 촉매를 설치하며 촉매는 이론공연비 부근에서 정화율이 가장 높기 때문에 이론 공연비 부근의 제어를 위해 산소센서를 이용한다.

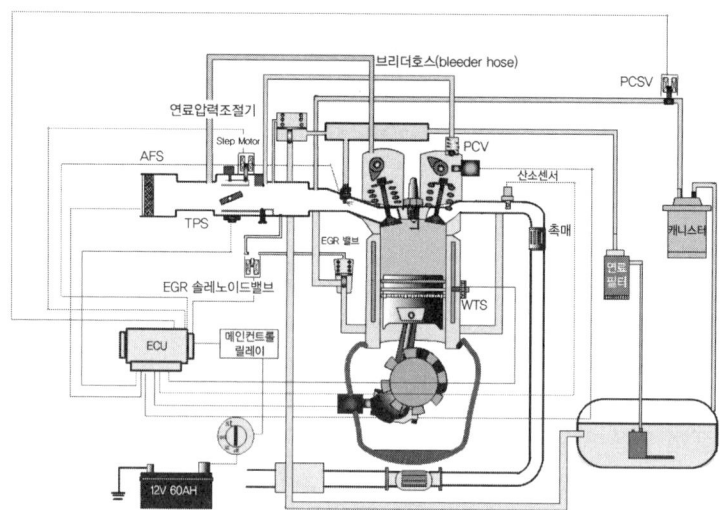

11 실린더 헤드 탈부착 시 주의 사항 4가지를 적으시오. (4점)

① 헤드볼트 푸는 순서는 바깥에서 안쪽으로 대각선 또는 나선형으로 푼다.
② 헤드볼트의 조임 순서는 안쪽에서 대각선 또는 나선형으로 조인다.
③ 헤드볼트는 규정 토크로 조인다.
④ 헤드와 블록의 접촉면에 이물질이 닿지 않도록 주의한다.

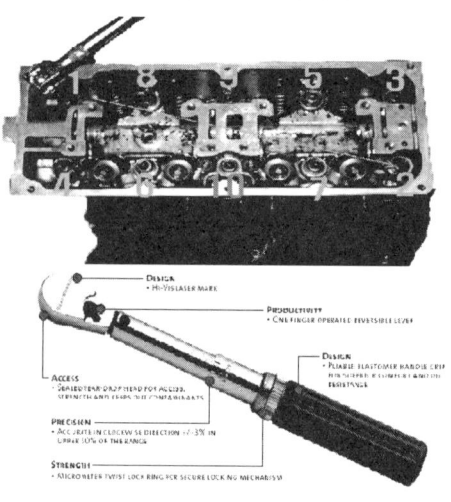

▲ Torque wrench

12. 방향지시등의 좌우 점멸 횟수가 다른 이유를 4가지 적으시오.(4점)

① 플레셔 유닛과 방향지시등 사이의 배선이 단선되었다.
② 좌우 화로 중 한쪽 방향지시등의 회로 배선이 단선되었다.
③ 앞 또는 뒤 한쪽 방향시등 회로 배선이 단선되었다.
④ 용량이 다른 전구를 사용하였다.

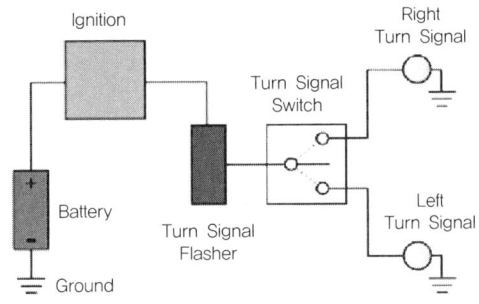

13. 밸브 간극 과대시 엔진에 미치는 영향을 3가지 적으시오.(5점)

① 흡배기 밸브의 효율 감소
② 연료소비의 증가
③ 엔진의 출력 감소
④ 간극 과대가 심한 경우 엔진 시동 불가 등…

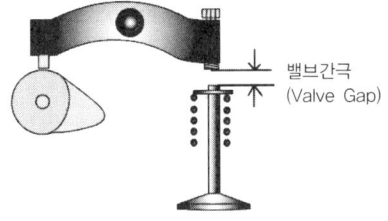

14. 세이프티 파우윈도우에 대해 설명하시오. (3점)

세이프티 파워윈도우는 자동으로 닫히는 도중 장애물을 감지하면 다시 창문이 열린다. 세이프티 파워윈도우는 장애물 감지 센서가 들어가야 하는 등 구조가 다소 복잡하지만 세이프티 파워윈도우를 통해 작동 중 손이나 다른 물건이 유리창과 도어 사이에 낄 경우 자동으로 감지하여 창문이 내려가 승객을 보호해 줄 수 있다.

 **독자 Q & A**

※ 이 책의 내용에 관한 질문은 아래 메일로 문의해 주세요.

김 인 태 　[現] 경기과학기술대학교·호원대학교 교수
　　　　　　E-mail : kimintae@gg.go.kr

패스 자동차정비기사실기 필답형

초판 발행 | 2018년 07월 23일
제2판2쇄 발행 | 2025년 05월 15일

지 은 이 | 김인태, 김창용
발 행 인 | 김길현
발 행 처 | (주)골든벨
등　　록 | 제 1987-000018호
I S B N | 979-11-5806-314-6
가　　격 | 25,000원

이 책을 만든 사람들

교　　　　　정	이상호
표 지 디 자 인	조경미
웹 매 니 지 먼 트	안재명, 양대모, 김경희
공 급 관 리	정복순, 김봉식
편 집 및 디 자 인	조경미, 박은경, 권정숙
제 작 진 행	최병석
오 프 마 케 팅	우병춘, 오민석, 이강연
회 계 관 리	김경아

⊕04316 서울특별시 용산구 245(원효로1가) 골든벨빌딩 6F　● TEL : 영업부 02-713-4135 / 편집부 02-713-7452
● FAX : 02-718-5510　　● http : // www.gbbook.co.kr　　● E-mail : 7134135@ naver.com

이 책에서 내용의 일부 또는 도해를 다음과 같은 행위자들이 사전 승인없이 인용할 경우에는
저작권법 제93조 「손해배상청구권」에 적용 받습니다.
① 단순히 공부할 목적으로 부분 또는 전체를 복제하여 사용하는 학생 또는 복사업자
② 공공기관 및 사설교육기관(학원, 인정직업학교), 단체 등에서 영리를 목적으로 복제·배포하는 대표, 또는 당해 교육자
③ 디스크 복사 및 기타 정보 재생 시스템을 이용하여 사용하는 자

※ 파본은 구입하신 서점에서 교환해 드립니다.